● **彩图 1** 　地下害虫－东方蝼蛄

● **彩图 2** 　地下害虫－沟金针虫

● **彩图 3** 　沟金针虫为害状

● **彩图 4** 　地下害虫－铜绿丽金龟

● **彩图 5** 　水稻害虫－灰飞虱

● **彩图 6** 　绿盲蝽

● **彩图 7** 　棉铃虫成虫

● **彩图 8** 　棉铃虫幼虫

● **彩图 9** ● 棉 蚜

● **彩图 10** ● 玉米螟成虫

● **彩图 11** ● 玉米螟幼虫

● **彩图 12** ● 黏虫成虫

● **彩图 13** ● 黏虫幼虫

● **彩图 14** ● 大豆食心虫幼虫

● **彩图 15** ● 大豆食心虫幼虫为害状

● **彩图 16** ● 豆荚螟幼虫为害状

● **彩图 17** ● 菜粉蝶

● **彩图 18** ● 菜螟幼虫

**彩图 19** ● 菜青虫（菜粉蝶幼虫）

● **彩图 20** ● 甘蓝蚜

● **彩图 21** ● 马铃薯瓢虫

● **彩图 22** ● 桃 蚜

● **彩图 23** ● 甜菜夜蛾成虫

● **彩图 24** ● 甜菜夜蛾幼虫

● 彩图 25 ● 豌豆潜叶蝇为害状

● 彩图 26 ● 温室白粉虱

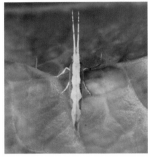

● 彩图 27 ● 小菜蛾成虫

● 彩图 28 ● 小菜蛾幼虫

● 彩图 29 ● 斜纹夜蛾成虫

● 彩图 30 ● 斜纹夜蛾幼虫

● 彩图 31 ● 草履蚧

● 彩图 32 ● 顶梢卷叶蛾幼虫为害状

● 彩图 33 ● 梨小食心虫成虫　　　　● 彩图 34 ● 梨小食心虫幼虫

● 彩图 35 ● 梨圆蚧　　　　● 彩图 36 ● 苹果绵蚜

● 彩图 37 ● 苹果小卷叶蛾成虫　　　　● 彩图 38 ● 苹果小卷叶蛾幼虫

● 彩图 39 ● 日本龟蜡蚧　　　　● 彩图 40 ● 日本球坚蚧

● 彩图 41 ● 柿绒蚧

● 彩图 42 ● 桃白蚧

● 彩图 43 ● 桃粉蚜

● 彩图 44 ● 桃小食心虫为害状

● 彩图 45 ● 桃蛀螟成虫

● 彩图 46 ● 桃蛀螟幼虫为害状

● 彩图 47 ● 绣线菊蚜

现代
农·药·应·用·技·术·丛·书

# 杀虫剂 卷

郑桂玲　孙家隆　主编

化学工业出版社

·北京·

作为丛书一分册，本书在简述杀虫剂相关常识与各种不同作物上的害虫识别的基础上，详细介绍了当前广泛使用的农药品种，每个品种介绍了其中英文通用名称、结构式、分子式、相对分子质量、CAS 登录号、化学名称、其他名称、理化性质、毒性、作用特点、剂型与注意事项等，重点阐述了其作用特点与使用技术。另外，书中还收录了一些重要品种的主要复配品种及其使用技术。内容通俗易懂，实用性强。

本书可供农业技术人员及农药经销人员阅读，也可供农药、植物保护专业研究生、企业基层技术人员及相关研究人员参考 。

**图书在版编目（CIP）数据**

现代农药应用技术丛书．杀虫剂卷/郑桂玲，孙家隆主编．—北京：化学工业出版社，2014.1（2023.9重印）
ISBN 978-7-122-19071-0

Ⅰ.①现… Ⅱ.①郑…②孙… Ⅲ.①杀虫剂-农药施用 Ⅳ.①S48

中国版本图书馆 CIP 数据核字（2013）第 278304 号

---

责任编辑：刘　军　　　　　　　　　文字编辑：周　偶
责任校对：陶燕华　　　　　　　　　装帧设计：关　飞

---

出版发行：化学工业出版社
　　　　　（北京市东城区青年湖南街 13 号　邮政编码 100011）
印　　装：大厂聚鑫印刷有限责任公司
850mm×1168mm　1/32　印张 10¾　彩插 3　字数 294 千字
2023 年 9 月北京第 1 版第 12 次印刷

---

购书咨询：010-64518888　　　　　　售后服务：010-64518899
网　　址：http://www.cip.com.cn
凡购买本书，如有缺损质量问题，本社销售中心负责调换。

---

定　　价：28.00 元　　　　　　　　　　版权所有　违者必究

# 本书编写人员名单

主　　编　　郑桂玲　　孙家隆

编写人员　　郑桂玲　　孙家隆　　李长友

　　　　　　张振芳

主　　审　　李长松

# 前　言

　　随着农业现代化进程的日益发展，杀虫剂在农业经济发展中起着重要作用，成为农业生产不可或缺的生产资料。为了普及杀虫剂的基本知识，指导人们安全、合理、有效使用杀虫剂，我们编写了本书。

　　本书结合我国大田作物、蔬菜、果树、茶树、桑树等种植过程中多发和常见害虫防治的需要，系统介绍了杀虫剂使用的基本知识及常用杀虫剂的使用，概论部分介绍了杀虫剂的分类、剂型、安全使用、技术原理、不同作物施药技术及主要虫害的药物防治。各论部分对常用的有机磷类、氨基甲酸酯类、拟除虫菊酯类、杂环类杀虫剂、生物杀虫剂、杀螨剂等进行了较为详细的介绍，主要包括其结构式、理化性质、毒性、作用特点、适宜作物、防除对象、应用技术和常用复配制剂等内容。

　　近年来，我国农业种植结构不断调整优化，作物虫害防治用药选择也发生了很大变化。如有机氯杀虫剂在农药发展过程以及农业生产中曾起过重要作用，但由于残留等问题，目前大部分品种已被禁止或限制使用。还有一些高毒、高残留杀虫剂如甲胺磷、对硫磷等品种相继被禁止在农业上使用，因此本书不再专门介绍。相应的一些高效、安全、环境友好的杀虫剂新品种、新剂型不断问世并得到广泛应用，所以书中收进一些新杀虫剂品种如氯虫苯甲酰胺等的应用，以求新颖、实用。本书可供农业技术人员及农药经销人员阅读，也可供农药、植物保护专业研究生，企业基层技术人员及相关研究人员参考。

　　这里需要说明的是，本书中在介绍农药品种理化性质时，其相对密度均以4℃下纯水为参比物。

在本书编写过程中，研究生刘芳、苏芮，本科生朱殿霄、陆海霞参与了部分资料收集和整理工作，在此表示深深的谢意！

由于作者水平所限，书中恐有疏漏、不妥之处，希望得到广大读者、同行、专家们的批评指正。

编者

2013 年 10 月

# 目　录

# 第三章　氨基甲酸酯类杀虫剂 / 118

# 第四章　拟除虫菊酯类杀虫剂 / 143

# 第五章　生物杀虫剂 / 193

## 第六章　其他类杀虫剂 / 220

## 第七章　杀螨剂 / 279

## 参考文献 / 301

## 索引 / 302

# 第一章

# 杀虫剂概论

## 第一节 杀虫剂的种类

### 一、按作用方式分类

（1）胃毒剂 药剂经昆虫取食，由消化系统吸收并到达靶标后起到毒杀作用。胃毒剂只对咀嚼式口器害虫起作用，如敌百虫、敌杀死等。

（2）触杀剂 药剂与昆虫表皮、足、触角、气门等部位接触后渗入虫体或腐蚀虫体表皮蜡质层或堵塞气门等而使害虫中毒死亡。如辛硫磷、马拉硫磷等。

（3）内吸剂 药剂被植物吸收后能在植物体内传导并达到害虫的取食部位，其原体或活化代谢物随害虫吸食植物汁液进入虫体而起到毒杀作用。如乐果等。

（4）熏蒸剂 利用有毒的气体、液体或固体挥发而产生的蒸气进入害虫体内，使害虫中毒死亡。如溴甲烷等。

（5）驱避剂 药剂依靠其物理或化学作用使昆虫忌避而远离药剂所在处，从而保护寄主植物或特殊场所。如香茅草对吸果蛾有驱避作用，卫生球对卫生害虫有驱避作用。

（6）拒食剂 害虫接触或取食药剂后其正常的生理功能受到影响，

出现厌食、拒食，不能正常发育或因饥饿、失水而死亡。如印楝素等。

（7）不育剂　药剂被昆虫摄入后，能够破坏其生殖功能，使害虫失去繁殖能力，如喜树碱等。

## 二、按毒理作用分类

（1）神经毒剂　药剂作用于害虫的神经系统，主要是干扰破坏昆虫神经生理、生化过程而导致其中毒死亡。如氨基甲酸酯类杀虫剂是乙酰胆碱酯酶的抑制剂，昆虫中毒后出现过度兴奋，麻痹而死。

（2）呼吸毒剂　药剂作用于昆虫气门、气管而影响气体运送使其窒息死亡，或者是药剂抑制害虫的呼吸酶而使其中毒死亡。如鱼藤酮、氢氰酸等。

（3）消化毒剂　药剂作用于害虫的消化系统，破坏其中肠或影响其消化酶系而使害虫致死。如苏云金杆菌。

（4）特异性杀虫剂　药剂可引起害虫生理上的反常反应，如使害虫离作物远去的驱避剂，使害虫味觉受抑制不再取食导致其饥饿而死的拒食剂，影响成虫生殖机能使雌性和雄性之一不育，或两性皆不育的不育剂，影响害虫生长、变态、生殖的昆虫生长调节剂等。

## 三、按来源和化学成分分类

（1）无机杀虫剂　主要由天然矿物原料加工、配制而成，又称矿物性杀虫剂。如砷酸铅、氟硅酸钠和矿油乳剂等。这类杀虫剂一般药效较低，对作物易引起药害，砷剂对人的毒性大，自有机合成杀虫剂大量使用以后大部分已被淘汰。

（2）化学合成杀虫剂　主要由碳氢元素构成的一类杀虫剂，多采用有机化学合成方法制得，能够大规模工业化生产。为目前使用最多的一类杀虫剂。如有机磷类、氨基甲酸酯类、拟除虫菊酯类、杂环类杀虫剂等。这类杀虫剂使用不当会造成环境污染。

（3）生物源杀虫剂　生物本身或代谢产生的具有杀虫活性的物质，根据来源又可分为植物源、微生物源、外激素和昆虫生长调节剂类杀虫剂等。植物源杀虫剂的有效成分来源于植物，如生物碱、除虫菊酯类等。微生物源杀虫剂的有效成分为微生物或其代谢产物，如苏云金杆菌、白僵菌、核型多角体病毒、阿维菌素等。

#### 四、按化学成分和化学结构分类

（1）有机氯类杀虫剂　此类农药为一类含有氯元素的有机杀虫剂，是发现和应用最早的一类人工合成杀虫剂。如滴滴涕、六六六等。由于此类农药长期过量使用导致残留和污染严重，许多国家相继限用或禁用。

（2）有机磷类杀虫剂　此类杀虫剂因为具有杀虫谱广、杀虫方式多样、在环境中易分解、解毒容易、抗性产生相对较慢、对作物安全等特点成为我国使用最为广泛、用量最大的一类杀虫剂。如辛硫磷、马拉硫磷等。但是此类农药中的一些品种毒性高，使用时应注意安全，而且多数有机磷类杀虫剂不能与碱性农药混用。

（3）氨基甲酸酯类杀虫剂　属于有机酯类农药。此类农药不同结构类型的品种其毒力及防治对象差别很大，多数品种速效性好、持效期短、选择性强、对天敌安全、增效性能多样；多数品种毒性低、残留量低；少数品种毒性高、残留量高。如灭多威、仲丁威等。

（4）拟除虫菊酯类杀虫剂　属于有机酯类农药。此类农药具有高效、广谱、毒性低、残留低等优点，但多数品种只有触杀和胃毒作用，无内吸和熏蒸作用，且害虫易产生耐药性，不能与碱性农药混用。如氯氰菊酯、溴氰菊酯等。

（5）沙蚕毒素类杀虫剂　此类农药属于神经毒剂。这类杀虫剂品种不多，但杀虫谱广，残留低、污染小，具有多种杀虫作用，可用于对有机磷、氨基甲酸酯、拟除虫菊酯类农药产生抗性的害虫防治，但对蜜蜂和家蚕毒性较高。如杀虫单、杀虫双等。

（6）杂环类杀虫剂　此类农药具有超高效、杀虫谱广、作用机制独特、对环境相容性好等特点，正在逐步取代高毒的有机磷杀虫剂。如吡虫啉、噻虫嗪等。

（7）其他杀虫剂　包括几丁质合成抑制剂、甲脒类杀虫剂等。

# 第二节　杀虫剂的剂型

（1）乳油　由农药原药、溶剂和乳化剂等按一定比例经过溶化、混合制成的透明单相油状液混合物。乳油加水稀释后可自行乳化，变成不透明的乳状液（乳剂），具有防效高、用途广等优点。

（2）粉剂　由农药原药和填料等按一定比例经机械粉碎而制成的粉状物。我国粉剂的粉粒细度要求95％能通过200号筛目，粉粒平均直径为30μm，水分含量小于1.5％，pH值为5～9。粉剂可以直接使用，有效成分含量比较低。具有使用方便、药粒细、残效期长、药粉能均匀分布、防效高等优点。

（3）可湿性粉剂　由农药原药、填料和湿润剂等按一定比例经机械粉碎而制成的粉状物。我国可湿性粉剂的粉粒细度要求99.5％能通过200号筛目，药粒平均直径为25μm，悬浮率在28％～40％范围内，水分含量小于2.5％，pH值为5～9。可湿性粉剂具有展布性好、黏附力强等优点。

（4）颗粒剂　由农药原药、辅助剂和载体制成的颗粒状物，其颗粒直径一般为250～600μm。要求颗粒有一定的硬度，在贮运过程中不易破碎。颗粒剂可分为遇水解体和不解体两种类型。颗粒剂具有施用方便、残效期长、使用时沉降性好、漂移性小、不受水源限制等优点。

（5）水剂　农药原药的水溶液剂型，是药剂以分子或离子状态分散在水中而又不分解的溶液。具有加工方便、成本低等优点。

（6）悬浮剂　又称胶悬剂，是用不溶于水或微溶于水的固体农药原药、分散剂、湿展剂、载体、消泡剂和水超微粉碎后制成的黏稠性悬浮液。有效成分的含量一般为5％～50％，平均粒径一般为3μm。具有耐雨水冲刷、持效期长等优点。

（7）缓释剂　利用控制释放技术，将农药原药加上缓释填充料等制成可使有效成分缓慢释放的制剂。缓释剂可使农药低毒化、长效化，减轻环境污染，增加安全系数。

（8）气雾剂　利用发射剂急骤气化时所产生的高速气流将药液分散雾化的一种罐装制剂。气雾剂常压下必须装在耐压罐中。具有使用方便、速效、用药量少等优点。

（9）烟雾剂　由农药原药、助燃剂、氧化剂及消燃剂等配制成的粉状制剂，细度要求通过80目筛。具有使用方便、节省劳力等优点，适宜防治仓库、温室及保护地栽培作物害虫。

（10）可溶性粉剂（水溶剂）　由农药原药、填料和助剂加工而成。为近年来发展的一种新剂型。具有使用方便、药效好，便于包装、运输和贮藏等优点。

（11）微胶囊剂　利用胶囊技术把固体、液体农药等活性物质包在囊壁中形成的微小囊状制剂。微胶囊粒径一般在 $1 \sim 800\mu m$。

（12）种衣剂　由农药原药、分散剂、防冻剂、增稠剂、消泡剂、防腐剂等均匀混合在一起，经研磨变成浆后，用特殊的设备将药剂包裹在种子上。种衣剂具有污染小、对苗期害虫防效好等优点。

# 第三节　杀虫剂安全使用知识

（1）杀虫剂的购买　农药由使用单位指定专人凭证购买。买药时必须注意农药的包装，防止破漏。注意农药的品名、有效成分含量、出厂日期、使用说明等。

（2）杀虫剂的运输　运输前应先检查包装是否完整，如果发现有渗漏、破裂的，应用规定的材料重新包装后运输，并及时妥善处理被污染的地面、运输工具和包装材料。严禁用载人客车、牲畜运输车、食品运输车等装卸农药，运载车辆最好配备衬垫和护栏，使运输更加安全。搬运农药时应轻拿轻放，防止造成包装破损和泄漏。

（3）杀虫剂的储存　农药不得与粮食、蔬菜、瓜果、食品、日用品等混载、混放，不能与石灰等碱性物品及硫酸铵等酸性物品混放，严禁与爆竹等易燃易爆品存放在一起。储存农药应配备专门的仓库。库房应通风好，保持适宜的温度、湿度，避免强光照射，门、窗应加锁，并指定专人保管，应定期检查储存的农药包装和有效期。

（4）杀虫剂的正确安全应用　杀虫剂的合理使用对于农产品安全以及延长杀虫剂的使用寿命是非常重要的，在使用过程中应注意以下几方面。

① 农药选择　根据害虫类型、作物类型，选用适宜的农药类型。优先选择用量少、毒性低、在产品和环境中残留量低的品种，严禁使用禁用农药，限制使用高毒农药。

② 适时喷药　主要考虑害虫生长规律和农药性能，过迟或过早喷药都可能造成防效不理想。

③ 按照农药标签上的推荐剂量适量用药，严格控制施药次数、施药量和安全间隔期。

④ 合理选择施药方法　根据害虫生长规律、杀虫剂性质、加工剂型和环境条件选择不同的施药方法。

⑤ 做好安全防护工作　杀虫剂会对人体、动物等有一定的毒性，如果使用不当，将会引起中毒和死亡事故的发生，因此，在使用农药时应采取安全的防护措施，严防人、畜中毒。体弱、患皮肤病的人员及哺乳期、孕期、经期妇女不得喷药。严禁带儿童到作业地点，施药人员喷药时必须戴口罩、穿长衣、长裤等，喷药后要洗澡，喷药时间不超过 6h，施药人员如出现头晕、恶心、呕吐等症状时，应及时就医。

⑥ 合理复配混用农药　两种混用的杀虫剂不能起化学变化，田间混用杀虫剂物理性状如悬浮率等应保持不变，混用杀虫剂品种要求有不同的作用方式和防治靶标，不同杀虫剂混用后要达到增效目的，不能有抵消作用。

⑦ 合理轮换使用杀虫剂　轮换使用时要采用不同作用机制的杀虫剂，避免长期使用单一的杀虫剂，防止或减轻害虫产生抗性。

⑧ 配药浓度准确　配药时农药的浓度要准确，同时应使农药在水中分散均匀，充分溶解。

⑨ 施药均匀　特别是施用触杀剂时，叶背、叶面均需喷药，将药液喷到虫体上，不能有丢行、漏株的现象，以保证施药质量。

⑩ 施药时间要适当　一般应在无风或微风的天气施药，同时还应注意气温的高低，气温低时多数有机磷农药效果不好，因此，宜在中午前后施药。

# 第四节　杀虫剂使用技术原理

## 一、杀虫剂的作用机理

（1）胃毒作用　药剂经过害虫口器摄入体内，到达中肠后被肠壁细胞吸收，然后进入血腔，并通过血液流动传到虫体的各部位而引起害虫中毒死亡。主要对咀嚼式口器的害虫起作用。

（2）触杀作用　药剂通过接触害虫表皮、气门、足等部位进入虫体引起害虫中毒死亡。喷射时一定要将药液喷到虫体上，才能起到毒杀害虫的作用。

（3）熏蒸作用　药剂以气体状态通过害虫呼吸系统进入虫体内，而使害虫中毒死亡。典型的熏蒸杀虫剂都具有很强的气化性，或常温下就是气体（如溴甲烷）。由于药剂以气态形式进入害虫体内，因此在施药时必须密闭使用，而且需要较高的环境温度和湿度。

（4）内吸作用　药剂施用到植物体上并被植物体吸收，通过输导组织传送到植物体的各部分，害虫吸食植物汁液后中毒死亡。内吸杀虫剂主要用于防治刺吸式口器害虫。植物在日出前后呼吸作用最强，所以在日出前后处理植株防效好。

（5）昆虫生长调节作用　药剂通过抑制昆虫生长发育，如抑制蜕皮、抑制新表皮的形成以及抑制取食等方式而导致害虫死亡。

有些无机杀虫剂和植物性杀虫剂，其杀虫作用都比较简单，有的只有胃毒作用，有的只有触杀作用，而有机合成杀虫剂，常具有两三种杀虫作用。

## 二、杀虫剂浓度与稀释

（1）常用杀虫剂浓度的表示方法

① 百分数　用百分数表示杀虫剂有效成分的含量，指一百份药液中含杀虫剂的份数，符号是％。如40％乐果乳油，表示100份这种乳油中含有40份乐果的有效成分。百分数又分为质量百分

数与体积百分数两种，固体与固体之间或固体与液体之间配药时常用质量百分数，液体之间的配药常用体积百分数。

② 百万分数　指一百万份药液中含有杀虫剂有效成分的份数，数量级是 $10^{-6}$，单位可为 mg/kg 或 mg/L。常用于浓度很低的杀虫剂。

③ 倍数法　药液（或药粉）中稀释剂（水或填充料等）的用量为原药用量的比数（倍数），也就是说把药剂稀释多少倍的表示方法。如 80％敌敌畏乳油 800 倍液，即表示 1g 80％敌敌畏乳油应兑水 800g。因此，倍数法一般不能直接反映出药剂的有效成分。稀释倍数越大，药液的浓度越小。在实际应用中又分为内比法和外比法两种。

a. 内比法　适用于倍数在 100 倍以下（包括 100 倍）的情况，如稀释 50 倍，即原药剂 1 份加稀释剂 49 份。

b. 外比法　适用于稀释 100 倍以上的情况，即计算稀释时的量不扣除原药剂所占的 1 份，直接用计算出的药剂份数进行稀释，因为此时误差已小于 1％，如稀释 1000 倍，即用原药液 1 份加稀释剂 1000 份。

（2）浓度表示法之间的换算

① 百分数与百万分数之间的换算

$$百万分数 = 10000 \times 百分数$$

② 倍数法与百分数之间的换算

$$百分数 = \frac{原药剂浓度}{稀释倍数}$$

**例**　50％敌敌畏乳油稀释 400 倍后，浓度相当于百分之几？相当于多少 mg/kg 或 mg/L？

**解**　50％÷400＝0.125％

　　　　10000×0.125＝1250（mg/kg 或 mg/L）

（3）稀释杀虫剂的计算方法

① 求稀释剂（水或填充料）用量

a. 稀释 100 倍以下

$$稀释剂用量 = \frac{原药剂质量 \times (原药剂浓度 - 所配药剂浓度)}{所配药剂浓度} \times 100$$

**例**  现有 50％辛硫磷乳油 50kg 欲稀释成 5％辛硫磷颗粒剂，求稀释剂用量。

**解**  稀释剂用量/kg＝50×（50％ －5％）÷5％ ＝ 450

b. 稀释 100 倍以上

$$稀释剂用量 = \frac{原药剂质量 \times 原药剂浓度}{所配药剂浓度} \times 100$$

**例**  5％顺式氰戊菊酯乳油 1g 稀释成 10mg/L，需兑水多少？

**解**  5％相当于 50000mg/L

　　　　稀释时应加水量/g＝1×50000÷10＝5000

② 求用药量

$$原药剂用量 = \frac{所配制药剂质量 \times 所配药剂浓度}{原药液浓度}$$

**例**  要配制 $20 \times 10^{-6}$ 的毒死蜱药液 30000g，需多少 40％毒死蜱乳油？

**解**  40％相当于 $400000 \times 10^{-6}$

　　　　原药液用量/g＝30000×20÷400000 ＝1.5

③ 求稀释倍数

a. 由浓度比求稀释倍数

$$稀释倍数 = \frac{原药剂浓度}{所配药剂浓度}$$

**例**  现欲将 25％ 水胺硫磷乳油稀释成 0.125％，求稀释倍数。

**解**  稀释倍数＝25％÷0.125％＝200

b. 由质量比求稀释倍数

$$稀释倍数 = \frac{所配药剂质量}{药剂质量}$$

**例**  用 40％灭多威可溶性粉剂防治菜青虫，每公顷用药 0.6kg 兑水 900kg 均匀喷雾，求稀释倍数。

**解**  稀释倍数 ＝ 900÷0.6 ＝ 1500

（4）杀虫剂的稀释方法

杀虫剂在使用过程中，要采用正确、合理、科学的稀释方法，对保证药效、防止污染具有重要作用。杀虫剂稀释方法有以下几种。

① 粉剂　使用时一般不需要稀释，但当作物高大，生长旺盛时，为使药剂均匀喷洒在作物表面，可以适量混入填充料，边添加边搅拌，直到填充料全部加完。

② 液体　用药量少的可以直接稀释，即在准备好的配药容器内盛好所需用的清水，然后将定量药剂慢慢倒入水中并搅拌均匀，即可喷雾使用。如果用药量较多，则需采用两步配制方法，先用少量的水将农药稀释成母液，再将配制好的母液按稀释比例倒入准备好的清水中，搅拌均匀即可。

③ 可湿性粉剂　采取两步配制方法，即先用少量水配成较浓母液，然后倒入药水桶中稀释，如果可湿性粉剂质量不好，粉粒往往会团聚在一起形成较大的团粒，若直接倒入药水桶中配制，粗团粒尚未充分分散，便立即沉入水底，再搅拌均匀就比较困难，两次的用水量要等于所需水的总量，否则会使药液浓度与预期的不相符，从而影响药效。

④ 颗粒剂　有效成分低，需要借助填充料稀释。可用干燥均匀的小土粒或同性化学肥料作为填充料，使用时只需将颗粒剂与填充料拌匀即可。在选用化学肥料作为填充料时要注意，杀虫剂与化肥的酸碱性必须一致，以免混合后引起杀虫剂分解失效。

# 第五节　不同作物施药技术及主要虫害药物防治

## 一、地下害虫

（1）蛴螬类　蛴螬是金龟甲幼虫的通称，属鞘翅目、金龟甲总科。蛴螬是地下害虫中种类最多、分布最广、为害最重的一个类群。常见有华北大黑鳃金龟（*Holotrichia oblita*，图 1-1）、铜绿丽金龟（*Anomala corpulenta*）、暗黑鳃金龟（*Holotrichia parallela*）等。蛴螬食性颇杂，可以为害多种农作物、蔬菜、果树、林木、牧草的地下部分。蛴螬咬断幼苗的根、茎，断口整齐平截，常造成地上部幼苗枯死，被害状易识别。许多种类的成虫还喜食作物、果树和林木的叶片、嫩芽、花蕾等，造成不同程度的损失。

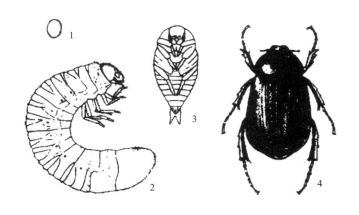

图 1-1　大黑鳃金龟
1—卵；2—幼虫；3—蛹；4—成虫
引自李照会《农业昆虫鉴定》

**药物防治**　主要有种子处理、土壤处理等方法。

① 种子处理　方法简便，用药量低，对环境安全。用 40％辛硫磷乳油以种子量的 0.25％拌种防治。将药剂先用种子重量 10％的水稀释后，均匀喷拌于待处理的种子上，堆闷 12～24h，使药液充分渗吸到种子内即可播种。

② 土壤处理　结合播前整地，用药处理土壤。每亩用 0.6kg 的 40％辛硫磷乳油拌 10kg 湿土。耕前撒在严重发生地块，并进行翻耕防治。用 40％辛硫磷乳油 1600 倍液灌根。用 50％辛硫磷乳油 1.5kg/hm² ，拌细砂或细土 375～450kg，在作物根旁开沟撒入药土，随即覆土，或结合锄地将药土施入。

**注意事项**　① 黄瓜、菜豆、高粱等作物对辛硫磷敏感，易产生药害。② 辛硫磷见光分解，宜傍晚施药，适度耕翻以延长药效。

(2) 金针虫类　金针虫是叩头虫的幼虫，属鞘翅目、叩头甲科，世界各地均有分布。我国常见的金针虫有沟金针虫（*Pleonomus canaliculatus*，图 1-2）、细胸金针虫（*Auriotes fuscicollis*）、褐纹金针虫（*Melanotus caudex*）、宽背金针虫（*Selatosomus latus*）等。

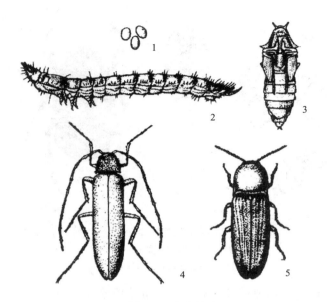

图 1-2　沟金针虫

1—卵；2—幼虫；3—蛹；4—雄成虫；5—雌成虫

引自李照会《农业昆虫鉴定》

**药物防治**　参见蛴螬类防治方法。

① 药剂灌根　用 20％丁硫克百威乳油 1500 倍液灌根，可兼治其他地下害虫。

② 诱杀成虫　在田间堆放 8～10cm 的小草堆，每公顷 750 堆，在草堆下撒布 5％乐果粉少许，诱杀成虫。

（3）蝼蛄类　蝼蛄属直翅目、蝼蛄科，俗称土狗子、拉拉蛄、地拉蛄。主要有华北蝼蛄（*Gryllotalpa unispina*，图 1-3）和东方蝼蛄（*Gryllotalpa orientalis*）。

**药物防治**　主要有拌种、毒饵、浇灌等。

① 药剂拌种　用 50％辛硫磷乳油拌种，或 25％辛硫磷微胶囊缓释剂拌种，或 40％甲基异柳磷乳油拌种。用药量为种子重量的 0.1％～0.2％。

② 毒谷、毒饵　可用菜籽饼、棉籽饼或麦麸、秕谷等炒熟后，

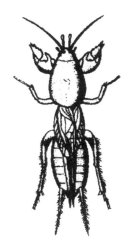

图 1-3　华北蝼蛄

引自李照会《农业昆虫鉴定》

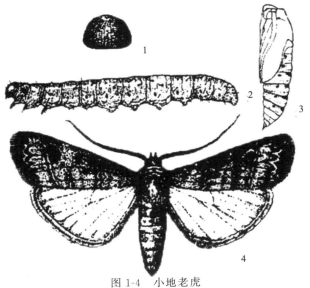

图 1-4　小地老虎

1—卵；2—幼虫；3—蛹；4—成虫

引自李照会《农业昆虫鉴定》

以 25kg 食料拌入 90％晶体敌百虫，辛硫磷（50％乳油或 25％辛硫磷微胶囊缓释剂）制成毒谷，用药量为饵料重量的 1％。在害虫活动地点于傍晚撒在地面上毒杀，每隔 3～5m 挖一个碗大的坑，放入一把毒饵后再用土覆上，毒饵用量为 30～45kg/hm²。

③ 浇灌　用 50％辛硫磷乳油兑成药液浇灌于土中。

（4）地老虎类　地老虎属鳞翅目、夜蛾科、切根夜蛾亚科，是为害农作物的重要害虫之一。其中小地老虎（*Agrotis ypsilon*，图 1-4）分布最广、为害最重，在我国北方地区黄地老虎（*Agrotis segetum*）发生也较普遍，此外白边地老虎（*Euxoa oberthuri*）、大地老虎（*Agrotis tokionis*）、警纹地老虎（*Euxoa exclamationis*）、八字地老虎（*Xestia c-nigrum*）等常在局部地区猖獗为害。

**药物防治**　有拌种、毒土、喷雾等方法，一般在第 1 次防治后，隔 7d 左右再治 1 次，连续 2～3 次。

① 拌种　常用的药剂有 50％辛硫磷乳油、2.5％溴氰菊酯乳油、10％除虫菊酯乳油等，按不同药剂的用药量要求，拌混均匀，晾干后播种，并可兼治蝼蛄和蛴螬。

② 撒毒土或毒砂　常用的药剂有 50％辛硫磷乳油、50％敌敌畏乳油、20％除虫菊酯乳油，0.5％溴氰菊酯乳油等。取一定量药剂与细土或砂混拌均匀制成毒土或毒砂，以条施或围施的方法撒于地面，毒土或毒砂用量 300～375kg/hm²。

③ 喷雾　常用的药剂有 90％敌百虫晶体、50％杀螟硫磷乳油、40％甲基异柳磷乳油、50％辛硫磷乳油、80％敌敌畏乳油、2.5％溴氰菊酯乳油、40％毒死蜱乳油等，也可用 20％除虫脲可溶剂等对天敌安全的新型杀虫剂。

（5）根蛆类　根蛆是指在土中为害发芽的种子或植物根茎部的双翅目蝇、蚊的幼虫，它们常造成作物的严重损失。主要有种蝇（*Delia platura* Meigen）、葱蝇（*Delia antiqua* Meigen）和韭蛆（韭菜迟眼蕈蚊）（*Bradysia odoriphaga*，图 1-5），种蝇、葱蝇属于花蝇科，韭蛆属于尖眼蕈蚊科。

**药物防治**　针对不同虫害发生期适时防治。

① 种蝇的药物防治

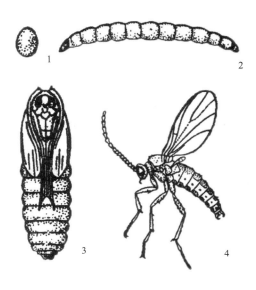

图 1-5　韭菜迟眼蕈蚊

1—卵；2—幼虫；3—蛹；4—成虫

引自李照会《农业昆虫鉴定》

a. 在成虫发生期，地面喷粉，如 5％杀虫畏粉等，也可喷洒 32.5％溴氰菊酯乳油 3000 倍液、10％溴・马乳油 2000 倍液、20％氯・马乳油 2500 倍液，每隔 7d 喷 1 次，连续防治 2～3 次。当地蛆已钻入幼苗根部时，可用 50％辛硫磷乳油 800 倍液、20％甲基异柳磷乳油 2000 倍液灌根。

b. 药剂处理土壤或处理种子

ⅰ. 药剂处理土壤　用 50％辛硫磷乳油每亩 200～250g 加 10 倍的水，喷于 25～30kg 细土上，拌匀成毒土，顺垄条施，随即浅锄，或以同样用量的毒土撒于种沟或地面，随即耕翻，或混入厩肥中施用，或结合灌水施入。或用 2％甲基异柳磷粉每亩 2～3kg 拌细土 25～30kg 成毒土，可兼治金针虫和蝼蛄。

ⅱ. 药剂处理种子　用 50％辛硫磷乳油拌种，其用量一般为药剂：水：种子＝1：（30～40）：（400～500）。可兼治金针虫和蝼蛄等地下害虫。

ⅲ.毒谷 每亩用25%～50%辛硫磷胶囊剂150～200g拌谷子等饵料5kg左右，或用50%辛硫磷乳油50～100g拌饵料3～4kg，撒于种沟中，可兼治蝼蛄、金针虫等地下害虫。

② 韭蛆的药物防治

a.成虫羽化盛期 顺垄撒施2.5%敌百虫粉剂，每亩撒施2～2.6kg，或在上午9～11时喷洒50%辛硫磷乳油1000倍液，或48%毒死蜱乳油1500倍液，或2.5%溴氰菊酯乳油2000倍液，或用其他菊酯类农药如氯氰菊酯、氰戊菊酯等喷雾。

b.在幼虫危害盛期 发现叶尖发黄变软并逐渐倒伏即应灌药防治，用48%毒死蜱乳油或90%敌百虫晶体，扒开韭墩附近表土，

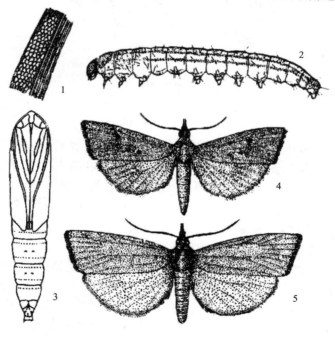

图1-6 二化螟

1—卵；2—幼虫；3—蛹；4—雄成虫；5—雌成虫

引自李照会《农业昆虫鉴定》

去掉喷雾器的喷头，对韭根部进行喷灌，然后覆土。或平时结合培土、施肥利用上述药剂灌根。

## 二、水稻害虫

（1）二化螟　二化螟（*Chilo suppressalis*，图 1-6）又名钻心虫、白穗虫，属鳞翅目、螟蛾科。以幼虫钻蛀稻株为害，取食叶鞘、穗苞、稻茎内壁组织等。水稻不同生育期造成不同的被害状，叶鞘被害造成"枯鞘"，秧苗期和分蘖期受害造成"枯心"，孕穗期受害形成"枯孕穗"，抽穗期受害形成"白穗"，黄熟期受害形成"虫伤株"。

**药物防治**　应抓住重点世代，在蚁螟孵化盛期及时喷药，一般在初见枯心时施药，可以有效地消灭幼虫在 3 龄以前。

① 用 5％氟虫腈悬浮剂 450～600mL/hm²，控虫效果近100％，具有速效、持效期长等优点。

② 用 5％杀虫双颗粒剂 15～18.75kg/hm²，拌湿土 25kg 撒施，残效期 10～12d，防效 90％以上，特别适宜于蚕桑稻区。

③ 用 50％杀螟松乳油 1∶1000 倍均匀喷雾，或 2.25～3kg/hm² 兑水泼苗，或撒毒土。

④ 用 50％杀螟松乳油及 40％乐果乳油各 750～1125mL/hm²。

上述药剂最好交替使用，以防螟虫抗药性的产生。施药时田间应保持 3cm 左右浅水 3～5d。

（2）稻纵卷叶螟　稻纵卷叶螟（*Cnaphalocrocis medinalis*，图 1-7）属鳞翅目、螟蛾科，又称刮青虫、白叶虫、小苞虫。以幼虫危害取食嫩叶，初孵幼虫取食心叶，出现针头状小点，也有先在叶鞘内为害，随着虫龄增大，缀丝纵卷水稻叶片成虫苞，并匿居在内取食叶肉，剩留一层表皮，形成白色条斑，使水稻秕粒增加，导致减产，甚至绝收。

**药物防治**　在盛孵期和低龄期施药，适期防治，往往施药一次，即可达到防治的优良效果。

用 50％辛硫磷乳油 1000～1500 倍液均匀喷雾。用 10％吡虫啉可湿性粉剂 150～300g/hm² 兑水均匀喷雾，对低龄幼虫防效明显。用 40％毒死蜱乳油 800～1000 倍时对高龄幼虫的防效可达 90％

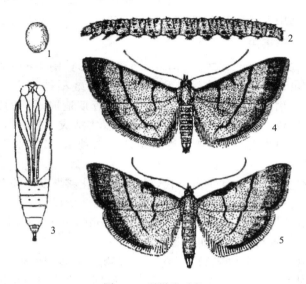

图 1-7　稻纵卷叶螟
1—卵；2—幼虫；3—蛹；4—雌成虫；5—雄成虫
引自李照会《农业昆虫鉴定》

以上。

　　（3）稻飞虱　稻飞虱属半翅目、飞虱科，通过刺吸汁液造成减产，同时产卵刺伤水稻茎秆组织造成寄主干枯和感染，分泌蜜露影响寄主的光合和呼吸作用，还可传播植物病毒病。我国为害水稻的飞虱主要有褐飞虱（*Nilaparvata lugens*，图 1-8）、灰飞虱（*Laodelphax striatellus*，图 1-9）和白背飞虱（*Sogatella furcifera*，图 1-10）。

　　**药物防治**　褐飞虱防治策略是以治虫保穗为目标，狠治大发生代的前 1 代，挑治大发生的当代。灰飞虱是以治虫防病为目标，狠治 1 代，控制 2 代。

　　可用吡虫啉、噻嗪酮、氟虫腈、马拉硫磷、杀螟硫磷，每亩用25％噻嗪酮可湿性粉剂 25～30g 兑水 50L 均匀喷雾。此外，速灭威均有速效作用，但药效期较短。

图 1-8　褐飞虱长翅型成虫
引自李照会《农业昆虫鉴定》

图 1-9　灰飞虱长翅型雌虫
引自李照会《农业昆虫鉴定》

图 1-10　白背飞虱长翅型雌虫
引自李照会《农业昆虫鉴定》

### 三、小麦害虫

（1）麦蚜　麦蚜俗称小麦腻虫、油汗、蜜虫等，属于半翅目、蚜科。我国危害麦类的蚜虫常见的种类有麦长管蚜（*Macrosiphum avenae*，图 1-11）、麦二叉蚜（*Schizaphis graminum*）、禾缢管蚜（*Rhopalosiphum padi*）、麦无网长管蚜（*Acyrthosiphon dirhodum*）4 种。

**药物防治**　有土壤处理、药剂盖种、田间喷雾等。

① 土壤处理　干旱地区每亩可用 40％乐果乳油 50mL，兑水 1～2kg，拌细砂土 15kg，或用 80％敌敌畏乳油 75mL，拌土 25kg，

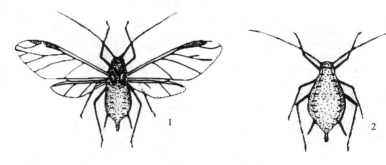

图 1-11　麦长管蚜

1—有翅孤雌蚜成虫；2—无翅孤雌蚜成虫

引自李照会《农业昆虫鉴定》

于小麦穗期清晨或傍晚撒施。

②药剂盖种　每亩用5％涕灭威颗粒剂1.4kg盖种。

③田间喷雾　黄矮病流行区未经种子处理的田块，当苗期蚜株率达5％，百株蚜量20头时进行田间喷药。在非黄矮病流行区，主要防治穗期麦蚜的为害。用10％吡虫啉可湿性粉剂750～1500g/hm²，兑水900～1125kg均匀喷雾，或用50％马拉硫磷乳油1000倍液均匀喷雾，或用50％杀螟松乳油2000倍液均匀喷雾。

（2）小麦吸浆虫　小麦吸浆虫俗称小红虫、黄疸虫、麦蛆等，

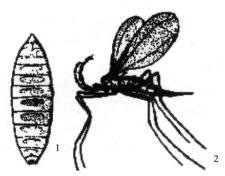

图 1-12　麦红吸浆虫

1—幼虫；2—成虫

引自李照会《农业昆虫鉴定》

属双翅目、瘿蚊科，分为麦红吸浆虫（*Sitodiplosis mosellana*，图 1-12）和麦黄吸浆虫（*Contarinia tritici*）两种，是一种世界性的毁灭性害虫。

**药物防治**　首先抓住小麦吸浆虫化蛹盛期施药，在成虫期进行必要的补充防治。

① 蛹盛期　以撒毒土为主。用 80％敌敌畏乳油 50～100mL，兑水 2kg，或 50％辛硫磷 200mL，兑水 5kg，喷在 25kg 的细土上，拌匀制成毒土施用；或用 3％辛硫磷颗粒剂每亩 5kg 撒施防治，边撒边耕，翻入土中。

② 成虫期　小麦扬花前成虫盛发期，用 80％敌敌畏乳油，稀释 2000 倍液喷施，或用 4.5％高效氯氰乳油每亩 50mL 喷雾防治，或用 10％吡虫啉可湿性粉剂 30g ＋ 80％敌敌畏乳油每亩 50mL 喷雾防治，或每亩用 80％敌敌畏乳油 150g，兑水 2kg，喷在 20kg 麦糠（或干细土）上，下午撒入麦田熏蒸。

**注意事项**　①辛硫磷见光易分解，撒施毒土或颗粒剂后应立即喷水 1～2h，以保证药剂淋溶，发挥药效。②成虫期防治喷药，要求选择无风天气上午 9 时前和下午 4 时后进行。

（3）麦蜘蛛　麦蜘蛛又称红蜘蛛、火龙、红旱、麦虱子，危害小麦的螨类主要有 2 种：麦圆蜘蛛（麦圆叶爪螨）（*Penthaleus major*）和麦长腿蜘蛛（*Petrobia latens*）（麦岩螨），（图 1-13）。麦蜘蛛属蜘蛛纲、蜱螨目，麦圆蜘蛛属叶爪螨科，麦长腿蜘蛛属叶螨科。

**药物防治**　药剂拌种或盖种方法同麦蚜。当虫口数量大时，可在螨发生初盛期田间防治。在春小麦返青后，当平均每 33cm 行长幼虫达 200 头以上，上部叶片 20％面积有白色斑点时，应进行药剂防治。

① 喷粉　用 1.5％乐果粉剂，每亩用量为 1.5～2kg。

图 1-13　麦岩螨雌螨
引自李照会《农业昆虫鉴定》

② 喷雾　用50％马拉硫磷2000倍液，亩施75kg药液，或用20％三氯杀螨醇乳油1000倍液均匀喷雾。

③ 毒土　用40％乐果乳油，每亩75g拌20kg细土，撒在田间。

### 四、棉花害虫

（1）棉蚜　棉蚜（*Aphis gossypii*，图1-14）也叫腻虫、蜜虫、油汗，属半翅目、蚜科，是棉花苗期及现蕾以后的重要害虫。棉蚜以成、若蚜群集于棉叶背面或嫩尖，在棉叶背面和嫩头部分吸食汁液，使棉叶畸形生长，向背面卷缩。

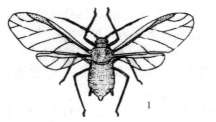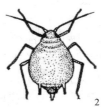

图1-14　棉蚜
1—有翅孤雌蚜成虫；2—无翅孤雌蚜成虫
引自李照会《农业昆虫鉴定》

**药物防治**　主要有种子处理、涂茎及喷药方法。

① 种子处理　购买已用种衣剂包衣的种子，或在棉花播种前用涕灭威拌种，用量为每亩有效成分50g，能控制蚜害40～50d。

② 涂茎防治蚜虫　用40％氧化乐果乳剂、聚乙烯醇和水，按1∶0.1∶5的比例配制成涂茎剂，将药液涂在棉花茎上紫绿相间部位，防蚜虫效果可达90％以上。

③ 喷药防治　用20％灭多威乳油、44％丙溴磷乳油1500倍液均匀喷雾，或用50％辛硫磷乳油、40％氧化乐果乳油1000～1500倍液均匀喷雾。

（2）棉铃虫　棉铃虫（*Helicoverpa armigera*，图1-15）又称棉实夜蛾，属鳞翅目、夜蛾科。棉铃虫是一种多食性害虫，寄主植物有30多科200余种，是棉花蕾铃期重要钻蛀性害虫，主要蛀食

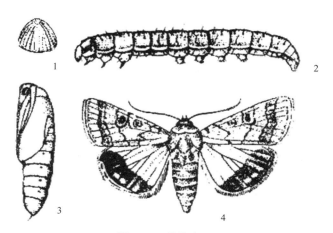

图 1-15　棉铃虫

1—卵；2—幼虫；3—蛹；4—成虫

引自刘绍友《农业昆虫学》

蕾、花、铃，也取食嫩尖和嫩叶。

**药物防治**　对二代棉铃虫，抗虫棉基本不用化学防治。常规棉二代棉铃虫的防治，要在成虫产卵盛期进行。

防治三代、四代棉铃虫可选用 50％辛硫磷乳油，或 10％氯氰菊酯乳油，或 60％敌·马合剂等药剂喷雾防治。

（3）叶螨类　棉叶螨属蛛形纲、蜱螨目、叶螨科，又称棉红蜘蛛，是为害棉花的叶螨总称。棉叶螨种类较多，我国棉花上主要朱砂叶螨 （*Tetranychus cinnabarinus*）、截形叶螨 （*Tetranychus truncatus*）。在干旱年份 2 种棉红蜘蛛为害猖獗，轻者棉苗停止生长，蕾铃脱落，后期早衰，重者叶片发红，干枯脱落，棉花变成光杆，产量大幅度降低。

**药物防治**　用 20％三氯杀螨醇乳油，稀释 1000～2000 倍均匀喷雾，或用 40％氧化乐果乳剂，稀释 2000 倍均匀喷雾，或用 40％水胺硫磷乳油 2500 倍液、10％吡虫啉可湿性粉剂 1500 倍液、15％哒螨灵乳油 2500 倍液均匀喷雾。

（4）棉盲蝽　棉盲蝽属半翅目、盲蝽科，在我国棉区为害棉花的盲蝽有绿盲蝽（*Lygus lucorum*，图1-16）、苜蓿盲蝽（*Adelphocoris lineolatus*）、中黑盲蝽（*Adelphocoris suturalis*）、三点盲蝽（*Adelphocoris fasciaticollis*，图1-17）、牧草盲蝽（*Lygus pratensis*）等。

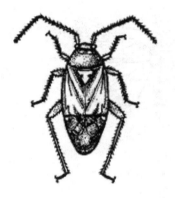 

图 1-16　绿盲蝽　　　　　　　　图 1-17　三点盲蝽
引自李照会《农业昆虫鉴定》　　　　引自李照会《农业昆虫鉴定》

**药物防治**　由于棉盲蝽白天一般在树下杂草及行间作物上潜伏，夜晚上树为害，所以喷药防治可选在傍晚或早晨进行，要对树干、地上杂草、行间作物全面喷药，以达到良好的防治效果。选择正确的农药品种，并进行交替使用。以触杀性较好和内吸性较强的药剂混合喷施效果最好。

可用马拉硫磷、敌百虫、敌敌畏、吡虫啉、氧化乐果等。棉盲蝽的耐药性弱，在6月至7月初，用2.5%溴氰菊酯乳油稀释3000倍，或20%氰戊菊酯乳油稀释3000倍均匀喷雾。

（5）棉红铃虫　棉红铃虫（*Pectinophora gossypiella*），属于鳞翅目、麦蛾科，为世界性棉花害虫。

**药物防治**　有棉仓灭虫及喷洒杀虫剂等方法。

① 棉仓灭虫　空仓全面喷洒2.5%溴氰菊酯乳油的稀释液，墙壁、房顶里面都要喷到。实仓时用药剂熏蒸，于成虫羽化期在棉仓内喷80%敌敌畏100倍液，或每10m³ 容积用溴甲烷0.36kg，熏蒸4d。

② 喷洒杀虫剂　主要是在棉红铃虫卵盛期喷洒杀虫剂。第2

代防治指标为当日百株卵量 68 粒或幼虫 20～30 头/百铃，第 3 代防治指标为当日百株卵量 200 粒或幼虫 40～60 头/百铃。每亩用 2.5% 溴氰菊酯乳油 30～40mL 兑水 60～70kg 均匀喷雾，或每亩用 10% 氯氰菊酯乳油 35～5mL 兑水 60～70kg 均匀喷雾，或每亩用 20% 氰戊菊酯乳油 30～40mL，兑水 50～60kg 均匀喷雾。

**五、杂粮害虫**

杂粮主要包括玉米、高粱和谷子等。

（1）玉米螟  玉米螟俗称玉米钻心虫、箭杆虫，属鳞翅目、螟蛾科。在我国发生的玉米螟主要有亚洲玉米螟（*Ostrinia furnacalis*，图 1-18）和欧洲玉米螟（*Ostrinia nubilalis*）2 种，为害农作

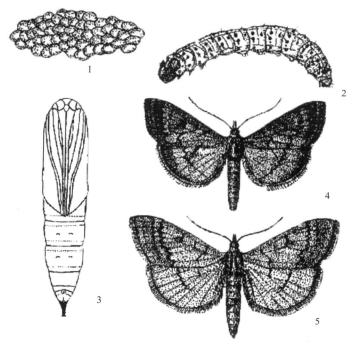

图 1-18  亚洲玉米螟
1—卵；2—幼虫；3—蛹；4—雄成虫；5—雌成虫
引自李照会《农业昆虫鉴定》

物的优势种为亚洲玉米螟。

**药物防治** 可分为心叶期和穗期阶段防治。

① 心叶期颗粒剂防治 在玉米心叶末期用颗粒剂防治最为经济有效，过早玉米螟卵还没孵化，过晚玉米进入打苞期，幼虫钻入苞内，此时颗粒剂就不能发挥应有的作用而降低了防治效果。由于玉米螟对拟除虫菊酯类杀虫剂已产生抗药性，因此不宜采用。可用1‰辛硫磷颗粒剂，加5倍细土或细河沙混匀撒入喇叭口，或用50％辛硫磷乳油按1∶100配成毒土，每株撒2g。

② 穗期防治

a. 防治玉米田玉米螟 一代和部分二代发生区玉米螟发生期推迟至穗期，或者二代发生区的春玉米和三代区的夏玉米穗期发生严重的，在玉米抽丝盛期，用上述颗粒剂撒在雌穗着生节的叶腋或其上两叶和下一叶的叶腋及穗顶花丝上，主要保护雌穗，用药量较心叶期适当增加一点。

b. 防治高粱田玉米螟 方法参见玉米田，但高粱对敌百虫、敌敌畏十分敏感，很易发生药害，应严禁使用。

c. 防治谷田玉米螟 应在玉米螟初孵幼虫孵化后的5d内，幼虫集聚在谷子气生根处还未蛀茎时，及时喷洒上述杀虫剂于植株中下部，防治1次，防效85％以上，受害株率可压至2％～3％。

d. 防治棉田玉米螟 应在卵孵化盛期用药，喷洒90％晶体敌百虫1200倍液、50％辛硫磷乳油1500倍液，将其控制在钻蛀棉株或棉铃前。麦棉间套作田应在麦收前结合防治蚜虫兼治玉米螟，麦收后再防一次，防止玉米螟从小麦田转移到棉花上。

(2) 黏虫 黏虫（*Mythimna separate*，图1-19），又名剃枝虫、五色虫、夜盗虫，属鳞翅目、夜蛾科。具有群聚性、迁飞性、杂食性、暴食性，为全国性重要农业害虫。黏虫大发生时常将叶片全部吃光，仅剩光秆，造成大面积减产，甚至颗粒无收。

**药物防治** 要趁多数幼虫进入2～3龄盛期时施药。

用2.5％敌百虫粉，撒药带进行封锁，幼虫3龄前每亩用20％杀灭菊酯乳油15～45g兑水50kg均匀喷雾，或用2.5％溴氰菊酯乳油1500～2000倍液均匀喷雾，或用2.5％敌百虫晶体1000～

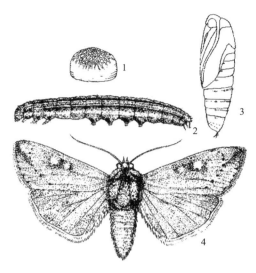

图 1-19 黏虫
1—卵；2—幼虫；3—蛹；4—成虫
引自刘绍友《农业昆虫学》

2000 倍液均匀喷雾，或用 48% 的毒死蜱乳油每亩 100g 兑水 50kg 均匀喷雾。

**六、油料及经济作物害虫**

（1）大豆食心虫　大豆食心虫（*Leguminivora glycinivorel-la*，图 1-20）俗称蛀荚蛾、蛀荚虫、小红虫，属鳞翅目、小卷叶蛾科。大豆食心虫为单食性害虫，主要食害大豆，幼虫蛀入豆荚，咬食豆粒，常年虫食率达 10%～20%，严重时可达 30%～40%。

**药物防治**　在成虫发生盛期和幼虫入荚前的阶段防治。

① 成虫发生盛期防治

a. 敌敌畏药棍熏蒸　每亩用 80% 敌敌畏乳油 100～150mL，将玉米穗轴或向日葵秆瓤截成约 5cm 长段，浸足敌敌畏药液，按每隔 4 垄前进 5m，1 个药棍的密度，将药棍夹在大豆枝杈上。这种熏蒸法适用于大豆长势繁茂、垄间郁蔽的大豆田，防效可达 90% 以上。

图 1-20　大豆食心虫
1—卵；2—幼虫；3—蛹；4—成虫
引自袁锋《农业昆虫学》

b. 喷雾　每亩用 2.5％溴氰菊酯进行超低容量喷雾，或用 2％杀螟松粉剂，或用 2.5％敌杀死乳油，或 4.5％高效氯氰菊酯乳油兑水均匀喷雾。

② 在幼虫入荚前防治　大豆食心虫幼虫孵化后，在豆荚上爬行的时间一般不超过 8h，这个时间很难掌握，所以防治幼虫须经过田间调查，当大豆荚上见卵时即可打药。防治幼虫一般采用菊酯类药剂兑水喷雾。喷雾要均匀，特别是结荚部位都要喷上药。可用 2.5％溴氰菊酯乳油 450～750mL/hm² 兑水均匀喷雾，或用 20％戊菊酯乳油 750～1200mL/hm² 兑水均匀喷雾。

（2）豆荚螟　豆荚螟（*Etiella zinckenella*）俗称红虫，属鳞翅目、螟蛾科，幼虫蛀入大豆及其他豆科植物荚内，食害豆粒，影响产量和品质。

**药物防治**　有地面施药和晒场处理等方法。

① 地面施药　在老熟幼虫脱荚期，毒杀入土幼虫，每亩用 2％倍硫磷粉 1.5～2kg，或用 90％晶体敌百虫 700～1000 倍液，或 50％倍硫磷乳油 1000～1500 倍液，或 40％氧化乐果 1000～1500 倍液，或 2.5％溴氰菊酯 4000 倍液均匀喷雾。

② 晒场处理　在大豆堆垛地及周围 1～2m 范围内，撒施上述药剂、低浓度粉剂或含药毒土，可使脱荚幼虫死亡 90％以上。

（3）花生蚜　花生蚜（*Aphis medicaginis*）又称豆蚜、苜蓿蚜、槐蚜，属半翅目、蚜科。花生蚜在花生的幼苗到收获期均可为害，花生受害后生长停滞、植株矮小，叶片卷缩，影响开花、结果，排出大量的"蜜露"，引起霉菌寄生，重者可造成植株枯死。花生蚜又是花生病毒病的传毒介体，能传播花生矮缩病与花生丛簇病。

**药物防治**　主要有喷雾和喷粉两种方法。

① 喷雾　在有翅蚜向花生田迁移高峰后 2～3d，开始喷洒 50％辛硫磷乳油 1500 倍液、或 80％敌敌畏乳油 1000～1500 倍液、40％乙酰甲胺磷乳油 1500 倍液。

② 喷粉　掌握在锄第二遍地前，在早晨、傍晚叶片闭合时进行，可喷 1.5％乐果粉剂，或 2.5％敌百虫粉剂，每亩 1.5～2kg。

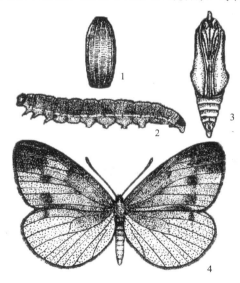

图 1-21　菜粉蝶
1—卵；2—幼虫；3—蛹；4—成虫
引自刘绍友《农业昆虫学》

## 七、蔬菜害虫

（1）菜粉蝶　菜粉蝶（*Pieris rapae*，图 1-21）属鳞翅目、粉蝶科，幼虫称菜青虫。菜粉蝶分布遍及世界各地，寄主主要是十字花科植物，且喜食甘蓝类蔬菜。以幼虫咬食寄主叶片，咬成孔洞或缺刻，严重时叶片全部吃光，只残留粗脉和叶柄。而且常因其为害引起软腐病的发生。

**药物防治**　由于菜粉蝶发生到第 2 代后，世代重叠现象严重，给防治带来了一定的困难。田间喷药防治一般以卵高峰后一周左右，对甘蓝和白菜应以包心以前，田中多数幼虫处在 3 龄以前用药。

用 5% 高效氯氰菊酯乳油 1200 倍液，或 50% 辛硫磷乳油 1000 倍液，或 80% 敌敌畏乳油 700 倍液，或 20% 灭多威乳油 1000 倍液均匀喷雾。

甘蓝、花椰菜叶面上蜡质较厚，不易着药，故在喷药时，应在药液中加入一定量的洗衣粉或黏着剂。

（2）小菜蛾　小菜蛾（*Plutella xylostella*，图 1-22）属于鳞

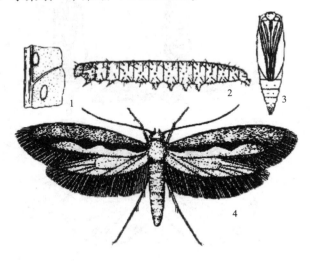

图 1-22　小菜蛾

1—卵；2—幼虫；3—蛹；4—成虫

引自李照会《农业昆虫鉴定》

翅目、菜蛾科，是世界性蔬菜害虫，全国普遍发生。幼虫有集中为害菜心的习性，使白菜、甘蓝等叶菜类的生长发育发生严重障碍，不能包心结球。幼虫咬食留种株的嫩茎、幼荚和籽粒，造成孔洞，影响结实。小菜蛾大发生时减产50％～75％，甚至绝收。

**药物防治** 防治同菜青虫，在防治中，提倡不同类型的农药混配使用，以减缓其耐药性发生的速度。

（3）菜蚜 菜蚜是危害十字花科蔬菜蚜虫的统称，我国已知菜蚜种类有3种，即桃蚜（*Myzus persicae*，图1-23）、萝卜蚜（菜缢管蚜）（*Lipaphis erysimi*）、甘蓝蚜（*Brevicoryne brassicae*），均属半翅目、蚜科。菜蚜以成、若蚜密集在幼苗、嫩茎、嫩叶和近地面的叶背刺吸植株的汁液，使受害植株叶面皱缩、发黄，严重时使外叶塌地枯萎，菜不能包心，严重地影响蔬菜的产量与品质。此外，这三种蚜虫还可传播十字花科蔬菜的病毒病，如黄瓜花叶病毒、花椰菜花叶病毒，为害程度已远远超过了其直接为害造成的损失。

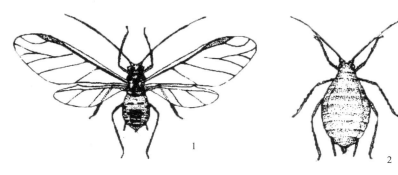

图 1-23 桃蚜

1—有翅胎生雌蚜；2—无翅胎生雌蚜

引自李照会《农业昆虫鉴定》

**药物防治** 应在苗期或生长前期和生长期适时防治。

① 在苗期或生长前期可用40％氧化乐果乳油1000倍液，或用50％甲胺磷乳油1000倍液均匀喷雾。

② 在生长期可用50％辛硫磷乳油1000倍液，或10％吡虫啉

可湿性粉剂 5000 倍液，或 5% 高效氯氰酯乳油 1500 倍液均匀喷雾。

为提高杀虫效果，可在药剂中混加 300 倍的碳酸氢铵或洗衣粉。

（4）黄条跳甲　黄条跳甲属鞘翅目、叶甲科。在我国为害十字花科蔬菜的主要有黄曲条跳甲（*Phyllotreta striolata*）、黄狭条跳甲（*Phyllotreta vittula*）、黄宽条跳甲（*Phyllotreta humilis*）和黄直条跳甲（*Phyllotreta rectilineata*）等。成虫俗称蹦蹦虫、菜蚤、黄条跳虫、土跳蚤、菜蚤子、黄跳蚤等，幼虫俗称白蛆。成虫和幼虫都能为害十字花科蔬菜。被害叶面布满稠密的椭圆形小孔洞，幼苗期受害常造成秧苗断垄，甚至全田毁种，还可将留种菜株的嫩菜表面、果梗、嫩梢咬成疤痕或咬断，幼虫蛀害寄主根皮，形成不规则条状疤痕。此外幼虫造成的伤口常引起十字花科蔬菜软腐病。

**药物防治**　在幼虫和成虫针对性防治。

① 防治成虫　可使用 10% 氯氰菊酯、5% 高效氯氰菊酯乳油 1500 倍液，或 80% 敌敌畏乳油 800 倍液，或 50% 辛硫磷乳油 1000 倍液，或 40% 氧化乐果乳油 1000 倍液均匀喷雾。喷药时应从田边向田内围喷，以防成虫逃窜。也可在蔬菜收获后，有意留存几棵植株用以诱集成虫，然后集中用药杀死，以保护下茬菜苗的安全生长。

② 防治幼虫　当发现幼虫危害根部时，可以使用药液灌根杀虫，每株 50～100mL 药液。可用 40% 甲基异柳磷乳油 1500 倍液，或 50% 辛硫磷乳油 1200 倍液均匀喷雾。

（5）甜菜夜蛾　甜菜夜蛾（*Spodoptera exigua*，图 1-24）属鳞翅目、夜蛾科，又叫白菜褐夜蛾、玉米叶夜蛾。在十字花科蔬菜上，低龄时常群集在心叶中结网为害，然后分散为害叶片，严重时仅留叶脉与叶柄。3 龄后还可钻蛀豆荚以及大葱叶和辣椒、番茄的果实，造成落果、烂果。

**药物防治**　甜菜夜蛾具较强的抗药性，且低龄时结网在心叶中为害，给防治带来一定的困难。故而在防治时，应掌握在幼虫在 2

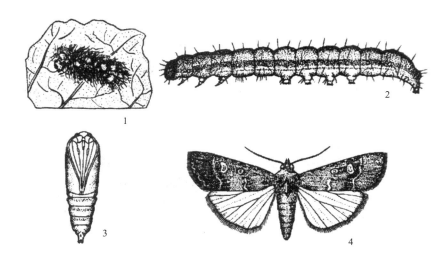

图 1-24　甜菜夜蛾
1—卵；2—幼虫；3—蛹；4—成虫
引自李照会《农业昆虫鉴定》

龄期以前，喷药时要注意喷施到心叶中去。

使用的药剂同菜青虫。

（6）斜纹夜蛾　斜纹夜蛾（*Prodenia litura*，图 1-25）属鳞翅目、夜蛾科，又名斜纹夜盗虫。以幼虫为害植物叶部，也为害花及果实，虫口密度大时常将全田作物吃成光秆或仅剩叶脉，常蛀入心叶，把内部吃空，造成腐烂和污染，且能转移为害。大发生时能造成严重减产。

**药物防治**　防治幼虫必须掌握在第三龄以前，消灭于点片阶段。

可用 5％氟虫腈乳油 3000 倍液，或 25％灭幼脲 3 号悬浮剂 1800 倍液，或 10％氯氰菊酯乳油 1500 倍液，或 5％高效氯氰菊酯乳油 1500 倍液，或 50％乙酰甲胺磷乳油 1000 倍液，或 80％敌敌畏乳油 800 倍液等均匀喷雾。

（7）菜螟　菜螟（*Oebia undalis*）俗称剜心虫、钻心虫、萝卜螟，属鳞翅目、螟蛾科。以幼虫为害菜苗，吐丝缀合心叶，于其内

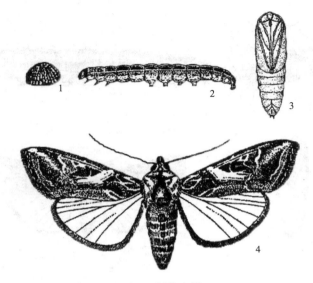

图 1-25　斜纹夜蛾
1—卵；2—幼虫；3—蛹；4—成虫
引自李照会《农业昆虫鉴定》

食害菜心，长大后可蛀入茎髓，形成隧道，造成无心菜或造成菜苗死亡，甚至钻食根部，使之断根，且可传播软腐病。

**药物防治**　应掌握在幼虫孵化盛期或初见心叶受害和丝网时喷药，一般为间隔 5～7d 喷药一次，连喷 2～3 次。

用药同菜青虫。

（8）大猿叶虫　大猿叶虫（*Colaphellus bowringi*）成虫俗称乌壳虫，幼虫叫弯腰虫、滚蛋虫，属鞘翅目、叶甲科。

**药物防治**　同黄曲条跳甲。

（9）温室白粉虱　温室白粉虱（*Trialeurodes vapororiorum*，图 1-26）又名小白蛾，属半翅目、粉虱科。以成虫和若虫吸食植株汁液，被害叶片失绿、变黄萎蔫，甚至全株死亡。除直接为害外，由于种群数量大，群聚为害，分泌的大量蜜露严重污染叶片与荚果，往往引起煤污病的大发生，影响光合作用，使蔬菜失去商品价值。

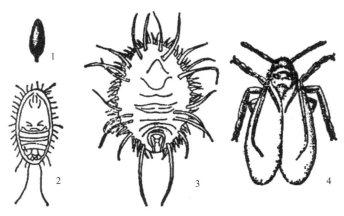

图 1-26　温室白粉虱
1—卵；2—幼虫；3—蛹；4—成虫
引自刘绍友《农业昆虫学》

**药物防治**　应掌握在白粉虱呈点片时防治。

①大棚中　喷施80％敌敌畏乳油800倍液＋300倍液洗衣粉，也可用杀虫烟雾剂熏棚。

②大田中　用40％氧化乐果乳油1000倍液、25％噻嗪酮可湿粉1500倍液、10％吡虫啉可湿粉4000倍液、10％氯氰菊酯、5％高效氯氰菊酯1500倍液等均匀喷雾。药液中应混加300倍液洗衣粉。

（10）马铃薯瓢虫　我国为害马铃薯的瓢虫有马铃薯瓢虫（*Henosepilachna vigintioctomaculata*）和酸浆瓢虫（*Henosepilachna vigintioctopunctata*）2种，前者又称马铃薯二十八星瓢虫、大二十八星瓢虫，后者又称茄二十八星瓢虫、小二十八星瓢虫，均属鞘翅目、瓢虫科。成虫、幼虫均可啃食叶片、果实和嫩茎，被害叶片仅留叶脉和一层表皮，形成透明密集的条痕，形状如罗底，后变为褐色斑痕，或将叶片吃成穿孔，严重时叶片枯萎。果实受害则被啃食成许多凹纹，逐渐变硬而粗糙，并有苦味，失去商品价值。

**药物防治**　施药适期应掌握在幼虫盛孵期，最晚不要超过幼虫分散为害之前。

用 5％氯氰菊酯乳油、2.5％溴氰菊酯乳油 3000 倍液、90％晶体敌百虫、50％辛硫磷乳油 1000 倍液均匀喷雾。

(11) 豆荚野螟　豆荚野螟（*Maruca testulalis*）又名豇豆螟、豆野螟、大豆螟蛾、大豆卷叶螟等，俗称蛀心虫、菜豆钻心虫，属鳞翅目、螟蛾科。以幼虫蛀食豆花和豆荚，也能蛀食大豆茎和卷叶为害。被害豆类常造成大量落花和落荚。为害后期在豆荚上有蛀孔，堆集粪便，受害豆荚易于腐烂，对豆类质量和产量均有较大影响。

**药物防治**　花害率 20％，百花有虫 10 头，荚害率 5％时用药防治。根据灯下诱蛾情况，在各代成虫始盛期开始喷药或掌握在豇豆、四季豆开花期喷药。傍晚用药效果更佳。

用 90％晶体敌百虫 1000 倍液、80％敌敌畏乳油 800 倍液，或将敌百虫和乐果混合（90％敌百虫 50g、40％乐果乳油 25g 兑水 50～60kg）使用，每 7～10 d 喷一次，着重喷在蕾、花、嫩荚及落地花上，在喷药前要把可摘的豆荚及时摘去，以免被药液污染。

(12) 豌豆潜叶蝇　豌豆潜叶蝇（*Chromatomyia horticola*，图 1-27）又叫豌豆植潜蝇、豌豆彩潜蝇，属双翅目、芒角亚目、潜蝇科。以幼虫潜叶为害，蛀食叶肉留下上下表皮，形成曲折隧道，影响蔬菜生长，严重的可造成叶片枯死。豌豆受害后，影响豆荚饱满及种子品质和产量。叶菜类受害后，失去经济价值。

**药物防治**　当田间初见幼虫时喷药，间隔 7～10d，喷施 1～3 次。

用 25％灭幼脲 3 号悬浮剂 1500 倍液均匀喷雾，或用菊酯类、有机磷类农药防治。

(13) 美洲斑潜蝇　美洲斑潜蝇（*Liriomyza sativae*）又名蔬菜斑潜蝇、美洲甜瓜斑潜蝇、苜蓿斑潜蝇、蛇形斑潜蝇、甘蓝斑潜蝇等，属双翅目、芒角亚目、潜蝇科。以幼虫蛀食叶片上下表皮之间的叶肉为主，形成带湿黑和干褐区域的黄白色蛇斑。成虫产卵、取食也造成伤斑，使植物叶片的叶绿素细胞受到破坏，严重时造成叶片白化，后期可干枯死亡。虫体的活动还能传播多种病毒。

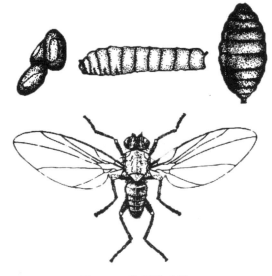

图 1-27　豌豆潜叶蝇
1—卵；2—幼虫；3—蛹；4—成虫
引自李照会《农业昆虫鉴定》

**药物防治**　由于该虫的卵历期短、高龄幼虫的耐药性较强，可选择在成虫高峰期至卵孵盛期用药或初龄幼虫高峰期用药。

① 防治幼虫　用 20％杀虫双水剂 800 倍液、90％杀虫单可湿性粉剂 2000 倍液、48％毒死蜱乳油 1000 倍液均匀喷雾。

② 防治成虫　用 80％敌敌畏乳油 800 倍液、10％氯氰菊酯或 5％高效氯氰菊酯乳油 1500 倍液均匀喷雾。喷药时一定仔细，使每一叶片均着药。

## 八、果树害虫

（1）桃小食心虫　桃小食心虫（*Carposina nipponensis* 或 *Carposina sasakii*，图 1-28）简称桃小，又称桃蛀果蛾，属于鳞翅目、卷蛾总科、蛀果蛾科。桃小食心虫只为害果实，一般从萼洼处蛀入幼果，"蛀果孔"流出泪珠状果胶——"流眼泪"，两到三天后果胶凝干留下一白色膜（白灰），随着果实生长，蛀果孔愈合成一个小黑点。入果幼虫在果皮下纵横潜食，此时解剖，蛀道呈褐色细线状，随着果实生长，果面显现潜痕，果实外观畸形称"猴头果"。随着虫体食量加大，逐渐深入果心为害，最终食尽果心种子，并将粒状虫粪排泄果心内，造成所谓"豆沙馅"，幼虫老熟后脱荚，在果实胴部开绿豆粒般大圆形"脱果孔"，周围有红晕称红眼圈。果实膨大后期受害，一般不形成"豆沙馅"。

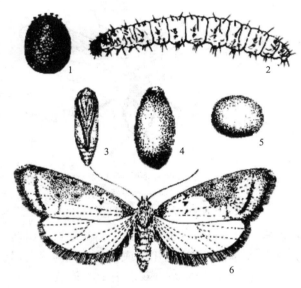

图 1-28　桃小食心虫
1—卵；2—幼虫；3—蛹；4—夏茧；5—冬茧；6—成虫
引自刘绍友《农业昆虫学》

**药物防治**　分如下两种情况。

① 幼虫出土期　6 月份桃小食心虫出蛰期，雨后每亩用 50% 辛硫磷乳油 500mL，兑水 100kg 喷洒树盘杀灭出蛰幼虫。雨后地面喷药，可用 40% 甲基异柳磷乳油 1500 倍液，或用 3% 甲基异柳磷颗粒剂，或 5% 辛硫磷颗粒剂每亩 5～6kg，也可使用甲基异柳磷乳油按 1∶50 制成毒土，每亩使用 0.8～1kg，或辛硫磷每亩 1～1.5kg。施药后用锄轻锄一下。

② 树上防治　当卵孵化率达到防治指标时，进行树上喷药，发生严重的园片 10d 后再喷一次。对于一般管理的苹果园 6 月下旬至 7 月上中旬是一代桃小树上防治的关键时期，8 月中下旬至 9 月上旬是二代桃小防治的关键时期。每代防治的关键时期用药两次，全年用药四次，杀灭桃小幼虫于蛀果之前。当田间累计卵果率达到 2% 的防治指标时，选用 48% 毒死蜱乳油 1500 倍液等喷洒杀灭第 1 代，4.5% 高效氯氰菊酯乳油 1500 倍等喷洒杀第 2 代。

（2）梨小食心虫　梨小食心虫 (*Grapholitha molesta*) 简称梨小，又称东方果蛀蛾，属鳞翅目、小卷叶蛾科，因其为害桃梢故俗称桃折心虫。果实常由萼洼处蛀入，蛀果孔小，脱果孔大。在梨上由于脱果孔易腐烂而形成一圆形疤痕，故农民叫之"黑膏药"。核果类果实受害，多在果核周围蛀食果肉，不表现梨果系列症状。在桃树上先为害新梢，由新梢叶梗基部蛀入，一直蛀到木质部，并在木质部内取食。当新梢木质化后，再转移到另一新梢为害。

**药物防治**　防治狠抓头两代，封闭桃园防止成灾。在苹果与桃混植园狠抓第一、二代，而梨、桃园全年均需防治，但仍以前三代为主。当发生严重时，前两代各用药一次，后两代用药两次，间隔 10d，尤其是晚熟桃。

用药同桃小。对于一般管理的梨园，7 月中、下旬至 8 月中、下旬第三、四代成虫产卵期和幼虫孵化期选择 4.5% 高效氯氰菊酯乳油 1500 倍液等均匀喷雾。

（3）桃蛀螟　桃蛀螟 (*Dichocrocis punctiferalis*，图 1-29) 又称桃豹纹斑螟，属鳞翅目、螟蛾科。以幼虫蛀食果实，先在果柄或果蒂基部蛀食果皮，沿果核蛀入果心，蛀食幼嫩的核仁和果肉，并吐丝缀合虫粪粘连成丝质的隧道即丝筒于果梗与枝条间。因此被害果果梗蛀孔处常堆积以丝缀合的大量虫粪，被害果内充斥着大量的虫粪。

**药物防治**　全年防治的重点是第 1 代幼虫孵化期，其次是第 2 代孵化期。第 1 代防治容易，第 2 代为害严重。

用 25% 灭幼脲悬浮剂 1500 倍液，或 20% 杀铃脲悬浮剂 5000 倍液，或 4.5% 高效氯氰菊酯乳油 1500 倍液等轮换交替喷药防治。

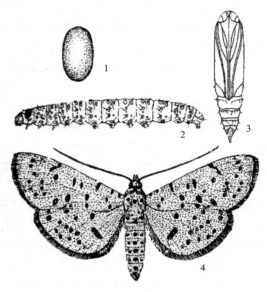

图 1-29　桃蛀螟

1—卵；2—幼虫；3—蛹；4—成虫

引自北京农业大学等主编《果树昆虫学》

**注意事项**　桃树用药早熟品种喷药 2 次，防治 1 代，中熟品种喷药 3 次，防治 1 代为主，晚熟品种喷药 4 次，防治 1～2 代。板栗脱蓬期用 95％敌百虫或 50％辛硫磷 500 倍液喷洒种苞，药杀苞内幼虫，预防其转果为害种子。

（4）苹果小卷叶蛾　苹果小卷叶蛾（*Adoxophyes orana*）又称棉褐带卷蛾，旧称苹果卷蛾、苹小黄卷蛾、橘小黄卷蛾、茶小黄卷蛾和远东卷叶蛾，属鳞翅目、卷蛾总科、卷蛾科。以幼虫黏卷幼芽、花蕾、嫩叶成虫苞，隐藏其中剥食叶片，残留表皮。也可以啃食苹果、桃、梨、李等多种果实的果皮，果面出现成片的不规则形麻坑状卷叶虫伤称"麻面果"。

**药物防治**　抓住幼虫暴露期或各代卵孵化期配合防治其他害虫进行综合防治，杀灭幼虫于卷叶之前。

①　在苹果花序分离期用 25％灭幼脲 3 号悬浮剂 1000 倍，或

20％杀铃脲悬浮剂 5000 倍液均匀喷雾防治出蛰幼虫。

②6 月中旬结合苹果套袋用 90％灭多威可溶性粉剂 3000 倍，或 15％茚虫威乳剂 2500 倍液均匀喷雾杀灭一代初孵幼虫。

③8 月上中旬用 90％灭多威可溶性粉剂 3000 倍，或 15％茚虫威乳剂 2500 倍液均匀喷雾杀灭二代、三代幼虫。

④8 月下旬到 9 月上旬结合防治三代棉铃虫和二代桃小，用 8％毒死蜱乳油 1500 倍液均匀喷雾杀灭二代、三代幼虫。

⑤9 月中旬前后结合防治苹果绵蚜，用 52.25％氯氰·毒死蜱乳油 1500 倍液，或 2.5％联苯菊酯乳油 1500 倍液均匀喷雾杀灭三代、四代幼虫。

（5）顶梢卷叶蛾　顶梢卷叶蛾（*Spilonota lechriaspis*）别名梨白小卷叶、芽白小卷叶，属鳞翅目、小卷叶蛾科。以幼虫为害果树的新梢。在枝梢的顶端，吐丝卷叶紧密，在卷叶中用叶片、叶背面及枝条上的茸毛吐丝结一隧道，虫体在隧道中生活。

**药物防治**　在第 1 代卵盛期和幼虫孵化盛期进行防治，除使用防治食心虫类的各种药剂外，还可结合潜叶蛾的防治。

使用 25％灭幼脲 3 号悬浮剂 1500 倍液或 20％杀铃脲悬浮剂 8000～10 000 倍液均匀喷雾。

（6）黄斑卷蛾　黄斑卷蛾（*Acleris fimbriana*）又称黄斑长翅卷叶蛾、桃黄斑卷叶虫，属鳞翅目、卷叶蛾科。幼虫食害嫩叶、新芽，稍大卷叶，或平叠叶片及贴叶果面，食叶肉呈纱网状和孔洞，并啃食贴叶果的果皮，呈不规则形凹疤，多雨时常腐烂脱落。

**药剂防治**　发生严重的果园，于第 1 代幼虫发生期喷布 40％水胺硫磷乳油 1500 倍液均匀喷雾，严重时在第 2 代幼虫期再喷 1 次。

（7）金纹细蛾　金纹细蛾（*Lithocolletis ringoniella*）又称苹果细蛾、苹果潜叶蛾，属鳞翅目、细蛾科。幼虫潜入叶背表皮下潜食海绵组织，造成下表皮与叶肉组织分离，叶背面形成枯黄色、椭圆形、泡囊状皱褶扭曲的虫斑，下表皮内散落着黑色虫粪，严重时一张叶片上有虫斑达 10 余处，叶片焦枯，提早落叶。到后期在栅栏组织上下穿食，并吐丝收紧下表皮而使其下表皮皱缩，叶片向下弯曲。

**药物防治** 根据如下八种情况适时防治。

① 苹果发芽前，彻底清扫园内落叶杂草，覆草园不便清扫者，压土翻埋，或用80%敌敌畏乳油500倍喷洒地面覆草以杀灭成虫。

② 苹果发芽后，喷洒40%氧乐果乳油500倍液于根蘖苗，以杀灭第1代初孵幼虫。

③ 苹果花前2～3d一代卵孵化盛期，用25%灭幼脲3号悬浮剂1000倍液喷雾防治，兼治苹果小卷叶蛾。

④ 苹果谢花后7～10d，用20%杀铃脲悬浮剂8000倍液均匀喷雾以杀灭叶内低龄幼虫。

⑤ 6月上旬二代卵孵化盛期，用25%灭幼脲3号悬浮剂1500倍液均匀喷雾。

⑥ 7月上中旬三代卵孵化盛期，用90%灭多威可溶性粉剂3000倍液混20%杀铃脲悬浮剂6000倍液均匀喷雾防治，可兼治苹果小卷叶蛾、棉铃虫。

⑦ 8月上中旬或8月中下旬（四代卵孵化期），用52.5%氯氰·毒死蜱乳油1500倍液防治桃小，兼治金纹细蛾。

⑧ 9月上中旬或中下旬（五代卵孵化期），用4.5%高氯乳油1200倍液防治苹果小卷叶蛾，兼治金纹细蛾。

（8）银纹潜叶蛾 银纹潜叶蛾（*Lyonetia prunifoliella*）属鳞翅目、细蛾科。以幼虫在叶片内潜食造成危害。由叶缘处蛀入，取食整个叶肉组织，仅留上下表皮。在表皮下首先呈线状穿食，继而扩大。在叶片反面被害处外面留下黑色的细粪丝，到后期常常多头幼虫在一起蛀食，为害隧道相连成片。

**药物防治** 在苹果谢花后7～10d喷药防治，用25%灭幼脲3号悬浮剂1500倍液、20%杀铃脲悬浮剂8000倍液，或用20%甲氰菊酯乳油1500倍液均匀喷雾。

（9）桃潜叶蛾 桃潜叶蛾（*Lyonetia clerkella*）属鳞翅目、细蛾科。为害症状与银纹相同，但叶片反面无虫粪，为害隧道也不相连成片。

**药物防治** 主要是两次关键时期，一次在5月份，防治第1代幼虫；另一次在 7 月初，在大发生前期进行防治。

防治的药剂同金纹细蛾，但水胺硫磷不能使用。发生严重的果园可在 11 月初，其成虫越冬前，喷药压低越冬虫口密度，用 80% 敌敌畏乳油 800 倍液，或 5% 高效氯氰菊酯乳油 1500 倍液均匀喷雾。

（10）蚧类　蚧类属半翅目，为害果树的蚧类主要有绵蚧科的草履蚧（*Drosicha corpulenta*，图 1-30）、吹绵蚧（*Icerya purchasi*，图 1-31）和松干蚧（*Matsucoccus matsumurae*），粉蚧科的康氏粉（*Pseudococcus comstocki*）、绒蚧科的柿绒蚧（*Eriococcus kaki*）、紫薇绒蚧（*Eriococcus lagerostroemiae*），坚蚧科的朝鲜球坚蚧（*Didesmococcus koreanus*）、日本球坚蚧（*Eulecanium kunoensis*）、东方盔蚧（*Parthenolecanium orientalis*）和日本龟蜡蚧（*Ceroplastes japonicus*），盾蚧科的桃白蚧（*Pseudaulacaspis pentagona*）、梨圆蚧（*Quadraspidiotus perniciosus*）和矢尖蚧（*Unaspis yanonensis*）。

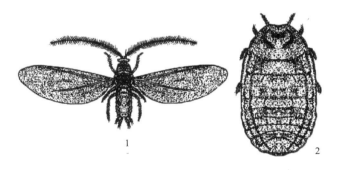

图 1-30　草履蚧

1—雄成虫；2—雌成虫

引自李照会《农业昆虫鉴定》

**药剂防治**　根据如下三期适时防治。

① 休眠期　喷洒 3～5°Bé 的石硫合剂，或 50～80 倍的机油乳剂封杀越冬代。

② 活动游走期或出蛰游走期　用 50% 杀螟硫磷乳油 1500 倍液

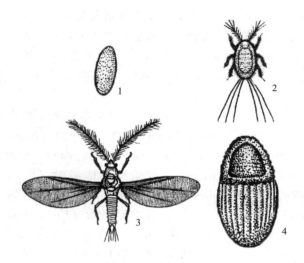

图 1-31 吹绵蚧

1—卵；2—若虫；3—雄成虫；4—雌成虫

引自李照会《农业昆虫鉴定》

均匀喷雾。

③ 固定为害期 喷洒 25％吡虫啉可湿性粉剂 5000 倍液。园林植物用 40％氧化乐果乳油 100 倍液混涂抹枝干以杀灭蚧类于泌蜡期，可减少与果树交叉感染。

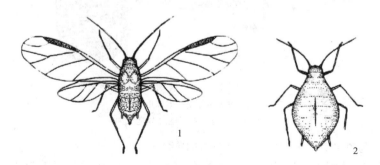

图 1-32 梨二叉蚜

1—有翅孤雌蚜成虫；2—无翅孤雌蚜成虫

引自李照会《农业昆虫鉴定》

（11）果树蚜虫　　果树上蚜虫种类繁多，常见的蚜虫主要有蚜科的桃蚜（*Myzus persicae*）、绣线菊蚜（*Aphis citricola*）、苹果瘤蚜（*Myzus malisuctus*）、梨二叉蚜（*Schizaphis piricola*，图1-32）、桃粉蚜（*Hyaloptera amygdali*）、桃瘤蚜（*Tuberocephaluas momonis*）、根瘤蚜科的梨黄粉蚜（*Aphunostigma jakusuiensis*）、绵蚜科的苹果绵蚜（*Eriosoma lonigerum*）等。主要为害桃、李、杏、苹果、梨、山楂、柑橘等果树，以成虫和若虫群集芽、叶、嫩梢上刺吸汁液，被害叶向背面不规则的卷曲皱缩，严重影响果树枝叶的发育。

**药剂防治**　应在芽前及花期及时防治。

① 果树发芽前，喷施5％柴油乳剂杀灭越冬卵。

② 果树开花前，卵孵化尚未大量繁殖和卷叶前喷施50％抗蚜威，或50％辟蚜雾可湿性粉剂2000～3000倍液。

③ 果树开花后，当蚜虫在园中呈点片发生时进行防治。使用10％吡虫啉可湿性粉剂4000～5000倍液、50％抗蚜威可湿性粉剂

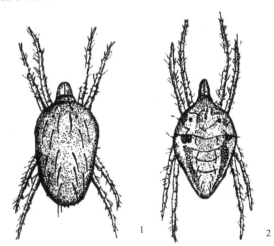

图1-33　山楂红叶螨

1—雌成螨；2—雄成螨

引自李照会《农业昆虫鉴定》

4000 倍液、20％氰戊菊酯乳油 1000 倍液，或 10％氯氰菊酯乳油 1500 倍液均匀喷雾。

（12）果树螨类　北方地区果树上发生的害螨类主要有叶螨科的山楂红叶螨（*Tetranychus viennensis*，图 1-33）、二斑叶螨（*Tetranychus urticae*，图 1-34）、苹果全爪螨（*Panonychus ulmi*）、板栗旁叶螨（*Paratetranychus* sp.）、果苔螨（*Bryobia rubrioculus*），细须螨科的柿细须螨（*Tenuipalpus zhizhilashviliae*）、葡萄短须螨（*Brevipoalpus lewisi*）等。其中，苹果园以二斑叶螨、苹果全爪螨和山楂红叶螨为优势种，受害叶片的正面呈现花花点点或成片的失绿斑点，严重时叶片呈苍白色，而叶反面暗褐色（锈红色），严重时整个叶片变脆，焦枯脱落。

**药剂防治**　根据下面五种情况适时防治。

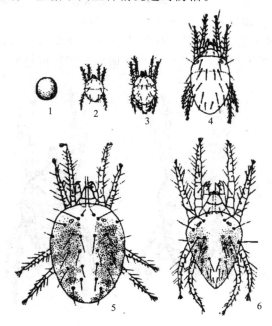

图 1-34　二斑叶螨

1—卵；2—幼螨；3—若螨Ⅰ；4—若螨Ⅱ；5—雌螨；6—雄螨

引自李照会《农业昆虫鉴定》

①苹果发芽前后全园喷洒34%柴·哒乳油500倍液,或50倍液机油乳剂,杀灭树体越冬的雌成螨和越冬卵。

②5月上中旬谢花后10天,全园喷洒20%螨死净可湿性粉剂2000倍液,或5%尼索朗乳油1500倍液,杀灭孵化后的山楂红叶螨、兼治苹果全爪螨。

③6月上中旬全园喷洒10%哒·四螨悬浮剂1000倍液,杀灭山楂红叶螨、苹果全爪螨于大发生前。

④7月中下旬大发生期全园喷洒5%霸螨灵悬浮剂1200倍液,或1.8%齐螨素乳油4000倍液混20%螨死净可湿性粉剂2000倍液,控制二斑叶螨、山楂红叶螨为害。

⑤8月份秋旱的年份,喷洒9.5%螨即死乳油2500倍液杀灭螨卵,减少越冬基数。

# 第二章
# 有机磷类杀虫剂

## 敌百虫 （trichlorfon）

$$CH_3O \quad O \quad OH$$
$$P—CH—CCl_3$$
$$CH_3O$$

$C_4H_8Cl_3O_4P$，257.4，52-68-6

**化学名称** $O,O$-二甲基(2,2,2-三氯-1-羟基乙基）膦酸酯

**其他名称** 毒霸、三氯松、必歼、百奈、Anthhon、Dipterex、Chlorphos、Dylox、Neguvon、Trichlorphon、Lepidex、Tugon、Bayer 15922

**理化性质** 白色晶状粉末，具有芳香气味，熔点 83～84℃；溶解度（g/L，25℃）：水 154，氯仿 750，乙醚 170，苯 152，正戊烷 1.0，正己烷 0.8；常温下稳定，遇水逐渐水解，受热分解，遇碱碱解生成敌敌畏。

**毒性** 原药急性经口 $LD_{50}$（mg/kg）：大鼠 650（雌）、560（雄）；用含敌百虫 500mg/kg 的饲料喂养大鼠两年无异常现象。

**作用特点** 抑制昆虫体内的乙酰胆碱酯酶，使虫体内乙酰胆碱积聚，造成虫体痉挛、麻痹而导致死亡。是一种毒性低、杀虫谱广的有机磷杀虫剂。在弱碱溶液中可变成敌敌畏，但不稳定，很快分解失效。对害虫有很强的胃毒作用，兼有触杀作用，对植物具有渗

透性，但无内吸传导作用。

**适宜作物** 水稻、麦类、棉花、大豆、蔬菜、果树、茶树、桑树、绿萍等。

**防除对象** 地下害虫如地老虎、蛴螬、蝼蛄等；水稻害虫如二化螟、三化螟、稻纵卷叶螟、稻潜叶蝇、稻苞虫、稻飞虱、叶蝉及稻蓟马等；杂粮害虫如黏虫、玉米螟等；油料及经济作物害虫如大豆食心虫、大豆造桥虫、豆荚螟及豆芫菁等；棉花害虫如棉叶蝉、造桥虫、棉铃虫、金刚钻等；蔬菜害虫如菜青虫、菜螟、斜纹夜蛾、烟青虫、小菜蛾、黄条跳甲、黄守瓜及二十八星瓢虫等；果树害虫如苹果卷叶蛾、苹果蠹蛾、苹果巢蛾、刺蛾、梨小食心虫、梨大食心虫、梨网蝽、梨木虱、星毛虫、避债蛾、天幕毛虫、荔枝蝽象、柑橘角肩蝽象、大实蝇等；茶树害虫如茶尺蠖、茶避债蛾、茶蓑衣蛾、黑刺粉虱、茶梢蛾、茶刺蛾等；卫生害虫如家蝇、牛虱、羊虱、猪虱等。

**应用技术** 以80％敌百虫晶体、40％敌百虫乳油、30％敌百虫乳油、97％敌百虫原药、25％敌百虫油剂、80％敌百虫可溶性粉剂为例。

（1）防治地下害虫 地老虎、蝼蛄。

① 用有效成分750～1500g/hm$^2$的毒饵诱杀，先以少量水将敌百虫溶化，然后与60～75 kg炒香的棉仁饼或菜籽饼拌匀，亦可与切碎青草300～450kg拌匀制成毒草，在傍晚撒施于作物根部土表，诱杀害虫。

② 用97％敌百虫原药750～1500g/hm$^2$作毒饵，诱杀害虫。

（2）防治水稻害虫 二化螟。

① 用80％敌百虫晶体或可溶性粉剂2.25～3kg/hm$^2$兑水至125～1500kg均匀喷雾。用此药量还可防治稻潜叶蝇、稻铁甲虫、稻苞虫、稻纵卷叶螟、稻叶蝉、稻飞虱、稻蓟马等。

② 用80％敌百虫可溶性粉剂1000～1200g/hm$^2$兑水均匀喷雾。

③ 用40％敌百虫乳油1080～1200g /hm$^2$兑水均匀喷雾。

（3）防治杂粮害虫 黏虫。

①用80％敌百虫晶体2.25kg/hm² 兑水 750～1050kg 均匀喷雾。

②用80％敌百虫可溶性粉剂2.25kg/hm² 兑水 750～1050kg 均匀喷雾。

（4）防治油料及经济作物害虫　大豆造桥虫、甜菜象甲、草地螟。

①用80％敌百虫晶体2.25kg/hm² 兑水 750～1050kg 均匀喷雾。

②用80％敌百虫可溶性粉剂2.25kg/hm² 兑水 750～1050kg 均匀喷雾。

（5）防治棉花害虫　棉铃虫、棉金刚钻，在初孵幼虫盛发期施药，用80％敌百虫晶体2.25～3kg/hm² 兑水 1050kg 均匀喷雾。

（6）防治蔬菜害虫

①菜青虫　在初孵幼虫盛发期施药，用80％敌百虫晶体或可溶性粉剂1.125～1.5kg/hm² 兑水 750kg 均匀喷雾，或用40％敌百虫乳油480～720g/hm² 兑水均匀喷雾，或用30％敌百虫乳油450～675g/hm² 兑水均匀喷雾，或用97％敌百虫原药960～1200g/hm² 兑水均匀喷雾，或用90％敌百虫可溶性粉剂1800g/hm² 兑水均匀喷雾。

②小菜蛾　在初孵幼虫盛发期施药，用80％敌百虫晶体或可溶性粉剂1.125～1.5kg/hm² 兑水 750kg 均匀喷雾。

③甘蓝夜蛾　在初孵幼虫盛发期施药，用80％敌百虫晶体或可溶性粉剂1.125～1.5kg/hm² 兑水 750kg 均匀喷雾。

④斜纹夜蛾　用80％敌百虫可溶性粉剂1000倍液均匀喷雾。

（7）防治茶叶害虫　茶黄毒蛾、茶斑毒蛾、油茶毒蛾、茶尺蠖，用80％敌百虫晶体或可溶性粉剂1000倍液，均匀喷雾。

（8）防治果树害虫　梨星毛虫、各种尺蠖、刺蛾、食心虫、荔枝蝽象，用80％敌百虫晶体800～1000倍液均匀喷雾。

**混用**

（1）敌百虫和毒死蜱按有效成分20：1与敌百虫与联苯菊酯按有效成分25：1对斜纹夜蛾表现联合作用。

（2）敌百虫和联苯菊酯按有效成分 20：1 表现为增效作用，其他配比对斜纹夜蛾表现为拮抗作用。

**注意事项**

（1）施用晶体敌百虫，可在稀释液中加少量洗涤液或洗衣粉，降低水的表面张力，增加药液在作物表面展布性能，以提高药效。

（2）一般使用敌百虫浓度 0.1% 左右对作物无药害。但玉米、苹果对敌百虫较敏感，施药时应注意。高粱、豆类特别敏感，容易产生药害，不宜使用。

（3）药剂稀释液不宜放置过久，应现配现用。

（4）烟草在收获前 10d，水稻、蔬菜在收获前 7d 停止用药。

（5）人中毒后应马上送医院治疗，解毒药为阿托品。

（6）敌百虫不宜与碱性药物混用。

（7）应存放于密封、干燥、阴凉、通风处。

# 敌敌畏 （dichlorvos）

$C_4H_7Cl_2O_4P$，220.98，62-37-7

**化学名称**　*O,O*-二甲基-*O*-（2,2-二氯乙烯基）磷酸酯

**其他名称**　二氯松、百扑灭、棚虫净、烟除、DDVP、DD-VF、Dedevap、Napona、Nuvan、Apavap、Bayer-19149

**理化性质**　无色有芳香气味液体，相对密度 1.415 （25℃），沸点 74℃ （133.3Pa）；室温时水中溶解度为 10g/L，与大多数有机溶剂和气溶胶推进剂混溶；对热稳定，遇水分解：室温时其饱和水溶液 24h 水解 3%，在碱性溶液或沸水中 1h 可完全分解。对铁和软钢有腐蚀性，对不锈钢、铝、镍没有腐蚀性。

**毒性**　原药大鼠急性 $LD_{50}$（mg/kg）：经口 50（雌）、80（雄）；经皮 75（雌）、107（雄）；对蜜蜂高毒。用含敌敌畏小于 0.02mg/（kg·d）饲料喂养兔子 24 周无异常现象，剂量在 0.2mg/（kg·d）以上时引起慢性中毒。

**作用特点**　抑制昆虫体内的乙酰胆碱酯酶，造成神经传导阻断而死亡。敌敌畏是一种高效、广谱的有机磷杀虫剂，具有熏蒸、胃毒和触杀作用，残效期较短，对半翅目、鳞翅目、鞘翅目、双翅目等昆虫及红蜘蛛都具有良好的防治效果。施药后易分解，残效期短，无残留。

**适宜作物**　玉米、水稻、小麦、棉花、大豆、烟草、蔬菜、茶树、桑树等。

**防除对象**　水稻害虫如水稻褐飞虱、稻蓟马、稻叶蝉等；蔬菜害虫如菜青虫、小菜蛾、甘蓝夜蛾、斜纹夜蛾、菜螟、黄条跳甲、菜蚜等；棉花害虫如棉蚜、棉红叶螨、棉铃虫、棉红铃虫等；杂粮害虫如玉米螟等；油料及经济作物害虫如大豆食心虫等；茶树害虫如茶尺蠖、茶毛虫、茶蚜虫及叶蝉等；果树害虫如蚜虫、螨类、卷叶蛾、刺蛾、巢蛾等；卫生害虫如蚊、蝇、臭虫、蟑螂；仓库害虫如米象、谷盗、拟谷盗、谷蠹和麦蛾等。

**应用技术**　以80％敌敌畏乳油、50％敌敌畏乳油、77.5％敌敌畏乳油为例。

（1）防治水稻害虫　褐飞虱。

① 80％敌敌畏乳油 1500～2250mL/hm² 兑水 9000～12000L，泼浇。

② 在无水稻田，用80％敌敌畏乳油 2250～3000mL/hm²，拌半干细土 300～3750kg 或木屑 225～300kg，撒施。

③ 用50％敌敌畏乳油 450～670mL/hm² 兑水均匀喷雾。

（2）防治蔬菜害虫

① 菜青虫　a. 用80％敌敌畏乳油 600～750mL/hm² 兑水均匀喷雾，药效期约 2d。b. 用 77.5％敌敌畏乳油 600mL/hm² 兑水均匀喷雾。c. 用 50％乳油敌敌畏乳油 600～900mL/hm² 兑水均匀喷雾。

② 小菜蛾、菜蚜、菜螟、斜纹夜蛾、黄条跳甲、豆野螟　用80％敌敌畏乳油 600～750mL/hm² 兑水均匀喷雾，药效期约 2d。

（3）防治棉花害虫

① 蚜虫　用80％敌敌畏乳油 1000～1500 倍液均匀喷雾。

② 棉铃虫　用80％敌敌畏乳油1000倍液均匀喷雾，并兼治棉盲蝽、棉小造桥虫等。

（4）防治杂粮及经济作物害虫

① 大豆食心虫　把玉米穗轴切成10cm左右，一端钻孔滴入80％敌敌畏乳油2mL，在成虫盛发期，将滴有药剂的玉米穗轴放在离地30cm左右的大豆枝杈上夹牢，放置穗轴750个/hm²，药效期可达10～15d。

② 黏虫、蚜虫　用80％敌敌畏乳油1500～2000倍液均匀喷雾。

（5）防治果树害虫　蚜虫、螨类、卷叶蛾、刺蛾、巢蛾等用80％敌敌畏乳油1000～1500倍液均匀喷雾，药效期约2～3d，适于在果树采收前7～10d施药。

（6）防治仓库害虫　米象、谷盗、拟谷盗、谷蠹和麦蛾。

① 仓库用80％敌敌畏乳油25～30mL/100m³，可用纱布条，厚纸片浸沾乳油后，均匀悬挂于空仓内，密闭48h。

② 将敌敌畏兑水稀释100～200倍后，喷洒在墙上、地面上，密闭3～4d。

（7）防治卫生害虫

① 蚊、蝇　成虫比较集中的室内，用80％敌敌畏乳油500～1000倍液，喷洒室内地面，密闭1～2h。

② 臭虫、蟑螂　在床板、墙壁、床下和蟑螂经常出没的地方，喷洒80％敌敌畏乳油300～400倍液，密闭1～2h后再通风。

**混用**　甲胺磷、联苯菊酯。

**注意事项**

（1）敌敌畏最易对高粱发生药害，禁止在高粱上使用。玉米、瓜类、豆类幼苗也易发生药害，使用时要慎重。苹果开花后喷洒浓度低于1200倍时，也易发生药害。

（2）不能与碱性药物、肥料混用。

（3）要随配随用，稀释液不宜贮藏，敌敌畏乳油贮藏期内不能混入水分。

（4）在仓库及室内使用敌敌畏时，施药人员要戴口罩，施药后要用肥皂清洗手、脸等身体裸露部分。室内施药后，要先通风散气，人才能进入。居室内使用敌敌畏后，餐具等要用洗洁净清洗后方可使用。

（5）应贮存于阴凉、干燥、通风处。

**相关复配制剂及应用**　敌畏·氧乐果。

**主要活性成分**　敌敌畏，氧乐果。

**作用特点**　兼具有敌敌畏和氧乐果的特性。

**剂型**　40％乳油。

**应用技术**　蚜虫，用40％乳油240～360g/hm² 兑水均匀喷雾。

**注意事项**　本品中等毒性。

## 甲基毒死蜱 （chlorpyrifos-methyl）

$C_7H_7Cl_3NO_3PS$，322.47，5598-13-0

**化学名称**　$O,O$-二甲基-$O$-（3,5,6-三氯-2-吡啶基）硫代磷酸酯

**其他名称**　甲基氯蜱硫磷、氯吡磷、雷丹、Dowreldan、Graincot、Reldan、Dowco 214

**理化性质**　外观为白色结晶，略有硫醇味。熔点 45.5～46.5℃。易溶于大多数有机溶剂；25℃时在水中的溶解度为4mg/L。正常贮存条件稳定，在中性介质中相对稳定，在 pH＝4～6 和 pH＝8～10 介质中则水解，碱性条件下加热则水解加速。

**毒性**　急性经口 $LD_{50}$（mg/kg）：大鼠 2472（雄）、1828（雌），2250（豚鼠），2000（兔）。急性经皮 $LD_{50}$（mg/kg）：＞2000（兔），＞2800（大鼠）。积蓄毒性试验属弱毒性，狗与大鼠2 年饲喂试验最大无作用剂量为每天 1.19mg/kg，动物试验无致畸、致癌、致突变作用。对鱼和鸟安全，鲤鱼 $LC_{50}$ 4.0mg/L（48h），虹鳟鱼 $LC_{50}$ 0.3mg/L（96h），对虾有毒。

**作用特点**　抑制昆虫体内的乙酰胆碱酯酶，从而导致害虫死亡。属低毒类农药，具有触杀、胃毒、熏蒸作用，非内吸性杀虫

剂、杀螨剂。

**适宜作物**　禾谷类（包括贮粮）、蔬菜、棉花、甘蔗、果树等。

**防除对象**　水稻害虫如稻纵卷叶螟和稻飞虱等；棉花害虫如棉铃虫等；贮粮害虫如玉米象、扁甲、杂拟谷盗、锯谷盗、赤拟谷盗、麦蛾等；卫生害虫如苍蝇等。

**应用技术**　以40%甲基毒死蜱乳油为例。

（1）防治水稻害虫　稻纵卷叶螟、稻飞虱，用40%甲基毒死蜱乳油$1.2 \sim 1.5 L/hm^2$兑水均匀喷雾。

（2）防治棉花害虫　棉铃虫，用40%甲基毒死蜱乳油$1995 \sim 3150 mL$兑水均匀喷雾。

（3）防治贮粮害虫　玉米象、扁甲、杂拟谷盗、锯谷盗、赤拟谷盗、麦蛾，1kg 40%甲基毒死蜱乳油可处理稻谷、小麦等原粮$2000 \sim 4000 kg$（有效浓度$10 \sim 20 mg/kg$）。有效控制期达8个月以上。

**注意事项**

（1）勿与碱性农药混用。

（2）加水稀释液，应立即使用，不宜存放。

（3）如不慎中毒，按有机磷农药解毒方法处理，解毒药为阿托品。

## 杀虫畏　（tetrachlorvinphos）

$C_{10}H_9Cl_4O_4P$，365.96，22248-79-9

**化学名称**　$O,O$-二甲基-$O$-[1-(2,4,5-三氯苯基)-2-氯]乙烯基磷酸酯

**其他名称**　杀虫威、Rabona、Gardon、CAMP、Appex、Stirofos、D 301

**理化性质**　纯品为白色结晶。沸点$97 \sim 98℃$，可溶于甲醇、三氯甲烷等有机溶剂，水中溶解度仅1501mg/L。水解半衰期

1300h（pH＝3）、1060h（pH＝7）、80h（pH＝10.5），中性及酸性介质中稳定，碱性条件下易分解。工业品为纯度为98％顺式异构体。

**毒性**  急性经口 $LD_{50}$（mg/kg）：4000～5000（大鼠），>5000（小鼠），>2500（兔）。对皮肤有刺激作用，动物试验无致畸、致癌、致突变作用，繁殖试验未见异常，对鱼类蜜蜂高毒。

**作用特点**  通过磷酸化作用直接与乙酰胆碱酯酶作用，使乙酰胆碱酯酶受到抑制，导致中心及外围神经系统中乙酰胆碱的累积，能够引起类胆碱功能神经系统的过度刺激，从而影响大范围组织和器官的正常功能。杀虫畏除了对神经系统有抑制作用外，还可导致无脊椎动物的免疫系统失调。对鳞翅目、双翅目和多种鞘翅目害虫有效，击倒速度快，但对刺吸式口器害虫效果不高，在作物上残留很少。

**适宜作物**  小麦、玉米、水稻、棉花、豆类、烟草、蔬菜、果树、林木等。

**防除对象**  水稻害虫如二化螟、三化螟、稻纵卷叶螟、稻飞虱、稻叶蝉及稻蓟马等；棉花害虫如棉红铃虫、棉铃虫、棉花小造桥虫、大卷叶虫等；小麦害虫如黏虫、麦叶蜂等；蔬菜害虫如菜青虫、小菜蛾、菜螟、斜纹夜蛾、黄条跳甲等。

**应用技术**  以20％杀虫畏乳油为例。

（1）防治水稻害虫

① 二化螟、三化螟  防治其引起的枯鞘和枯心，用20％杀虫畏乳油3000mL/hm²，在蚁螟孵化盛期兑水喷雾或泼浇。防治其引起的白穗、枯孕穗及虫伤株，用20％杀虫畏乳油3750～4500mL/hm²，在蚁螟孵化盛期内施药。

② 稻纵卷叶螟、稻螟蛉  用20％杀虫畏乳油2250～3000mL/hm²，在幼虫二龄盛期时兑水均匀喷雾，药效期7d左右。

③ 稻飞虱、稻叶蝉、稻蓟马  用20％杀虫畏乳油2250～3000mL/hm²兑水均匀喷雾，药效期5～7d。

（2）防治棉花害虫

① 棉红铃虫  在棉红铃虫产卵盛期，用20％杀虫畏乳油

3750～5250mL/hm²兑水均匀喷雾，隔7d后再喷一次。根据每代红铃虫产卵盛期的长短，连续喷药2～3次。

② 棉铃虫　在棉铃虫产卵高峰到幼虫初孵期，用20％杀虫畏乳油4500～6000mL/hm²兑水均匀喷雾，药效期5～7d。杀虫畏对棉铃虫高龄幼虫的药效较差，因此，一定要掌握在幼虫孵化初期施药，才能取得较好的防效。

③ 棉花小造桥虫、大卷叶虫　掌握在幼虫一龄、二龄盛期，用20％杀虫畏乳油1125～1800mL/hm²兑水均匀喷雾，药效期4～5d；使用20％杀虫畏乳油1500～2250mL/hm²，药效期可延长到5～7d。

（3）防治小麦害虫　黏虫、麦叶蜂，在黏虫或麦叶蜂幼虫三龄盛期前，用20％杀虫畏乳油1125～1500mL/hm²兑水均匀喷雾。

（4）防治蔬菜害虫

① 菜青虫、小菜蛾、菜螟、斜纹夜蛾等鳞翅目害虫　杀虫畏对小菜蛾、斜纹夜蛾高龄幼虫的杀伤力较小，应掌握在低龄幼虫时施药。一般用20％杀虫畏乳油1500～2250mL/hm²兑水均匀喷雾，药效期5d左右。

② 黄条跳甲　用20％杀虫畏乳油2250～3750mL/hm²兑水均匀喷雾，药效期5～7d。

**注意事项**　杀虫畏对哺乳动物的毒性非常低，不会给消化道造成任何损伤，也不会在动物的肉或奶中有残留。

## 毒死蜱（chlorpyrifos）

$C_9H_{11}Cl_3NO_3PS$，350.5，2921-88-2

**化学名称**　$O,O$-二乙基-$O$-（3,5,6-三氯-2-吡啶基）硫代磷酸酯

**其他名称**　氯蜱硫磷、乐斯本、同一顺、新农宝、博乐、毒丝本、佳丝本、久敌、落螟、Dursban、Lorsban、Dowco179、Chiorpyriphos

**理化性质**　无色结晶，具有轻微的硫醇味，熔点 42.0～43.5℃；工业品为淡黄色固体，熔点 35～40℃；溶解性（25℃）：水 2mg/L，丙酮 0.65kg/kg，苯 0.79kg/kg，氯仿 0.63kg/kg，易溶于大多数有机溶剂；在 pH＝5～6 时最稳定；水解速率随温度、pH 值的升高而加速；对铜和黄铜有腐蚀性，铜离子的存在也加速其分解。

**毒性**　原药急性 $LD_{50}$（mg/kg）：大鼠经口 163（雄）、135（雌），兔经口 1000～2000、经皮 2000；在动物体内解毒很快，对动物无致畸、致突变、致癌作用；对鱼、小虾、蜜蜂毒性较大。

**作用特点**　抑制体内神经中的乙酰胆碱酯酶或胆碱酯酶的活性而破坏正常的神经冲动传导，引起异常兴奋、痉挛、麻痹等中毒症状，最终导致死亡。毒死蜱为广谱杀虫剂，可通过触杀、胃毒及熏蒸等作用方式防治害虫。毒死蜱与土壤有机质吸附能力很强，因此对地下害虫（小地老虎、金针虫、蛴螬、白蚁、蝼蛄等）防效出色，控制期长。该药混配性好，可与不同类别杀虫剂复配增加杀虫效果，与拟除虫菊酯类复配有增效作用。在动物体内解毒很快，对动物无致畸、致突变、致癌作用；对鱼、小虾、蜜蜂毒性较大。

**适宜作物**　小麦、水稻、甘蔗、玉米、棉花、大豆、花生、蔬菜、果树、花卉等。

**防除对象**　各种地下害虫如小地老虎、根蛆、白蚁、蛴螬、金针虫、蝼蛄等；水稻害虫如稻瘿蚊、稻纵卷叶螟、螟虫、稻象甲、稻蓟马等；蔬菜害虫如跳甲、蚜虫、斑潜蝇、豆荚螟、棉铃虫、菜青虫、烟青虫等；棉花害虫如棉铃虫、棉红铃虫、棉蚜、棉蟓象等；小麦害虫如蚜虫、黏虫等；果树害虫如桃小食心虫、蚜虫、木虱、介壳虫、黑刺粉虱、花蕾蛆、蚜虫、潜叶蛾、蒂蛀虫、椿象、尖细蛾、木虱等；油料及经济作物害虫如蚜虫、大豆食心虫、甘蔗绵蚜等；卫生害虫如蟑螂、白蚁、蚂蚁等。

**应用技术**　以 48％毒死蜱乳油、40％毒死蜱乳油、3％毒死蜱颗粒剂为例。

（1）防治地下害虫

① 韭蛆、葱蛆、蒜蛆　用48%毒死蜱乳油每亩200mL（有效成分96g）兑水1000L顺根浇灌，或每亩用400～500mL（有效成分192～240g）随灌溉水施入。

② 小地老虎　a.在小地老虎幼虫发生期，用48%毒死蜱乳油37.5～50mL（有效成分18～24g）兑水50L喷施土表。b.用3%毒死蜱颗粒剂1350～2250g/hm²，撒施。

③ 蛴螬　在金龟子卵孵盛期用48%毒死蜱乳油200mL（有效成分96g）兑水300L浇灌作物根部。

（2）防治水稻害虫

① 稻瘿蚊　在秧田1叶1心及本田分蘖期施药，每亩用48%毒死蜱乳油200～250mL（有效成分96～120g）兑水均匀喷雾。

② 稻纵卷叶螟　a.在初孵幼虫盛发期施药，每亩用48%毒死蜱乳油60～100mL（有效成分29～48g）兑水均匀喷雾。b.在卵孵化盛期到高峰期施药，用40%毒死蜱乳油1125～1500mL/hm²兑水750～1050L，均匀喷雾；在2龄幼虫高峰期用40%毒死蜱乳油750～1050mL/hm²，兑水750～1050L均匀喷雾，一般年份每代施药1次，大发生或发生期长时隔7d再施药1次。

③ 稻象甲　在发生盛期施药，每亩用48%毒死蜱乳油50mL（有效成分24g）兑水均匀喷雾。

④ 稻蓟马　在发生盛期施药，每亩用48%毒死蜱乳油60～100mL（有效成分29～48g）兑水均匀喷雾。

⑤ 稻飞虱、稻叶蝉　在若虫盛发期施药，每亩用48%毒死蜱乳油80～120mL（有效成分38.4～57.6g）兑水均匀喷雾。

（3）防治小麦害虫

① 黏虫　a.最佳时期在幼虫3龄以前，每亩用48%毒死蜱乳油40mL（有效成分19.2g）兑水均匀喷雾，4龄以后每亩用48%毒死蜱乳油50mL（有效成分24g）兑水均匀喷雾。b.用40%毒死蜱乳油750～1050mL/hm²兑水750～1050L均匀喷雾。

② 麦蚜　在麦蚜发生盛期，每亩用48%毒死蜱乳油50～75mL（有效成分24～36g）兑水均匀喷雾。

（4）防治棉花害虫

① 棉蚜　苗蚜发生盛期施药，每亩用 48％毒死蜱乳油 50mL（有效成分 24g）兑水均匀喷雾。

② 棉叶螨　在成螨盛期，每亩用 48％毒死蜱乳油 70～100mL（有效成分 33.6～48g）兑水均匀喷雾，在叶螨为害较重的棉田，可再次施药一次。

③ 棉铃虫、棉红铃虫　a. 在低龄幼虫期，每亩用 48％毒死蜱乳油 100～170mL（有效成分 48～81.6g）兑水均匀喷雾。b. 在产卵盛期至高峰期，用 40％毒死蜱乳油 1.2～1.5L/hm² 兑水均匀喷雾，隔 5～7d 再喷 1 次。加水量根据棉株大小决定。

（5）防治蔬菜害虫

① 菜青虫　a. 在幼虫 3 龄以前，每亩用 48％毒死蜱乳油 80～120mL（有效成分 38.4～57.6g）兑水均匀喷雾。b. 在 2～3 龄幼虫盛期，用 40％毒死蜱乳油 l500～l800mL/hm² 兑水均匀喷雾。

② 斜纹夜蛾　在幼虫 3 龄以前，每亩用 48％毒死蜱乳油 40～60mL（有效成分 19.2～28.8g）兑水均匀喷雾。

③ 跳甲　防治成虫，每亩用 48％毒死蜱乳油 150mL（有效成分 72g）兑水 300L 浇灌。

④ 美洲斑潜蝇　在幼虫 3 龄以前，每亩用 48％毒死蜱乳油 50mL（有效成分 24g）兑水均匀喷雾。

⑤ 蚜虫　在蚜虫发生盛期，每亩用 48％毒死蜱乳油 35～50mL（有效成分 16.8～24g）兑水均匀喷雾。

（6）防治果树害虫

① 柑橘潜叶蛾　在放梢初期、卵孵盛期，用 48％毒死蜱乳油 50～100mL（有效成分 24～48g）兑水 100L 均匀喷雾。

② 红蜘蛛　在若虫盛发期，用 48％毒死蜱乳油 50～100mL（有效成分 24～48g）兑水 100L 均匀喷雾。

③ 桃小食心虫　在卵果率 0.5％～1％、初龄幼虫蛀果之前，用 48％毒死蜱乳油 83.3～104mL（有效成分 40～50g）兑水 100L 均匀喷雾。

④ 山楂红蜘蛛、苹果红蜘蛛　在苹果开花前后，幼、若螨盛

发期，用48％毒死蜱乳油83.3～104mL（有效成分40～50g）兑水100L均匀喷雾。

⑤ 苹果绵蚜　在绵蚜发生期，用48％毒死蜱乳油66.7mL（有效成分32g）兑水100L均匀喷雾。

⑥ 樱桃介壳虫、荔枝介壳虫、荔枝蒂蛀虫　在低龄幼虫发生高峰期，用48％毒死蜱乳油100mL（有效成分48g）兑水100L均匀喷雾。

⑦ 矢尖蚧、红圆蚧、褐圆蚧、吹绵蚧　用48％毒死蜱乳油100mL（有效成分48g）兑水100L均匀喷雾。

⑧ 黑刺粉虱　在幼虫孵化盛期，用48％毒死蜱乳油100mL（有效成分48g）兑水100L均匀喷雾。

⑨ 荔枝蒂蛀虫　在荔枝、龙眼采收前20d施药1次，7～10d后再施药1次，用48％毒死蜱乳油100mL（有效成分48g）兑水100L均匀喷雾。

⑩ 荔枝瘿螨（毛毡病）、荔枝尖细蛾　在荔枝新梢抽发、嫩叶开始展开时，用48％毒死蜱乳油100mL（有效成分48g）兑水100L均匀喷雾。

（7）防治油料及经济作物害虫

① 蚜虫　蚜虫发生始盛期，每亩用48％毒死蜱乳油25～30mL（有效成分12～14.4g）兑水均匀喷雾。

② 大豆食心虫　在成虫盛发期，连续3d累计百米（双行）蛾量达100头或一次调查平均百荚卵量达20粒时，每亩用48％毒死蜱乳油75～100mL（有效成分36～48g）兑水均匀喷雾。

③ 甘蔗绵蚜　在2～3月有翅蚜虫迁飞前或6～7月绵蚜大量扩散时，每亩用48％毒死蜱乳油25～30mL（有效成分12～14.4g）兑水均匀喷雾。

（8）防治茶树害虫

① 茶尺蠖、茶细蛾、茶毛虫、丽绿刺蛾　在2～3龄幼虫期，用48％毒死蜱乳油62.5～83.3mL（有效成分30～40g）兑水100L均匀喷雾。

② 茶叶瘿螨、茶橙瘿螨、茶短须螨　在幼若螨盛发期、扩散

为害之前，用48％毒死蜱乳油83.3～104mL（有效成分40～50g）兑水100L均匀喷雾。

**注意**：水稻、大豆、小麦、枸杞、甘蔗、蔬菜喷液量每亩人工20～50L，拖拉机7～10L，飞机1～2L。施药应选择早晚气温低、风小时进行。晴天上午8：00～15：00、空气相对湿度低于65％、气温高于28℃、风速超过4m/s时应停止施药。

**混用**

（1）**阿维菌素** 毒死蜱＋阿维菌素混用可以增强对棉铃虫的防效。

（2）**抑食肼** 30％毒死蜱抑食肼可湿性粉剂是一种防治水稻害虫的新型复配农药，应用于防治稻纵卷叶螟、稻飞虱以及桑园鳞翅目害虫。

**注意事项**

（1）避免与碱性农药混用。

（2）可能会对瓜苗（特别是在保护地内）有药害，应在瓜蔓1m长以后使用。

（3）对鱼类有毒，应避免药液流入湖泊、河流或鱼塘，清洗施药器械或弃置废料时切忌污染水源。

（4）不要存放于高温或接近火源及儿童可触之处，不可与食物、饮料、饲料一起存放。

（5）在推荐剂量下对多数作物没有药害，但对烟草敏感。

（6）应贮存于阴凉、干燥、通风处。

**相关复配制剂及应用**

（1）毒·高氯

**曾用商品名** 斑潜清、施杀、巨毙、神农乐。

**主要活性成分** 毒死蜱、高效氯氰菊酯。

**作用特点** 为胆碱酯酶抑制剂。具有胃毒、触杀和趋避作用，击倒力强，药效好，叶面残留期不长，但在土壤中的残留期较长，因而防治地下害虫效果好。

**剂型** 20％、12％、15％乳油，44.5％微乳剂。

**应用技术**

① 棉铃虫　用20%乳油240~270g/hm² 兑水均匀喷雾，或用44.5%微乳剂400.5~534g/hm² 兑水均匀喷雾。

② 菜青虫　用12%乳油54~72g/hm² 兑水均匀喷雾。

③ 美洲斑潜蝇　用15%乳油135~180g/hm² 兑水均匀喷雾。

**注意事项**

① 本品与波尔多液混用，需现用现配。

② 施药应选晴天上午或傍晚，喷药需均匀周到。

③ 对家蚕、蜜蜂、鱼类高毒，使用时需注意。

**（2）毒·氯**

**曾用商品名**　虫除尽、铃泯。

**主要活性成分**　毒死蜱，氯氰菊酯。

**作用特点**　具有触杀、胃毒和熏蒸作用。对高龄棉铃虫防效好。

**剂型**　20%、52.25%乳油。

**应用技术**

① 菜青虫　用52.25%乳油235.125~391.875g/hm² 兑水均匀喷雾。

② 甜菜夜蛾　用20%乳油225~300g/hm² 兑水均匀喷雾。

③ 柑橘潜叶蛾　用52.25%乳油348.3~522.5mg/hm² 兑水均匀喷雾。

④ 棉铃虫　用52.25%乳油548.6~783.75g/hm² 兑水均匀喷雾。

**（3）毒·溴**

**曾用商品名**　杀死快、杀死虫。

**主要活性成分**　毒死蜱，溴氰菊酯。

**作用特点**　具有触杀和胃毒作用，为胆碱酯酶抑制剂。

**剂型**　10%乳油。

**应用技术**　菜青虫，用10%乳油45~75g/hm²，兑水均匀喷雾。

**注意事项**

① 不能与碱性农药混用。

② 本品对蜜蜂有毒，应避开作物开花期使用。

（4）毒·唑磷

**曾用商品名** 护地净、锐影、联攻、立刻灵。

**主要活性成分** 毒死蜱，三唑磷。

**作用特点** 具有强烈触杀和胃毒作用。

**剂型** 3%颗粒剂，25%、30%、32%乳油。

**应用技术**

① 三化螟 用30%乳油157.5～247.5g/hm² 兑水均匀喷雾。

② 二化螟、稻纵卷叶螟 用25%乳油300～375g/hm² 兑水均匀喷雾。

③ 韭菜根蛆 用3%颗粒剂3～4g/hm² 拌细土撒施。

**注意事项**

① 不能与碱性农药混用。

② 安全间隔期30d，每季最多使用2次。

③ 对蜜蜂、水生生物、家蚕高毒，使用时应注意。

（5）毒·辛

**曾用商品名** 地尔、地铲。

**主要活性成分** 毒死蜱，辛硫磷。

**作用特点** 具有触杀、胃毒和熏蒸作用。

**剂型** 20%、25%、30%、35%、40%、48%乳油。

**应用技术**

① 二化螟 用30%乳油540～675g/hm² 兑水均匀喷雾。

② 稻纵卷叶螟 用20%乳油450～480g/hm² 兑水均匀喷雾。

③ 棉花棉铃虫 用20%乳油300～450g/hm² 兑水均匀喷雾。

④ 韭菜根蛆 用48%乳油2160～2880g/hm² 灌根。

**注意事项**

① 为保护蜜蜂，应避开花期使用。

② 不与碱性农药混用。

③ 本品对烟草敏感。

（6）毒·杀单

**曾用商品名** 扎杀。

**主要活性成分** 毒死蜱，杀虫单。

**作用特点** 为胆碱酯酶抑制剂，具有触杀、胃毒和内吸作用。在叶片上持效期短，但在土壤中残留期较长，因而对地下害虫防治效果较好。

**剂型** 2%粉剂，25%、40%、42%、46%、50%可湿性粉剂。

**应用技术**

① 二化螟 用50%可湿性粉剂525～750g/hm² 兑水均匀喷雾。

② 三化螟 用2%粉剂450～600g/hm²，撒施。

③ 稻纵卷叶螟 用25%可湿性粉剂450～562.5g/hm² 兑水均匀喷雾。

**注意事项**

① 对蜜蜂和家蚕有毒，使用时应注意。

② 不能与碱性农药混用。

（7）阿维·毒死蜱

**曾用商品名** 阿维·毒死蜱。

**主要活性成分** 阿维菌素，毒死蜱。

**作用特点** 具有触杀和胃毒作用。兼具有阿维菌素和毒死蜱的特性。

**应用技术** 10%、16%、32%、41%乳油，5.2%颗粒剂，15%、25%水乳剂。

① 草坪蛴螬、蝼蛄、金针虫、地老虎 用5.2%颗粒剂1560～2340g/hm²，撒施。

② 稻纵卷叶螟 用32%乳油72～86.4g/hm² 兑水均匀喷雾，或用15%水乳剂135～157.5g/hm² 兑水均匀喷雾。

③ 小菜蛾 用10%乳油150～180g/hm² 兑水均匀喷雾。

**注意事项**

① 不能与碱性物质混用。

② 不能与2,4-滴除草剂同时使用，或两种药剂使用的间隔期不能太短。

# 三唑磷（triazophos）

$C_{12}H_{16}N_3O_3PS$，313.3，24017-47-8

**化学名称** $O,O$-二乙基-$O$-(1-苯基-1,2,4-三唑-3-基）硫代磷酸酯

**其他名称** 特力克、三唑硫磷、稻螟克、多杀螟、Phentriazophos、Hostathion、Hoe2960、Trelka

**理化性质** 纯品为浅棕黄色油状液体，熔点 2~5℃；溶解性（20℃）：丙酮、乙酸乙酯＞1kg/kg，乙醇、甲苯＞330g/kg；工业品为浅棕色油状液体。

**毒性** 原药大白鼠急性 $LD_{50}$（mg/kg）：82（经口），1100（经皮）；对蜜蜂有毒。

**作用特点** 三唑磷是一种中等毒性、广谱的杀虫剂，具有强烈的触杀和胃毒作用，杀虫效果好，杀卵作用明显，渗透性较强，无内吸作用。可用于水稻等多种作物防治多种害虫。

**适宜作物** 蔬菜、水稻、小麦、玉米、棉花、果树等。

**防除对象** 地下害虫如小地老虎、根蛆、金针虫等；水稻害虫如二化螟、三化螟、稻纵卷叶螟、稻蓟马等；棉花害虫如棉铃虫、棉红铃虫、棉蚜、棉造桥虫、棉红蜘蛛等；小麦害虫如蚜虫、黏虫等；杂粮害虫如玉米螟等；蔬菜害虫如蚜虫、蓟马等；果树害虫如蚜虫、卷叶蛾等。

**应用技术** 以 20％三唑磷乳油、36％三唑磷乳油、40％三唑磷乳油、42％三唑磷乳油为例。

（1）防治地下害虫 地老虎、金针虫、种蝇，用 20％三唑磷乳油 300mL/hm² 兑水 8L 进行土壤处理。

（2）防治水稻害虫 二化螟、三化螟，用 20％三唑磷乳油 100~150mL/hm² 兑水 50~60L 均匀喷雾。

（3）防治棉花害虫 棉铃虫，在 2~3 龄幼虫期施药，用 20％

三唑磷乳油 150～200mL/hm² 兑水 50～60L 均匀喷雾。可兼治棉红铃虫。

（4）防治杂粮害虫　玉米螟，在玉米喇叭口期施药或喷雾，拌毒土撒入心叶中，用 20％三唑磷乳油 75～100mL/hm² 兑水 50～60L 均匀喷雾。

（5）防治蔬菜害虫　蚜虫、蓟马，用 20％三唑磷乳油 1000～1200 倍液均匀喷雾。

**混用**

（1）阿维菌素　阿维菌素加三唑磷用于防治水稻二化螟。

（2）毒死蜱　毒死蜱加三唑磷用于防治水稻二化螟、三化螟、纵卷叶螟、稻飞虱。

（3）甲氯菊酯　甲氯菊酯加三唑磷用于防治十字花科蔬菜菜青虫、柑橘树、苹果树红蜘蛛。

**注意事项**

（1）防治稻螟时，稻飞虱会再猖獗，如果要兼治飞虱，宜同时施用吡虫啉。

（2）不能与碱性物质混用。

（3）作物收获前 1 周，停止使用本品。

（4）施药时带好口罩，避免与皮肤接触。

（5）若发生中毒现象，可用阿托品、解磷定急救，并立即送医院治疗。

（6）蜜蜂、蚕、鱼对本品比较敏感，施用时应注意，以防出现中毒事故。

（7）应在密封、阴凉处保存。

## 杀螟硫磷 （fenitrothipon）

$C_9H_{12}NO_5PS$，277.14，122-14-5

**化学名称**　$O,O$-二甲基-$O$-(3-甲基-4-硝基苯基) 硫代磷酸酯

**其他名称**　杀螟松、苏米硫磷、杀虫松、住硫磷、速灭虫、福

利松、苏米松、杀螟磷、诺发松、富拉硫磷、Accothion、Agrothion、Sumithion、Novathion、Foliithion、S-5660、Bayer 41831、S-110A、S-1102A

**理化性质** 棕色液体，沸点 140～145℃（分解）/13.3Pa，工业品为浅黄色油状液体；溶解性（30℃）：水 14mg/L，二氯甲烷、甲醇、二甲苯＞1.0kg/kg，己烷 42g/kg；常温条件下稳定，高温分解，在碱性介质中水解。

**毒性** 原药急性 $LD_{50}$（mg/kg）：大白鼠经口 240（雄）、450（雌）；小白鼠经口 370，经皮 3000。无致癌、致畸作用，有较弱的致突变作用。

**作用特点** 杀螟硫磷为广谱杀虫剂，触杀作用强烈，也有胃毒作用，渗透作用，能杀死钻蛀性害虫，但杀卵活性低。

**适宜作物** 蔬菜、水稻、小麦、大豆、棉花、薯类、果树、桑树、茶树等。

**防除对象** 水稻害虫如二化螟、三化螟、大螟、稻纵卷叶螟、稻飞虱、稻叶蝉及稻蓟马等；小麦害虫如麦蚜、麦茎叶甲幼虫等；棉花害虫如棉叶蝉、棉蚜、棉铃虫、棉红铃虫、棉盲蝽象、造桥虫、金刚钻等；油料及经济作物害虫如大豆食心虫、甘薯大象甲、甘薯蚁象甲、甘薯叶甲等；蔬菜害虫如菜青虫、菜螟、斜纹夜蛾、烟青虫、莱蚜、红蜘蛛、豆荚螟、豆野螟、潜叶虫、二十八星瓢虫等；果树害虫如苹果小卷叶蛾、苹果褐卷叶蛾、苹果卷叶蛾、黄斑卷叶蛾、桃小食心虫、梨小食心虫、桃蛀螟、葡萄透翅蛾、油桐尺蠖、黑刺粉虱、柑橘粉虱、双刺姬粉虱、多角绵蚧、卷叶虫、蛾蜡蝉、凤蝶幼虫、橘绿天牛、香蕉冠网蝽、腰果斑螟、花蓟马、芒果横纹尾夜蛾、粉虱等；桑树害虫如桑蝗、桑毛虫、桑小灰象虫、桑象虫、桑天牛等；茶树害虫如茶毛虫、茶尺蠖、茶小绿叶蝉等。

**应用技术** 以 50%杀螟硫磷乳油为例。

（1）防治水稻害虫 稻纵卷叶螟、稻苞虫、稻蓟马、稻飞虱、叶蝉，用 50%杀螟硫磷乳油 900～1200mL 兑水均匀喷雾。

（2）防治小麦害虫

① 麦蚜 用 50%杀螟硫磷乳油 375～450mL/hm² 兑水均匀

喷雾。

② 麦茎叶甲幼虫　用50%杀螟硫磷乳油200～500mL/hm²兑水喷于地表，结合中耕灌水，带药入土，可防止幼虫转株为害。

（3）防治棉花害虫

① 棉蚜、棉红蜘蛛、棉叶蝉、棉象甲和棉造桥虫　用50%杀螟硫磷乳油1000～1500倍液600～900L/hm²均匀喷雾。

② 棉铃虫、棉红铃虫、金刚钻等钻蛀性害虫　用50%杀螟硫磷乳油500～1000倍液900～1125L/hm²喷洒。

（4）防治油料及经济作物害虫

① 大豆食心虫　用50%杀螟硫磷乳油1500mL/hm²兑水均匀喷雾。

② 甘薯大象甲　用50%杀螟硫磷乳油1000～2000倍液均匀喷雾。

③ 甘薯蚁象甲、甘薯叶甲　用50%杀螟硫磷乳油500倍液浸薯秧1min，阴干后扦插。

（5）防治蔬菜害虫

① 菜青虫、小菜蛾、甘蓝夜蛾、菜螟、豆荚螟、潜叶虫、二十八星瓢虫　用50%杀螟硫磷乳油1000倍液均匀喷雾，或用50%杀螟硫磷乳油750～1125mL/hm²兑水均匀喷雾。

② 菜蚜、蓟马、潜叶蝇、红蜘蛛　用50%杀螟硫磷乳油1000～1500倍液均匀喷雾。

（6）防治果树害虫

① 食心虫、卷叶虫、毛虫、刺蛾、袋蛾、蚧虫、粉虱、桃蛀螟、葡萄透翅蛾　用50%杀螟硫磷乳油1000～1500倍液均匀喷雾，有良好的杀卵和防治初孵幼虫的效果。

② 油桐尺蠖、黑刺粉虱、柑橘粉虱、双刺姬粉虱　用50%杀螟硫磷乳油1000倍液均匀喷雾。

③ 柑橘始叶螨、六点始叶螨　用50%杀螟硫磷乳油1500～2500倍液均匀喷雾，隔7d再喷1次。

④ 橘绿天牛　在成虫和初孵幼虫盛发期用50%杀螟硫磷乳油200倍液喷树冠1～4年生枝梢，也可用50%杀螟硫磷乳油10倍液

涂抹初孵幼虫为害部位。

⑤香蕉冠网蝽、腰果斑螟、花蓟马　用50％杀螟硫磷乳油2000倍液均匀喷雾。

（7）防治桑树害虫

①桑蟥、桑毛虫、桑小灰象虫、桑象虫　用50％杀螟硫磷乳油1500～2000倍液均匀喷雾，喷药后17～20d方可采叶喂蚕。

②桑天牛　用50％杀螟硫磷乳油125～250倍液涂抹为害部位；

③桑蛀虫　用50％杀螟硫磷乳油500倍液注入孔道。

（8）防治茶树害虫　茶毛虫、茶尺蠖、茶小绿叶蝉，用50％杀螟硫磷乳油1000～1500倍液，每10d喷雾1次，连喷2～3次。

**混用**　甲萘威＋杀螟硫磷用于粮仓谷物贮存时的害虫防治。

**注意事项**

（1）对萝卜、油菜、卷心菜等十字花科蔬菜及高粱易产生药害，使用时应注意。

（2）可与常用杀螨剂和杀菌剂混用，但不可与碱性农药混合使用。

（3）对鱼毒性大，使用时须注意对水的污染。

（4）使用时随配随用，不可隔天使用。

（5）置干燥阴凉处贮藏。

（6）对蜜蜂高毒，花期不宜使用。

（7）收获前10d停止使用。

### 辛硫磷（phoxim）

$C_{12}H_{15}N_2O_3PS$，298.18，14816-18-3

**化学名称**　$O,O$-二乙基-$O$-（α-氰基亚苯氨基氧）硫代磷酸酯

**其他名称**　肟硫磷、倍腈磷、倍腈松、腈肟磷、地虫杀星、Baythion、Valaxon、Phoxime、Volaton、Bayer 77488、Bay-SRA7502、Bay5621

**理化性质** 黄色透明液体，熔点 5～6℃；溶解性（20℃）：水 700mg/L，二氯甲烷＞500g/kg，异丙醇＞600g/kg；蒸馏时分解，在水和酸性介质中稳定；工业品原药为浅红色油状液体。

**毒性** 原药大白鼠急性经口 $LD_{50}$（mg/kg）：2170（雄）、1976（雌）；以 15mg/kg 剂量饲喂大白鼠两年，无异常现象；对蜜蜂有毒。

**作用特点** 为胆碱酯酶抑制剂。当害虫接触药液后，神经系统麻痹中毒停食，最终导致死亡。辛硫磷为高效低毒的杀虫剂，以触杀和胃毒作用为主，无内吸作用，杀虫谱广，击倒力强，对鳞翅目幼虫很有效。在田间使用，因对光不稳定，很快分解失效，所以残效期很短，残留危害性极小，叶面喷雾一般残效期 2～3d，但该药施入土中，其残效期很长，可达 1～2 个月。

**适宜作物** 蔬菜、小麦、玉米、高粱、谷子、棉花、大豆、花生、烟草、桑树、茶树、果树等。

**防除对象** 地下害虫如地老虎、蛴螬、金针虫、蝼蛄、沟象甲等；蔬菜害虫如菜蚜、菜青虫、小菜蛾、烟青虫、斜纹夜蛾、蓟马和红蜘蛛等；棉花害虫如棉铃虫、造桥虫、卷叶虫、棉蚜、棉蝽象、红蜘蛛等；杂粮害虫如玉米螟等；小麦害虫如蚜虫、麦叶蜂、黏虫等；果树害虫如蚜虫、苹果小卷叶蛾、梨星毛虫、尺蠖、桃小食心虫、葡萄叶蝉、粉虱、红蜘蛛、刺蛾、避债蛾等；茶树害虫如茶尺蠖、袋蛾、刺蛾、卷叶蛾、茶橙瘿螨、小绿叶蝉等；桑树害虫如桑蓟马、桑尺蠖、桑毛虫、桑螟、刺蛾等；仓库害虫如米象、赤拟谷盗、锯谷盗、长角谷盗、谷蠹、烟草甲、米扁虫、粉斑螟、米黑虫等。

**应用技术** 以 50%辛硫磷乳油、40%辛硫磷乳油、2.5%辛硫磷微粒剂为例。

（1）防治地下害虫

① 蛴螬

a. 防治播种期的蛴螬 用 40%辛硫磷乳油 100mL 兑水 4～5L，拌麦种 50～60kg，玉米或高粱种子 30kg，棉籽 20kg，药效期达 1 个月以上。

b. 防治生长期蛴螬 用40％辛硫磷乳油3.75L/hm² 与细土375kg拌和，撒施后锄入土中。

② 地老虎 a. 用40％辛硫磷乳油1.2～1.5L/hm²，兑水1125L，喷洒在绿肥上，再将绿肥耕翻入土壤中。b. 播种后用50％辛硫磷乳油1000倍液灌浇。

③ 根蛆 用50％辛硫磷乳油2000倍液灌根。可防治韭菜、葱、蒜等蔬菜田的根蛆。

（2）防治小麦害虫 蚜虫、麦叶蜂、黏虫，用50％辛硫磷乳油1000倍液均匀喷雾。

（3）防治棉花害虫

① 棉铃虫、造桥虫、卷叶虫的高龄幼虫 用50％辛硫磷乳油1125mL/hm²加水1125kg均匀喷雾。

② 棉蚜、红蜘蛛、盲蝽象 用50％辛硫磷乳油750mL/hm²加水750～1125kg均匀喷雾，药效期2～3d。

（4）防治果树害虫

① 蚜虫、苹果小卷叶蛾、梨星毛虫、葡萄叶蝉、尺蠖、粉虱 用50％辛硫磷乳油1000倍液均匀喷雾。

② 桃小食心虫 a. 在越冬代幼虫出土高峰期，按树冠大小在地面划好树盘，用50％辛硫磷乳油700倍液，每株树喷17.5kg，再耧耙入土表下，隔15d施一次，一般年份施药2～3次。b. 防治越冬代桃小食心虫，在越冬幼虫出土高峰期前，按树冠大小在地面划好树盘，树盘直径比树冠约大1m，清除盘内杂草。用40％辛硫磷乳油7.5～11.25L/hm²，拌细土750kg，撒施于树盘内，耙入土下1cm。或用40％辛硫磷乳油700倍液，每株树盘内喷洒15～20L药液，将药耙入土内。当虫口密度大时，隔半个月再施药1次。

（5）防治茶树害虫

① 茶尺蠖、袋蛾、刺蛾、卷叶蛾、茶橙瘿螨、小绿叶蝉 用50％辛硫磷乳油1000～1500倍液均匀喷雾。

② 茶毛虫、茶蚜

a. 用50％辛硫磷乳油2000倍液均匀喷雾。

b. 用40％辛硫磷乳油3000～4000倍液均匀喷雾。

（6）防治桑树害虫

① 桑蓟马、桑尺蠖　用50％辛硫磷乳油2000倍液均匀喷雾。

② 桑毛虫，桑螟，刺蛾　用50％辛硫磷乳油2000～3000倍液均匀喷雾。

（7）防治蔬菜害虫　菜蚜、菜青虫、小菜蛾、烟青虫、斜纹夜蛾、蓟马、红蜘蛛。

① 用50％辛硫磷乳油1000～1500倍液均匀喷雾。

② 用40％辛硫磷乳油1.2～1.5L/hm$^2$兑水均匀喷雾，或用1000～1500倍液均匀喷雾，施药后3～5d，就可采收上市。

（8）防治贮粮害虫

① 用50％辛硫磷乳油2mL兑水1000mL，以超低容量电动喷雾器喷雾，可消毒空粮仓30～40m$^2$。

② 用2.5％辛硫磷微粒剂拌原粮25000kg/kg。

**混用**

（1）毒死蜱　毒死蜱＋辛硫磷，主要用于甘蔗作物上的蔗龟、蔗螟等地下害虫的防治。

（2）吡虫啉　吡虫啉＋辛硫磷，用于防治水稻稻飞虱、十字花科蔬菜中的蚜虫。

（3）甲氰菊酯　甲氰菊酯＋辛硫磷，用于防治棉花棉铃虫。

**注意事项**

（1）辛硫磷见光易分解而失效，在辛硫磷贮存、运输、配制和拌种过程中，要防止阳光直射。

（2）在喷雾施用时，最好在傍晚时施药，尤其对一些夜间活动为害的害虫，更要注意在傍晚时施药。

（3）药液要随配随用。

（4）不能与碱性药剂混用。

（5）辛硫磷无内吸作用与渗透作用，施药要喷洒均匀周到。

（6）茶树喷药后5d可采摘加工，桑树上使用5d后即可采叶喂家蚕，蔬菜在采收前5d不能施用。

（7）辛硫磷对高粱、瓜苗及大白菜秧苗易发生药害，要注意控制药量及稀释液用量。

（8）应存放于避光、阴凉处。

**相关复配制剂及应用**　辛硫·三唑磷。

**曾用商品名**　辛硫·三唑磷。

**主要活性成分**　辛硫磷、三唑磷。

**作用特点**　具有触杀和胃毒作用。兼具辛硫磷和三唑磷特性。

**剂型**　20%、27%、30%乳油。

**应用技术**

① 二化螟　用27%乳油243～324g/hm²兑水均匀喷雾。

② 稻纵卷叶螟、二化螟　用30%乳油450～540g/hm²兑水均匀喷雾。

③ 稻水象甲　用20%乳油120～150g/hm²兑水均匀喷雾。

**注意事项**

① 本品不能与碱性农药混用。

② 本品对光不稳定，注意保存，同时注意应在早晨或傍晚用药。

# 丙溴磷 （profenofos）

$C_{11}H_{15}BrClO_3PS$，373.63，41198-08-7

**化学名称**　*O*-乙基-*S*-丙基-*O*-（4-溴-2-氯苯基）硫代磷酸酯

**其他名称**　多虫磷、溴氯磷、布飞松、菜乐康、克捕灵、克捕赛、库龙、速灭抗、Curacron、Polycron、Selecron、Nonacron、CGA15324S

**理化性质**　无色透明液体，沸点110℃/0.13Pa；工业品原药为淡黄至黄褐色液体；20℃时水中溶解度为20mg/L，能与大多数有机溶剂互溶。常温储存会慢慢分解，高温更容易引起质量变化。

**毒性**　原药急性大鼠$LD_{50}$（mg/kg）：358（经口）、3300（经皮），对鸟和鱼毒性较高。

**作用特点**　抑制昆虫体内胆碱酯酶。丙溴磷为广谱性杀虫剂，可通过内吸、触杀及胃毒等作用方式防治害虫，具有速效性，在植物叶片上有较好的渗透性，同时具有杀卵性能。对其他有机磷、拟除虫菊酯产生抗性的棉花害虫有效。

**适宜作物**　蔬菜、果树、小麦、水稻、甘薯、玉米、棉花等。

**防除对象**　水稻害虫如稻纵卷叶螟、三化螟、二化螟、褐稻虱、白背稻虱、稻蓟马等；蔬菜害虫如小菜蛾等；棉花害虫如棉铃虫、棉红铃虫、棉蚜、棉盲蝽、棉红蜘蛛、棉蓟马、棉叶蝉、造桥虫、卷叶蛾等；小麦害虫如蚜虫、黏虫等。

**应用技术**　以50%丙溴磷乳油、40%丙溴磷乳油、20%丙溴磷乳油为例。

（1）防治水稻害虫

① 稻纵卷叶螟　a. 在幼虫二龄高峰期，用50%丙溴磷乳油1125mL/hm² 兑水均匀喷雾，药效期约7d。b. 用40%丙溴磷乳油540~660mL/hm²，兑水均匀喷雾。

② 稻褐稻虱、白背稻虱　在一龄、二龄若虫高峰期，用50%丙溴磷乳油1125~1500mL/hm² 兑水均匀喷雾。

③ 三化螟、二化螟　在蚁螟孵化盛期内，用50%丙溴磷乳油1125~1500mL/hm² 兑水均匀喷雾，或用1500~2250mL 兑水泼浇，一般药效期5~7d。

④ 稻蓟马　在若虫盛孵期或叶片开始出现卷叶时，用50%丙溴磷乳油525~750mL/hm² 兑水均匀喷雾。

（2）防治棉花害虫

① 棉蚜　a. 用50%丙溴磷乳油450~750mL/hm² 兑水均匀喷雾。b. 卵孵化盛期，用40%丙溴磷乳油1.2~1.5L/hm² 兑水均匀喷雾，或用40%乳油1000倍液均匀喷雾。

② 棉红蜘蛛　在全田普遍发生时，现蕾期用50%丙溴磷乳油750mL/hm² 兑水均匀喷雾，开花盛期用50%丙溴磷乳油1125mL/hm² 兑水均匀喷雾。

③ 棉铃虫　a. 在二代、三代棉铃虫产卵盛期，当卵量或初孵幼虫数量达到防治指标时，用50%丙溴磷乳油1500~2250mL/hm² 兑水均匀喷雾，可兼治棉叶蝉、造桥虫，卷叶蛾等害虫。b. 在卵孵化盛期，用40%丙溴磷乳油1.2~1.5L/hm² 兑水均

匀水喷雾，或用40%丙溴磷乳油1000倍液均匀喷雾。当棉铃虫大发生时，药后4～7d内调查，若残虫数仍超过防治指标，需再次施药，防治棉铃虫时可兼治棉蚜。c. 在卵孵化盛期，用20%丙溴磷乳油1.5～2.25L/hm² 兑水均匀喷雾。

④ 棉盲蝽 在一龄、二龄若虫期，用50%丙溴磷乳油750～1125mL/hm²，兑水均匀喷雾，可兼治棉蚜、棉红蜘蛛及棉蓟马等。

（3）防治麦类害虫

① 蚜虫 用50%丙溴磷乳油525mL/hm²兑水均匀喷雾。

② 黏虫 在幼虫三龄盛期前，用50%丙溴磷乳油1125～1500mL/hm²兑水均匀喷雾。

（4）防治杂粮及经济作物害虫 玉米螟在产卵高峰期，玉米心叶开始出现花叶为害时，用50%丙溴磷颗粒剂7.5kg/hm²，撒施于心叶内。

（5）防治蔬菜害虫

① 菜青虫、小菜蛾 a. 用50%丙溴磷乳油750mL/hm²兑水均匀喷雾。b. 用20%丙溴磷乳油440～550倍液均匀喷雾。

② 菜蚜 用50%丙溴磷乳油375～525mL/hm²兑水均匀喷雾。

**混用**

（1）阿维菌素 阿维菌素＋丙溴磷在1∶（60～160）范围内，对稻纵卷叶螟有增效作用，具有更高的防治效果。

（2）辛硫磷 辛硫磷＋丙溴磷乳油可有效防治棉铃虫。

**注意事项**

（1）严禁与碱性农药混合使用。

（2）丙溴磷与氯氰菊酯混用增效明显，防治抗性棉铃虫宜选用混用。

（3）收获前10d禁用。

（4）对鱼类、鸟类、蜂类有毒。

（5）中毒者送医院治疗。治疗药剂为阿托品或解磷定。

（6）棕色螺口小玻璃瓶包装，冷藏、避光、干燥条件下保存。

**相关复配制剂及应用**

（1）丙溴·敌百虫

**曾用商品名** 丙溴·敌百虫。

**主要活性成分** 丙溴磷，敌百虫。

**作用特点** 具有内吸、触杀和胃毒作用。兼具敌百虫和丙溴磷的特性。

**剂型** 40%、48%乳油。

**应用技术剂型** 40%、48%乳油

① 棉铃虫 用40%乳油195～300g/hm² 兑水均匀喷雾。

② 二化螟 用40%乳油600～720g/hm² 兑水均匀喷雾。

③ 稻纵卷叶螟 用40%乳油720～840g/hm² 兑水均匀喷雾。

**注意事项**

① 在棉花上使用间隔期不少于21d。

② 不能与碱性物质如波尔多液或碱性农药混用。

③ 对蜜蜂、家蚕、鱼类等高毒，使用时需注意。

（2）丙溴·辛硫磷

**曾用商品名** 丙溴·辛硫磷。

**主要活性成分** 丙溴磷，辛硫磷。

**作用特点** 具有触杀和胃毒作用。兼具丙溴磷和辛硫磷特性。

**剂型** 24%、25%、35%、40%乳油。

**应用技术**

① 棉铃虫 用25%乳油300～375g/hm² 兑水均匀喷雾。

② 三化螟 用40%乳油600～720g/hm² 兑水均匀喷雾。

③ 菜青虫 用24%乳油108～144g/hm² 兑水均匀喷雾。

④ 苹果蚜虫 用25%乳油125～250mg/hm² 兑水均匀喷雾。

⑤ 稻纵卷叶螟 用25%乳油187.5～262.5g/hm² 兑水均匀喷雾。

**注意事项**

① 见光易分解，傍晚喷施最好。

② 对家蚕、鱼类、蜜蜂高毒，使用时应注意。

③ 在茶叶上禁用。

④ 不与碱性物质混用。

⑤ 棉花安全间隔期7d，每季最多使用3次。

# 喹硫磷 (quinalphos)

$$C_{12}H_{15}N_2O_3PS,\ 298.30,\ 13593-03-8$$

**化学名称**　$O,O$-二乙基-$O$-(喹噁磷) 硫代磷酸酯; $O,O$-二乙基-$O$-2-喹噁磷基硫代磷酸酯; $O,O$-二乙基-$O$-喹噁啉-2-基硫代磷酸酯

**其他名称**　喹噁磷、喹噁硫磷、克铃死、爱卡士、Kinalux、Bayrusil、Ekalux、Dilthchinalphion、Bayer 77049、SRA 7312

**理化性质**　纯品为白色晶体,熔点 $31\sim36℃$,工业品为深褐色油状液体,$120℃$分解,不能蒸馏。相对密度 ($d_4^{20}$) 1.235; $22\sim23℃$时在水中溶解度为 $17.8mg/L$,在正己烷中为 $250g/L$,易溶于甲苯、二甲苯、乙醚、乙酸乙酯、乙腈、甲醇、乙醇等,微溶于石油醚。工业品不稳定,在室温下,稳定期为14d,但在非极性溶剂中,并有稳定剂存在下稳定,遇碱易水解。

**毒性**　大鼠急性 $LD_{50}$ ($mg/kg$): 71 (经口),$800\sim1750$ (经皮),急性吸入 $LC_{50}0.71mg/L$。对兔眼睛和皮肤无刺激作用。以含有 $160mg/kg$ 剂量的饲料喂养大鼠90d,未见中毒现象。2年喂养无作用剂量: 大鼠为 $3mg/kg$,狗为 $0.5mg/kg$。在试验剂量内,未见致癌、致畸、致突变。鲤鱼 $LC_{50}3\sim10mg/L$ (24h)。对蜜蜂有毒。

**作用特点**　为胆碱酯酶的直接抑制剂。喹硫磷为广谱杀虫剂,具有胃毒和触杀作用,无内吸和熏蒸性能,有一定的杀卵作用。在植物上有良好的渗透性,降解速度快,残效期短。

**适宜作物**　蔬菜、果树、小麦、水稻、玉米、大豆、棉花、烟草、茶树、桑树等。

**防除对象**　水稻害虫如稻瘿蚊、稻纵卷叶螟、二化螟、三化螟等;蔬菜害虫如小菜蛾、菜青虫、斜纹夜蛾、瓜绢螟、烟青虫、蚜虫、红蜘蛛、白粉虱、黄条跳甲等;棉花害虫如棉铃虫、棉红铃虫、棉蚜、棉蜡象等;小麦害虫如蚜虫、黏虫等;油料及经济作物

害虫如烟青虫、烟蓟马等；茶树害虫如茶毛虫、茶尺蠖、小绿叶蝉、黑刺粉虱、茶丽纹象甲、叶瘿螨、长白蚧、红蜡蚧等；桑树害虫如桑瘿蚊等；柑橘害虫如蚜虫、柑橘潜叶蛾、枣树龟蜡蚧、荔枝瘿蚊、柑橘黑点蚧、矢尖蚧、褐圆蚧、红圆蚧、红蜡蚧等。

**应用技术** 以25％喹硫磷乳油、10％喹硫磷乳油为例。

（1）防治水稻害虫

① 稻纵卷叶螟 a.用25％喹硫磷乳油1875～2250mL/hm² 兑水均匀喷雾。b.用10％喹硫磷乳油150～180mL/hm² 兑水均匀喷雾。

② 二化螟、稻苞虫、稻黏虫、稻飞虱、叶蝉、稻蓟马 用25％喹硫磷乳油1875～2250mL/hm² 兑水均匀喷雾。

③ 稻瘿蚊 每10～15d施药1次，用25％喹硫磷乳油2.25～3L/hm²，有水田拌细土撒施，无水田则兑大量水喷雾。

④ 三化螟 a.用25％喹硫磷乳油875～2250mL/hm² 兑水均匀喷雾。b.用10％喹硫磷乳油150～180mL/hm² 兑水均匀喷雾。

（2）防治棉花害虫

① 棉蚜、蓟马、叶蝉、盲蝽、红蜘蛛 用25％喹硫磷乳油2000倍液均匀喷雾。

② 棉铃虫、棉红铃虫 用25％喹硫磷乳油1875～2625mL/hm² 兑水均匀喷雾。

（3）防治蔬菜害虫

① 菜蚜 用25％喹硫磷乳油600mL/hm² 兑水均匀喷雾。

② 菜青虫、斜纹夜蛾、瓜绢螟 用25％喹硫磷乳油900～1200mL/hm² 兑水均匀喷雾

③ 棉铃虫、烟青虫、小菜蛾、黄条跳甲 用25％喹硫磷乳油500mL/hm² 兑水均匀喷雾。

（4）防治杂粮及经济作物害虫 玉米螟，用25％喹硫磷乳油1875～2625mL/hm² 兑水均匀喷雾。

（5）防治果树害虫

① 枣树龟蜡蚧 在幼蚧盛发期喷25％喹硫磷乳油500倍液均匀喷雾，兼治鳞翅目害虫、蚜虫和害螨。

② 柑橘潜叶蛾 用25％喹硫磷乳油500倍液均匀喷雾。

③ 蚜虫　用25%喹硫磷乳油500～1000倍液均匀喷雾，喷树冠外围和新梢、有蚜嫩梢。

④ 柑橘黑点蚧、矢尖蚧、褐圆蚧、红圆蚧、红蜡蚧　在1～2龄幼虫盛发期，用25%喹硫磷乳油500～800倍液喷树冠。

⑤ 荔枝瘿蚊　在春梢抽发期，用25%喹硫磷乳油1000倍液均匀喷雾。

（6）防治茶树害虫　茶毛虫、茶尺蠖、小绿叶蝉、黑刺粉虱、茶丽纹象甲、橙瘿螨、叶瘿螨、长白蚧、红蜡蚧，用25%喹硫磷乳油1000倍液均匀喷雾。

（7）防治桑树害虫　桑瘿蚊，在越冬老熟幼虫的蛹大量羽化前，用25%喹硫磷乳油6L/hm² 兑水喷于土表。

**混用**

（1）虫酰肼　虫酰肼＋喹硫磷防治水稻害虫。

（2）氯虫苯甲酰胺　氯虫苯甲酰胺＋喹硫磷对二化螟、稻纵卷叶螟等水稻鳞翅目害虫有较好防治效果。

**注意事项**

（1）不能与碱性农药混合使用。

（2）对鱼、水生动物和蜜蜂高毒，不要在鱼塘、河流、养蜂场等处及其周围使用。

（3）对许多害虫的天敌毒力较大，施药期应避开天敌大发生期。

（4）应存放于阴凉、干燥、通风处。

## 哒嗪硫磷（pyridaphenthione）

$C_{14}H_{17}N_2O_4PS$，340.34，119-12-0

**化学名称**　$O$，$O$-二乙基-$O$-（2，3-二氢-3-氧代-2-苯基-6-哒嗪基）硫代磷酸酯

**其他名称**　哒净松、杀虫净、苯哒磷、必芬松、打杀磷、哒净

硫磷、苯哒嗪硫磷、Ofunack、Pyridafenthion

**理化性质** 纯品为白色结晶，熔点 54.5～56.5℃。溶解度为：乙醇 1.25%，异丙醇 58%，三氯甲烷 67.4%，乙醚 101%，甲醇 226%，难溶于水。对酸、热较稳定，在 75℃时加热 35h，分解率 0.9%，对强碱不稳定，对光线较稳定，在水田土壤中的半衰期为 21d，工业品微淡黄色固体。

**毒性** 急性经口 $LD_{50}$（mg/kg）：769.4（雄大鼠），850（雌大鼠），4800（兔），7120（狗）。急性经皮 $LD_{50}$（mg/kg）：2300（雄大鼠），2100（雌大鼠），660（雄小鼠），2100（雌小鼠）。大鼠腹腔注射 $LD_{50}$ 105mg/kg，以每天 30mg/kg 计量喂养小鼠 6 个月，无特殊情况，大多数三代繁殖未发现致癌、致突变现象。鲤鱼 $LC_{50}$ 10mg/L（48h），日本鹌鹑经口 $LD_{50}$ 64.8mg/kg，野鸡经口 $LD_{50}$ 1.162mg/kg。

**作用特点** 哒嗪硫磷是一种高效、低毒、低残留的广谱杀虫剂。具有触杀和胃毒作用，但无内吸作用。对多种咀嚼式口器害虫均有较好的防治效果。

**适宜作物** 蔬菜、果树、小麦、水稻、玉米、棉花、大豆、林木、茶树等。

**防除对象** 地下害虫如地老虎等；水稻害虫如稻瘿蚊、三化螟、二化螟等；棉花害虫如棉铃虫、棉红铃虫、棉蚜、造桥虫、棉红蜘蛛、棉盲蝽象等；小麦害虫如蚜虫、黏虫等；杂粮害虫如黏虫等；果树害虫如梨小食心虫、各种蚜虫、叶蝉、毛虫、潜叶蛾、叶螨等。

**应用技术** 以 20% 哒嗪硫磷乳油为例。

（1）防治水稻害虫

① 二化螟、三化螟 在卵块孵化高峰前 1～3d，用 20% 哒嗪硫磷乳油 3000～4500mL/hm² 兑水 900～1500kg 均匀喷雾。可兼治稻苞虫和稻纵卷叶螟。

② 稻瘿蚊 用 20% 哒嗪硫磷乳油 3000～3750mL/hm² 兑水 1125kg 均匀喷雾。

（2）防治棉花害虫

① 棉叶螨 用 20% 哒嗪硫磷乳油 1000 倍液均匀喷雾。

② 棉蚜、棉铃虫、棉红铃虫、造桥虫　用20%哒嗪硫磷乳油500～1000倍液均匀喷雾。

③ 棉盲蝽象　用20%哒嗪硫磷乳油2000～2250mL/hm²，兑水均匀喷雾。

（3）防治杂粮害虫　黏虫，在幼虫三龄盛期前，用20%哒嗪硫磷乳油2000～2500mL/hm²兑水均匀喷雾。

（4）防治果树害虫　梨小食心虫、各种蚜虫、叶蝉、毛虫、潜叶蛾和叶螨，用20%哒嗪硫磷乳油500～800倍液均匀喷雾。

**混用**

（1）阿维菌素　阿维菌素＋哒嗪硫磷主要防治水稻螟虫，特别对抗性二化螟有极好的防治效果。

（2）茚虫威　茚虫威＋哒嗪硫磷可以防治水稻、蔬菜、棉花、茶树等重要农作物上的害虫，增效作用明显。

（3）氯虫腈　氯虫腈＋哒嗪硫磷对稻纵卷叶螟及灰飞虱有很好的防治效果。

**注意事项**

（1）不能与碱性农药混用。

（2）不能与2,4-滴类除草剂同时使用，或两种药剂使用的间隔期不能太短，否则易发生药害。

（3）哒嗪硫磷中毒为典型有机磷中毒症状，解毒方法与急救方法见其他有机磷杀虫剂。

（4）应冷藏，于避光、干燥处保存。

## 甲基嘧啶磷 （pirimiphos-methyl）

$C_{11}H_{20}N_3O_3PS$，305.33，29232-93-7

**化学名称**　$O,O$-二甲基-$O$-（2-二乙基氨基-6-甲基嘧啶-4-基）硫代磷酸酯

**其他名称**　安得力、保安定、亚特松、甲基嘧啶硫磷、甲基虫

螨磷、甲密硫磷、甲基灭定磷、虫螨磷、安定磷、Actellic、Actel cifog、Silo San、Fernex、Blex、PP 511

**理化性质** 原药为黄色液体。沸点 $15\sim17℃$，纯品相对密度 $1.157$（$30℃$），折射率 $n_D^{25}1.527$，蒸气压 $1.333\times10^{-2}Pa$（$30℃$）。能溶于大多数有机溶剂，在水中溶解度为 $5mg/L$。在强酸和碱性介质中易水解，对光不稳定，在土壤中半衰期为 3d 左右。

**毒性** 急性经口 $LD_{50}$（$mg/kg$）：2050（雌大鼠），1180（雄小鼠），$1150\sim2300$（雄兔），$1000\sim2000$（雌豚鼠）；兔急性经皮 $LD_{50}>2000mg/kg$。对眼睛和皮肤无刺激作用。大鼠 90d 喂饲试验无作用剂量为 $8mg/kg$ 饲料，相当于每天 $0.4mg/kg$。动物试验未见致癌、致畸、致突变作用。三代繁殖试验未见异常。鲤鱼 $LC_{50}$ $1.6mg/L$（24h），$1.4mg/L$（48h）。

**作用特点** 抑制乙酰胆碱酯酶。甲基嘧啶磷为广谱性杀虫剂，具有触杀、胃毒、熏蒸和一定的内吸作用。在木材、砖石等惰性物面上药效持久，在原粮和其他农产品上可较好地保持生物活性，在高温和较高温度下是相当稳定的谷物防虫保护剂。对鳞翅目、半翅目等多种害虫均有较好的防治效果，亦可拌种防治多种作物的地下害虫。

**适宜作物** 蔬菜、果树、小麦、水稻、玉米、高粱、大麦、棉花等。

**防除对象** 水稻害虫如稻蓟马等；棉花害虫如棉蚜、棉红蜘蛛等；小麦害虫如蚜虫等；果树害虫如枣树龟蜡蚧、矢尖蚧、红蜡蚧、红蜘蛛等；贮粮害虫如玉米象、赤拟谷盗、锯谷盗、长角谷盗、米象、谷蠹、粉斑螟、麦蛾等；卫生害虫如蚊、蝇等。

**应用技术** 以 50% 甲基嘧啶磷乳油、55% 甲基嘧啶磷乳油为例。

（1）防治水稻害虫 稻蓟马，用 50% 甲基嘧啶磷乳油 $520\sim600mL/hm^2$ 兑水 $750\sim900L$ 均匀喷雾。

（2）防治棉花害虫

① 棉蚜 用 50% 甲基嘧啶磷乳油 $750mL/hm^2$ 兑水 $600\sim1125L$ 均匀喷雾。

② 棉花红蜘蛛　用 50％甲基嘧啶磷乳油 1500mL/hm$^2$ 兑水 750～1000L 均匀喷雾。

（3）防治小麦害虫　蚜虫，用 50％甲基嘧啶磷乳油 276～300mL/hm$^2$ 兑水 500～600L 均匀喷雾。

（4）防治果树害虫

① 枣树龟蜡蚧　在雌成虫秋冬期和夏季若虫孵化盛末期，用 50％甲基嘧啶磷乳油 1200～1600 倍液均匀喷雾。

② 柑橘矢尖蚧　在一龄、二龄若虫期用 50％甲基嘧啶磷乳油 1000 倍液均匀喷雾，能有效地控制为害，但对雌成虫的防效较差。

③ 柑橘红蜡蚧　在一龄若虫期施药，用 50％甲基嘧啶磷乳油 1000 倍液，能有效地控制为害，但对雌成虫的防效较差。

④ 柑橘红蜘蛛　用 50％甲基嘧啶磷乳油 45mL/hm$^2$ 兑水在树冠上均匀喷雾。

（5）防治贮粮害虫　玉米象、赤拟谷盗、锯谷盗、长角谷盗、米象、谷蠹、麦蛾，用 50％甲基嘧啶磷乳油兑水稀释，按 $5 \times 10^{-6}$ 的浓度拌和粮食。

（6）防治卫生害虫　蚊、蝇，墙面用 50％甲基嘧啶磷乳油 4mL/m$^2$ 兑水均匀喷雾。

**混用**　甲基嘧啶磷＋马拉硫磷对玉米象有明显增效作用。

**注意事项**

（1）该药有毒、易燃，应存放在远离火源和儿童接触不到的地方。

（2）应现用现配。

（3）对鸟类毒性较大，对鱼类中等毒性。

（4）玻璃安瓿瓶包装，冷藏和避光条件下保存。

## 嘧啶氧磷（pirimioxyphos）

$C_{10}H_{17}N_2O_4PS$，292.16

**化学名称** $O,O$-二乙基-$O$-(2-甲氧基-4-甲基-6-嘧啶基）硫代磷酸酯

**其他名称** 灭定磷

**理化性质** 纯品为无色油状液体，稍带臭味，工业品带淡黄色，相对密度为 1.1977（1.2029）（20℃），在水中溶解度为 375mg/L（15℃），易溶于乙酸乙酯、乙醇、丙酮、甲苯、乙腈、乙醚、苯、二氯乙烷等多数有机溶剂；难溶于石油醚和石蜡油。在阳光下部分分解，变为暗黑色液体。受热或遇酸遇碱分解。

**毒性** 大鼠急性 $LD_{50}$（mg/kg）：183.4（经口），1062（经皮），大鼠急性吸入 $LD_{50}$ 约 2000mg/kg。

**作用特点** 嘧啶氧磷为广谱性杀虫剂，具有触杀、胃毒和内吸作用。

**适宜作物** 水稻、棉花、小麦、大豆、蔬菜等。

**防除对象** 各种地下害虫如地老虎、蛴螬、蝼蛄等；水稻害虫如三化螟、二化螟、稻瘿蚊、稻纵卷叶螟、稻飞虱、稻苞虫、稻蓟马等；蔬菜害虫如小菜蛾、菜青虫、菜蚜，斜纹夜蛾等；棉花害虫如棉铃虫、棉红铃虫、棉蚜、棉红蜘蛛等；油料及经济作物害虫如大豆食心虫等。

**应用技术** 以 40％嘧啶氧磷乳油为例。

（1）防治水稻害虫

① 三化螟、二化螟 用 40％嘧啶氧磷 1875～2800mL/hm² 兑水均匀喷雾。

② 稻瘿蚊 用 40％嘧啶氧磷乳油 5600mL/hm² 兑水均匀喷雾。

③ 稻纵卷叶螟 在幼虫二龄盛期，用 40％嘧啶氧磷乳油 1500～1850mL/hm² 兑水均匀喷雾。

④ 稻飞虱、稻叶蝉、稻蓟马 用 40％嘧啶氧磷乳油 1875mL/hm² 兑水均匀喷雾。

（2）防治棉花害虫

① 蚜虫、红蜘蛛 用 40％嘧啶氧磷乳油 470～940mL/hm² 兑水均匀喷雾。

② 白边地老虎　用 40％嘧啶氧磷乳油 125mL/hm²，加细土 1kg 配制成毒土，在傍晚时顺垄撒在棉苗基部和四周土面上。

③ 棉红铃虫　用 40％嘧啶氧磷乳油 940～1400mL/hm² 兑水均匀喷雾。

**注意事项**

（1）高粱对本品敏感，不宜使用。

（2）不能与碱性农药混用。

（3）对蜜蜂、鱼类有较强毒性。

（4）随用随配，不宜久存。

## 二嗪磷 （diazinon）

$C_{12}H_{21}N_2O_3PS$，304.35，333-41-5

**化学名称**　$O,O$-二乙基-$O$-（2-异丙基-4-甲基嘧啶-6-基）硫代磷酸酯

**其他名称**　二嗪农、地亚农、太亚仙农、大利松、Basudin、Neocidol、Diazol、Diazide、DBD

**理化性质**　纯品为无色油状液体，略带香味。沸点为 83～84℃/26.66×10⁻³Pa、125℃/133.32Pa，相对密度 1.116～1.118（20℃）。可与丙酮、乙醇、二甲苯混溶，能溶于石油醚，常温下难溶于水。50℃以上不稳定，对酸、碱不稳定，对光稳定。在水及稀酸中会慢慢水解，贮存中微量水分能促使其分解，变为高毒的四乙基硫代焦磷酸酯。工业品为淡褐棕色液体。

**毒性**　原药急性 $LD_{50}$（mg/kg）：285（大鼠经口），163（小鼠经口）；455（雌性大鼠经皮）；小鼠急性吸入 $LC_{50}$ 630mg/m³。对家兔皮肤和眼睛有轻度刺激作用。大鼠慢性毒性饲喂试验无作用剂量为每天 0.1mg/kg，猴子为每天 0.05mg/kg。在试验剂量下，对动物无致畸、致癌、致突变作用。鲤鱼 $LC_{50}$ 3.2mg/L（48h），对蜜蜂高毒。

**作用特点**　抑制乙酰胆碱酯酶。二嗪磷为广谱性杀虫剂，具有触杀、胃毒和熏蒸作用，有一定的内吸作用。对鳞翅目、半翅目等多种害虫有较好的防治效果。

**适宜作物**　蔬菜、小麦、玉米、高粱、水稻、棉花、花生等。

**防除对象**　地下害虫如蛴螬、蝼蛄等；水稻害虫如二化螟、三化螟、稻瘿蚊、稻飞虱、稻叶蝉等；蔬菜害虫如菜青虫、菜蚜、小菜蛾等；棉花害虫如棉蚜、棉叶螨等；果树害虫如桃小食心虫、蚜虫、叶螨、柑橘粉蚧、卷叶蛾、全爪螨、柑橘尺蠖、刺蛾、黑刺粉虱等。

**应用技术**　以50%二嗪磷乳油、10%二嗪磷颗粒剂为例。

（1）防治地下害虫　蝼蛄、蛴螬。

① 用50%二嗪磷乳油500mL，兑水25kg，拌玉米或高粱种300kg，闷种7h再播种。或拌种小麦250kg，待种子吸入药液，晾干后即可播种。

② 用10%二嗪磷颗粒剂600～750g/hm²，撒施。

（2）防治棉花害虫　棉蚜、棉叶螨，用50%二嗪磷乳油900mL/hm²兑水均匀喷雾。

（3）防治蔬菜害虫　菜青虫、菜蚜，用50%二嗪磷乳油750mL/hm²兑水均匀喷雾。

（4）防治水稻害虫　三化螟、二化螟，在卵孵盛期，用50%二嗪磷乳油750～1050mL/hm²兑水均匀喷雾。可兼治稻瘿蚊、稻飞虱和稻叶蝉。

**注意事项**

（1）不可与敌稗混用，或施用敌稗前后两周内也不能使用本剂。

（2）不能与碱性农药混用。

（3）不宜用金属罐、塑料瓶盛装。

（4）对蜜蜂有毒，对鸟类高毒。

（5）本品不宜用塑料、铜合金容器盛装，应在阴凉干燥处贮存。

## 双硫磷 （temephos）

$C_{16}H_{20}O_6P_2S_3$，466.47，3383-96-8

**化学名称**　$O,O,O',O'$-四甲基-$O,O'$-硫代-对-亚苯基二硫代磷酸酯

**其他名称**　替美福司、硫双苯硫磷、硫甲双磷、Abaphos、Abat、Abate、Abathion

**理化性质**　双硫磷纯品为无色结晶固体，熔点为30～30.5℃。工业品纯度90％～95％，为棕色黏稠液体。可溶于大部分有机溶剂，如乙腈、四氯化碳、乙醚、二氯乙烷、甲苯、丙酮等，不溶于水。25℃时，在中性、弱酸性下稳定，强酸、强碱加速水解，水解速度受温度和酸碱度影响。

**毒性**　双硫磷为低毒农药品种，大白鼠急性经口 $LD_{50}$ （mg/kg）：860（雄），13000（雌）；急性经皮 $LD_{50}>4000$mg/kg。虹鳟鱼 $LC_{50}$31.8mg/L，蜜蜂 $LC_{50}$0.0015mg/L。

**作用特点**　胆碱酯酶的直接抑制剂。无内吸性，具有强烈的触杀作用。对蚊、蚋幼虫有特效，残效期长。具有高度选择性，适于杀灭水塘、下水道、污水沟中的蚊蚋幼虫，稳定性好，残效期长。

**适宜作物**　水稻、玉米、棉花、花生、水果、牧草等。

**防除对象**　卫生害虫如蚊虫、黑蚋、库蠓、摇蚊等，还可用于防治人体上的虱，狗、猫身上的跳蚤。水稻害虫如稻纵卷叶螟、稻蓟马等；棉花害虫如棉铃虫等；果树害虫如蓟马等；牧草害虫盲蝽等；地下害虫小地老虎等。

**应用技术**　以1‰双硫磷杀蚊颗粒剂为例。

防治卫生害虫：蚊幼虫（孑孓），净水1‰双硫磷杀蚊颗粒剂 0.5～1g/m²；中度污水用1‰双硫磷杀蚊颗粒剂 1～2g/m²；高度污水用1‰双硫磷杀蚊颗粒剂 2～5g/m²。

**注意事项**

（1）本品对鸟类和虾有毒，养殖这类生物地区禁用。

（2）本品对蜜蜂有毒，果树开花期禁用。

## 马拉硫磷（malathion）

$$H_3CO \quad S$$
$$\underset{H_3CO}{\overset{}{\diagdown}} P - S - CHCO_2C_2H_5$$
$$\underset{}{CH_2CO_2C_2H_5}$$

$C_{10}H_{19}O_6PS_2$，330.35，121-75-5

**化学名称** $O,O$-二甲基-$S$-(1,2-二乙氧羰基乙基) 二硫代磷酸酯

**其他名称** 马拉松、马拉塞昂、飞扫、四零四九、Carbofos、Malathiozol、Maladrex、Maldison、Formol、Malastan

**理化性质** 透明浅黄色油状液体。熔点 2.85℃，沸点 156～157℃（93Pa）；难溶于水，易溶于乙醇、丙酮、苯、氯仿、四氯化碳等有机溶剂。对光稳定，对热稳定性较差；在 pH＜5 的介质中水解为硫化物和 $\alpha$-硫醇基琥珀酸二乙酯，在 pH＝5～7 的介质中稳定，在 pH＞7 的介质中水解成硫化物钠盐和反丁烯二酸二乙酯；可被硝酸等氧化剂氧化成马拉氧磷，但工业品马拉硫磷中加入 0.01%～1.0% 的有机氧化物，可增加其稳定性；对铁、铅、铜、锡制品容器有腐蚀性，此类物质也可降低马拉硫磷的稳定性。

**毒性** 原药急性大白鼠 $LD_{50}$（mg/kg）：经口 1751.5（雌）、1634.5（雄）；经皮 4000～6150。用含马拉硫磷 100mg/kg 的饲料喂养大鼠 92 周，无异常现象；对蜜蜂高毒，对眼睛、皮肤有刺激性。

**作用特点** 非内吸的广谱性杀虫剂，有良好的触杀和一定的熏蒸作用，进入虫体后首先被氧化成毒力更强的马拉氧磷，从而发挥强大的毒杀作用，而当进入温血动物体内时，则被在昆虫体内没有的羧酸酯酶水解，因而失去毒性。马拉硫磷毒性低，残效期短，对刺吸式口器和咀嚼式口器害虫均有效。

**适宜作物** 蔬菜、小麦、水稻、玉米、棉花、大豆、花生、果树、花卉、茶树、桑树、牧草、林木等。

**防除对象** 水稻害虫如稻叶蝉、稻飞虱、稻蓟马等；绿萍害虫如萍螟、萍灰螟等；蔬菜害虫如菜蚜、红蜘蛛、菜青虫、黄条跳甲

等；棉花害虫如棉蚜、棉红蜘蛛、棉盲蝽象、棉叶蝉等；小麦害虫如蚜虫、黏虫等；油料及经济作物害虫如豆蚜、豆芜菁、豆荚螟及大豆食心虫等；果树害虫如刺蛾、巢蛾、蠹蛾、蚜虫、红蜘蛛、金龟子、吹绵蚧、红蜡蚧、梨圆蚧等；茶树害虫如茶尺蠖、茶毛虫等；林木害虫如松毛虫、杨毒蛾、尺蠖等；草原害虫如蝗虫、白茨萤叶甲、沙蒿叶甲、轻柳叶甲等；贮粮害虫如米象、锯谷盗、谷蠹、拟谷盗等。

**应用技术** 以50%马拉硫磷乳油、45%马拉硫磷乳油、4%马拉硫磷粉剂为例。

（1）防治水稻害虫

① 稻飞虱 a. 用50%马拉硫磷乳油1500mL/hm² 兑水750～1125kg均匀喷雾。b. 用45%马拉硫磷乳油540～742.5mL/hm² 兑水均匀喷雾。

② 稻蓟马、稻飞虱、稻叶蝉 在低龄（1～3龄）若虫期，用50%马拉硫磷乳油1500mL/hm² 兑水750～1125kg均匀喷雾。

（2）防治棉花害虫

① 棉盲蝽象 a. 用50%马拉硫磷乳油750～1125mL/hm²，兑水750～1125kg均匀喷雾。b. 用45%马拉硫磷乳油405～607.5mL/hm² 兑水均匀喷雾。

② 棉蚜、棉红蜘蛛、棉叶蝉 用50%马拉硫磷乳油750～1125mL/hm² 兑水750～1125kg均匀喷雾。

（3）防治蔬菜害虫 菜蚜、红蜘蛛、菜青虫、黄条跳甲，用50%马拉硫磷乳油750～1125mL/hm² 兑水50～60kg均匀喷雾。

（4）防治油料及经济作物害虫 油菜蚜虫、花生蚜虫、豆蚜、豆芜菁、豆荚螟、大豆食心虫，用50%马拉硫磷乳油750mL/hm² 兑水750～1125kg均匀喷雾。

（5）防治果树害虫

① 各种蚜虫、红蜘蛛、金龟子、刺蛾 用50%马拉硫磷乳油1000～1500倍液均匀喷雾。

② 吹绵蚧、红蜡蚧、长白蚧、梨圆蚧 在介壳虫卵孵高峰到一龄若虫期，用50%马拉硫磷乳油500～800倍液均匀喷雾。

（6）防治绿萍害虫　萍螟、萍灰螟，用 50％马拉硫磷乳油 1000 倍液均匀喷雾。

（7）防治贮粮害虫

① 用去臭的 4％马拉硫磷粉剂拌和原粮（小麦、稻谷、玉米等）。

② 用 70％马拉硫磷乳油 20～30mg/kg 兑水均匀喷雾。

**混用**

（1）马拉硫磷与异稻瘟净（或稻瘟净）混用　用 50％马拉硫磷乳油 1125mL/hm²，加 40％异稻瘟气（或稻瘟净）1125mL 兑水 1125kg 均匀喷雾。据测定，对抗马拉硫磷的黑尾叶蝉，毒力比单用增加 4～5 倍，并对稻瘟病也有一定的预防效果。

（2）马拉硫磷与敌敌畏混用　用 50％马拉硫磷 1125～1500mL/hm²，加 80％敌敌畏 375mL，兑水 1125kg 均匀喷雾，对抗马拉硫磷的黑尾叶蝉，比单用可提高药效 4～5 倍。

（3）马拉硫磷与西维因、叶蝉散混用　用 50％马拉硫磷 750mL/hm²，加 25％西维因可湿性粉 1500g，兑水 1125～1500kg 均匀喷雾；或 50％马拉硫磷乳油 750～1125mL/hm²，加 2％叶蝉散 15kg，兑水 600～900kg 泼浇，对已产生耐药性的稻飞虱、稻叶蝉都有良好的防效，防效优于马拉硫磷、叶蝉散单用。

（4）溴氰菊酯　溴氰菊酯＋马拉硫磷对抗性棉铃虫具有明显的增效作用。

（5）高效氯氰菊酯　高效氯氰菊酯＋马拉硫磷广泛用于防治杀灭棉花、枣树、玉米、花生、大豆等作物的病虫害。

**注意事项**

（1）不能与碱性药物混用。

（2）使用浓度过高时，对高粱、瓜类、豇豆、樱桃、梨和苹果的有些品种，番茄幼苗会发生药害，使用时要控制药液浓度。

（3）马拉硫磷与异稻瘟净（稻瘟净）混用，会增加对人、畜的毒性，要注意安全使用。

（4）易燃。在运输和贮存过程中注意防火，远离火源。

（5）应在阴凉、干燥、通风处贮存。

**相关复配制剂及应用**

（1）马拉·辛硫磷

**曾用商品名**　马拉·辛硫磷。

**主要活性成分**　马拉硫磷，辛硫磷。

**作用特点**　具有触杀和胃毒作用。兼具马拉硫磷和辛硫磷的特性。

**剂型**　20%乳油。

**应用技术**

① 棉铃虫　用20%乳油150～225g/hm² 兑水均匀喷雾。

② 小麦红蜘蛛　用20%乳油135～180g/hm² 兑水均匀喷雾。

**注意事项**

① 本品见光易分解，保存时需注意。

② 不能与碱性物质混用。

（2）马·唑磷

**曾用商品名**　杀螟晶。

**主要活性成分**　马拉硫磷，三唑磷。

**作用特点**　具有强烈的触杀和胃毒作用，渗透性强，无内吸作用。

**剂型**　25%乳油。

**应用技术**　二化螟、稻纵卷叶螟，用25%乳油281.25～375g/hm² 兑水均匀喷雾。

**注意事项**　本品为高毒农药，使用时需注意。

## 杀螟腈 （cyanophos）

C₉H₁₀NO₃PS，243.13，2636-26-2

**化学名称**　*O*,*O*-二甲基-*O*-（4-氰基苯基）硫代磷酸酯

**其他名称**　Cyanox

**理化性质**　外观为黄色透明油状液体。纯品熔点14～15℃，相对密度1.260（25℃），在30℃时，水中溶解度为46mg/L，可

溶于苯、氯仿、丙酮、甲醇、乙醇、环己醇等多种有机溶剂，可与大多数农药混用。对碱性水解的稳定性是甲基对硫磷的 2 倍，在 40% 碱液中 106min 后才分解。

**毒性**　急性经口 $LD_{50}$（mg/kg）：610（大鼠），860（小鼠）；急性经皮 $LD_{50}$（mg/kg）：800（大鼠）；鲤鱼 $LC_{50}$ 5mg/L（48h），金鱼 6mg/L（$LC_{50}$）、24h 无死亡。

**作用特点**　胆碱酯酶抑制剂。杀螟腈为广谱性杀虫剂，具有触杀和胃毒作用，对水稻、三麦、果树、蔬菜、茶等作物上的鳞翅目、鞘翅目及半翅目害虫均有较强的活性。

**适宜作物**　蔬菜、果树、小麦、水稻、茶树等。

**防除对象**　水稻害虫如三化螟、二化螟、大螟、纵卷叶螟、稻飞虱和稻叶蝉等；蔬菜害虫如菜蚜、菜螟、菜青虫、黄条跳甲、斜纹夜蛾及小地老虎等；果树害虫如蚜虫、红蜘蛛、卷叶蛾、粉蚧、网椿象、粉虱等。

**应用技术**　以 50% 杀螟腈乳油、2% 杀螟腈粉剂为例。

（1）防治水稻害虫

① 三化螟、二化螟和大螟　a. 在螟卵孵化盛期，用 50% 杀螟腈乳油 1500mL/$hm^2$ 兑水均匀喷雾，或用 50% 杀螟腈乳油 1500mL/$hm^2$ 兑水泼浇。b. 用 2% 杀螟腈粉 22.5～30kg/$hm^2$，兑细土 250kg，撒毒土。

② 稻纵卷叶螟　用 50% 杀螟腈乳油 1125～1500mL/$hm^2$，兑水作常量喷雾或低容量喷雾。

③ 稻飞虱、稻叶蝉　a. 用 50% 杀螟腈乳油 1500mL/$hm^2$ 兑水均匀喷雾。b. 用 2% 杀螟腈粉剂 30～37.5kg/$hm^2$，用机动弥雾机喷粉。

（2）防治小麦害虫　黏虫。

① 用 50% 杀螟腈乳油 1000 倍液，作常量喷雾。

② 用 2% 杀螟腈粉剂 30～37.5kg/$hm^2$，用机动弥雾机喷粉。

（3）防治蔬菜害虫

① 菜蚜、菜螟、菜青虫　用 50% 杀螟腈乳油 750～1150mL/$hm^2$，兑水作常量喷雾或低容量喷雾。

② 斜纹夜蛾　在幼虫三龄前，用 50％杀螟腈乳油 1150～1500mL/hm²，兑水作常量喷雾。

③ 小地老虎　用 50％杀螟腈乳油 750mL/hm² 兑水 150kg，拌和切碎的菜叶、青菜，在傍晚时撒在田间诱杀。

（4）防治果树害虫　蚜虫、红叶螨、卷叶蛾、粉蚧、网椿象、粉虱，用 50％杀螟腈乳油 800～1000 倍液均匀喷雾。

**混用**　杀螟腈＋氰戊菊酯乳油，对蔬菜、果树、甘蔗、茶叶、烟叶等作物害虫的防治有显著效果。

**注意事项**

（1）贮存杀螟腈时，应放在干燥场所，防止受潮和日晒。

（2）对瓜类易产生药害，不宜使用。

（3）施药时注意安全防护。

（4）不能与碱性药物混用。

（5）食用作物收获前 14d 停止使用。

（6）应贮存于阴凉、通风的库房，远离火种、热源，防止阳光直射，保持容器密封。

## 稻丰散　（phenthoate）

$C_{12}H_{17}O_4PS_2$，320.4，2597-03-7

**化学名称**　$O,O$-二甲基-$S$-（乙氧基羰基苄基）二硫代磷酸酯

**其他名称**　益尔散、爱乐散、甲基乙酯磷、Aimsan、Cidial、Elsan、Tanome、Popthion、Bayer 33051

**理化性质**　纯品为白色结晶，具芳香味，相对密度 1.226（20℃），易溶于丙酮、苯等多种有机溶剂，在水中溶解度为 11mg/L，工业品为黄褐色芳香味液体，在酸性与中性介质中稳定，碱性条件下易水解。

**毒性**　原药急性经口 $LD_{50}$（mg/kg）：300～400（大鼠）、90～160（小鼠）；动物两年喂养试验无作用剂量为每天

1.72mg/kg。动物试验未见致畸、致癌变作用。对蜜蜂有毒。

**作用特点**　抑制昆虫体内的乙酰胆碱酯酶。具有触杀和胃毒作用，对酸性较稳定。其乳油在一般条件下可保存 3 年以上，但遇碱性物质可分解。

**适宜作物**　蔬菜、果树、水稻、棉花、小麦、大豆、茶树等。

**防除对象**　水稻害虫如二化螟、三化螟、稻纵卷叶螟、稻黑尾叶蝉、稻飞虱等；棉花害虫如蚜虫、棉蓟马、红蜘蛛、棉盲椿象等；小麦害虫如蚜虫、黏虫、麦叶蜂等；油料及经济作物害虫如大豆食心虫、豆荚螟等；蔬菜害虫如蚜虫、红蜘蛛、菜青虫、菜螟、甘蓝夜蛾、芫菁夜蛾、白粉虱、蓟马、小菜蛾等；果树害虫如桃小食心虫、梨小食心虫、桃蛀螟、黑刺粉虱、柑橘粉虱、柑橘潜叶蛾、卷叶蛾、梨圆蚧、橘红圆蚧、矢尖蚧、橘粉蚧、橘茶翅蝽、茶黄蓟马等；茶树害虫如茶毛虫、白粉虱、茶小卷叶蛾等。

**应用技术**　以 40％、50％、60％稻丰散乳油为例。

（1）防治水稻害虫

① 二化螟　a. 在卵孵高峰前 1～3d，用 50％稻丰散乳油 1500～3000mL/hm$^2$ 兑水 900～1050kg 均匀喷雾。可兼治稻飞虱、稻叶蝉和负泥虫。b. 用 60％稻丰散乳油 540～900g/hm$^2$，兑水常量喷雾或低容量喷雾。

② 稻纵卷叶螟　a. 在幼虫二龄盛期时施药，用 50％稻丰散乳油 1125～1500mL/hm$^2$，兑水常量喷雾或低容量喷雾。b. 用 60％稻丰散乳油 540～900mL/hm$^2$，兑水常量喷雾或低容量喷雾。c. 用 40％稻丰散乳油 900～1050mL/hm$^2$，兑水常量喷雾或低容量喷雾。

③ 三化螟　在卵孵高峰前 1～3d，用 50％稻丰散乳油 1500～3000mL/hm$^2$ 兑水 900～1050kg 均匀喷雾。可兼治稻飞虱、稻叶蝉和负泥虫。

④ 黑尾叶蝉　用 50％乳油 750mL/hm$^2$ 兑水均匀喷雾。

⑤ 稻飞虱　a. 在二龄、三龄若虫高峰期，用 50％稻丰散乳油 1500～1875mL/hm$^2$ 兑水喷雾或泼浇。b. 用 40％稻丰散乳油 900～1050mL/hm$^2$，兑水常量喷雾或低容量喷雾。

（2）防治小麦害虫　黏虫、麦叶蜂，在幼虫三龄盛期前，用50％稻丰散乳油750～1125mL/hm²兑水均匀喷雾。

（3）防治油料及经济作物害虫　大豆食心虫、豆荚螟，在幼虫侵入豆荚前，用50％稻丰散乳油600～750mL/hm²兑水均匀喷雾。

（4）防治棉花害虫

① 棉铃虫　用50％稻丰散乳油2250～3000mL/hm²兑水900～1050kg均匀喷雾，可兼治棉蚜和其他鳞翅目害虫。

② 蚜虫、棉蓟马、红蜘蛛　用50％稻丰散乳油750mL/hm²兑水均匀喷雾。

（5）防治蔬菜害虫

① 蚜虫、红蜘蛛　用50％稻丰散乳油450～600mL/hm²兑水均匀喷雾。

② 菜青虫、菜螟　成虫产卵高峰后一周左右，幼虫一龄、二龄盛期时，用50％稻丰散600～750mL/hm²兑水均匀喷雾。

③ 小菜蛾　在一龄、二龄幼虫期，用50％稻丰散乳油750～1125mL/hm²兑水均匀喷雾。

（6）防治果树害虫

① 各种介壳虫　用50％稻丰散乳油1000倍液均匀喷雾，可兼治蚜虫、蓟马。

② 卷叶蛾、食心虫、潜叶蛾　用50％稻丰散乳油800倍液均匀喷雾。

③ 刺粉虱、柑橘粉虱、柑橘潜叶蛾、卷叶蛾　用50％稻丰散乳油1000倍液均匀喷雾。

④ 梨圆蚧、橘红圆蚧、褐圆蚧、矢尖蚧、桔粉蚧　用50％稻丰散乳油1000倍液，在蚧类一龄若虫期喷雾，并可兼治橘茶翅蝽、茶黄蓟马、圆蟥等害虫。

（7）防治茶树害虫

① 茶毛虫、白粉虱　在低龄幼虫（或若虫）期，用50％稻丰散乳油1000倍液均匀喷雾。

② 茶小卷叶蛾　在低龄幼虫期，用50％稻丰散乳油1000～1500倍液均匀喷雾。

**混用**

（1）阿维菌素　45％稻丰散＋阿维菌素水乳剂可用于防治稻纵卷叶螟。

（2）毒死蜱　毒死蜱＋稻丰散对稻飞虱等半翅目害虫有明显增效作用。

**注意事项**

（1）对多种茶树和桑树害虫有效，但茶叶采摘前 30d，桑叶采收前 15d 必须停止使用。

（2）对葡萄、桃、苹果和无花果的一些品种容易产生药害，应慎用。

（3）对某些鱼类有毒性，因此施药时应避免污染河水。

（4）不能与碱性农药混用。

（5）应存放于阴凉、干燥、通风处。

## 杀扑磷（methidathion）

$C_6H_{11}N_2O_4PS_3$，302.3，950-37-8

**化学名称**　$O,O$-二甲基-S-（2,3-二氢-5-甲氧基-2-氧代-1,3,4-硫二氮茂-3-基甲基）二硫代磷酸酯

**其他名称**　速扑杀、灭达松、灭大松、速蚧克、甲噻硫磷、Supracide、Ultracide、Ciba-Geigy

**理化性质**　纯品为无色结晶，熔点 39～40℃（1.33Pa），相对密度 1.495（20℃），20℃时溶解度：环己酮 850g/kg。常温贮存两年稳定，弱酸性及中性介质中稳定，碱性条件易水解，不易燃、不易爆。

**毒性**　急性经口 $LD_{50}$（mg/kg）：大白鼠 20，小白鼠 25，兔 63，豚鼠 25，仓鼠 30，鸡 80。急性经皮 $LD_{50}$（mg/kg）：大白鼠 150，兔 375。两年饲养无作用水平大白鼠为 0.2mg/kg，猴为 0.25mg/kg，鲤鱼 TLm（48h）$2.5 \times 10^{-6}$，水蚤 $LC_{50}$（3h）$0.007 \times 10^{-6}$。ADI：0.005mg/kg。日本果实和蔬菜允许残留量

$0.2 \times 10^{-6}$。

**作用特点**　杀扑磷是一种广谱性杀虫剂，具有触杀、胃毒和渗透作用，能渗入植物组织内，对咀嚼式和刺吸式口器害虫均有杀灭效力，尤其对介壳虫有特效，对螨类有一定的抑制作用。残效期$10 \sim 20d$。

**适宜作物**　果树、棉花、茶树、蔬菜等。

**防除对象**　棉花害虫如棉红铃虫、棉铃虫、金刚钻、蚜虫、红蜘蛛、棉盲蝽、叶蝉、棉花象鼻虫等；果树害虫如红肾圆盾蚧、褐圆盾蚧、紫牡蛎盾蚧、矢尖蚧、长尾粉蚧、橘蚜、苹果潜叶蛾、梨小食心虫、苹果棉蚜、梨实蜂、苹果红蜘蛛、梨圆蚧、葡萄小卷叶蛾、虎蛾、长须卷叶蛾、葡萄红叶螨、锈螨、小绿叶蝉、酒花疣蚜等。

**应用技术**　以40%杀扑磷乳油、32%杀扑磷微囊悬浮剂为例。

（1）防治棉花害虫

① 棉蚜、棉叶蝉、棉盲蝽　用40%杀扑磷乳油$450 \sim 900mL/hm^2$兑水均匀喷雾。

② 棉铃虫、棉红铃虫　用40%杀扑磷乳油$1500 \sim 3000mL/hm^2$兑水均匀喷雾。

③ 棉花象鼻虫　用40%杀扑磷乳油$3000mL/hm^2$兑水均匀喷雾。

（2）防治果树害虫

① 柑橘介壳虫　a. 用40%杀扑磷乳油$800 \sim 1000$倍液均匀喷雾，间隔20d再喷药1次。对若蚧用$1000 \sim 3000$倍液即可。b. 用32%杀扑磷微囊悬浮剂$350 \sim 437.5mg/hm^2$兑水均匀喷雾。

② 柑橘潜叶蛾、柑橘粉虱、橘蚜　用40%杀扑磷乳油$1000 \sim 1500$倍液均匀喷雾。

③ 苹果潜叶蛾、梨小食心虫、各种卷叶蛾　用40%杀扑磷乳油700倍液均匀喷雾。

④ 苹果蠹蛾、巢蛾、苹果绵蚜、梨实蜂　用40%杀扑磷$700 \sim 1400$倍液均匀喷雾。

⑤ 苹果红蜘蛛　在苹果树开花前后，用40%杀扑磷乳油

2000～3000 倍液均匀喷雾。

⑥ 牡蛎介壳虫、梨圆蚧　在若虫盛孵末期到二龄若虫期，用40％杀扑磷乳油 700～1000 倍液均匀喷雾。

⑦ 葡萄小卷叶蛾、虎蛾、长须卷叶蛾　在成虫羽化盛期到产卵盛期，用40％杀扑磷乳油 1000～1500mL/hm² 兑水均匀喷雾。

⑧ 葡萄红叶螨、锈螨、褐介壳虫、球蜡蚧、粉蚧、小绿叶蝉　用40％杀扑磷乳油 700～1000 倍液均匀喷雾。

（3）防治酒花害虫　酒花疣蚜，当每叶有蚜虫 20 头时开始施药。酒花蔓高 1.2～2.7m 时，用40％杀扑磷乳油 1250mL/hm² 兑水 500～1000L 均匀喷雾；酒花蔓高 2.7～4.2m 时，用40％杀扑磷乳油 1650mL/hm² 兑水 660～1350L 均匀喷雾；蔓高大于 4.2m 时，用40％杀扑磷乳油 2500mL/hm² 兑水 1000～1500L 均匀喷雾。可兼治红叶螨及其他害虫。

**混用**

（1）40％杀扑磷乳油 1：1000、40％毒死蜱乳油 1：1000 和40％氧乐果乳油 1：500 混合对防治松突圆蚧有增效作用。

（2）噻唑酮　噻唑酮＋杀扑磷用于刺吸式口器害虫的防治。

**注意事项**

（1）杀扑磷为高毒农药，应按我国"农药安全使用规定"的有关要求执行。

（2）对核果类应避免在开花后期施用，在果园中喷药浓度不可太高，否则会引起褐色叶斑。

（3）不可与碱性农药混用。

（4）采用棕色螺口小玻璃瓶包装，冷藏、避光、干燥条件下保存。

## 亚胺硫磷 （phosmet）

$C_{11}H_{12}NO_4PS_2$，317.3，732-11-6

**化学名称**  *O*，*O*-二甲基-*S*-酞酰亚氨基甲基二硫代磷酸酯

**其他名称**  亚氨硫磷、酞胺硫磷、亚胺磷、Appa、Fosdan、Prolate、Ineovat、Imidan、phthalophos

**理化性质**  纯品为白色无臭结晶；工业品为淡黄色固体，有特殊刺激性气味。熔点 72.5℃。25℃在有机溶剂中：丙酮 650g/L，苯 600g/L，甲苯 300g/L，二甲苯 250g/L，甲醇 50g/L，煤油 5g/L；在水中溶解度为 22mg/L。遇碱和高温易水解，有轻微腐蚀性。

**毒性**  急性经口 $LD_{50}$（mg/kg）：147（大鼠），34（鼷鼠），45（小鼠）。急性经皮 $LD_{50}$（mg/kg）：＞3160（兔），＞1000（小鼠）。大鼠及狗慢性无作用剂量为 45mg/kg。对鱼类中等毒性，鲤鱼 $LC_{50}$ 5.3mg/L。蜜蜂 $LD_{50}$ 0.0181mg/只。

**作用特点**  抑制昆虫体内的胆碱酯酶。亚胺硫磷为广谱性杀虫剂，具有触杀和胃毒作用。残效期较长。

**适宜作物**  水稻、棉花、玉米、果树、蔬菜等。

**防除对象**  水稻害虫如稻纵卷叶螟、二化螟、褐飞虱、稻蓟马等；棉花害虫如蚜虫、棉红蜘蛛、棉铃虫、棉盲椿象、棉小造桥虫等；果树害虫如红蜘蛛、柑橘褐圆蚧、康片蚧、矢尖蚧、黑点蚧、天幕毛虫、苹果小卷叶蛾、褐卷叶蛾等；蔬菜害虫如蚜虫、菜青虫、小菜蛾等。

**应用技术**  以 20％、25％亚胺硫磷乳油为例。

（1）**防治水稻害虫**

① **稻纵卷叶螟**  在幼虫一龄、二龄高峰期，用 25％亚胺硫磷乳油 2250～3000mL/hm² ，兑水常量喷雾或低容量喷雾。

② **二化螟**  在二化螟幼虫盛孵后 3d，用 25％亚胺硫磷乳油 3000mL/hm² 兑水均匀喷雾。

③ **稻褐飞虱**  在二龄、三龄若虫盛期，用 2250～3000mL/hm² 兑水均匀喷雾或泼浇。

④ **稻蓟马**  在若虫盛孵期施药，用 2250mL/hm² ，兑水低容量喷雾或常量喷雾。

（2）**防治棉花害虫**

① **蚜虫**  苗期蚜虫，用 25％亚胺硫磷乳油 750～1000mL/hm² ，

兑水常量喷雾或低容量喷雾。伏蚜，药量要增加到 1100～1500mL/hm²。

② 棉铃虫　在幼虫孵化高峰期施药，用 25％亚胺硫磷乳油 1500mL/hm² 兑水均匀喷雾。

③ 棉红蜘蛛　a. 在零星发生阶段，用 25％亚胺硫磷乳油 1500mL/hm² 兑水均匀喷雾，或用 25％亚胺硫磷乳油兑水 750～1000 倍，进行挑治。b. 用 20％亚胺硫磷乳油 300～2000 倍液均匀喷雾。

④ 棉红铃虫　成虫羽化盛期和产卵盛期，用 25％亚胺硫磷 1875mL/hm² 兑水均匀喷雾。

⑤ 棉盲蝽　在田间出现新的被害株，百株有盲蝽象低龄若虫 1～2 头时开始喷药，用 25％亚胺硫磷 1500mL/hm²，兑水常量喷雾或低容量喷雾。

⑥ 棉小造桥虫　七八月份百株棉花上中部有三龄前幼虫 100 头时施药，用 25％亚胺硫磷乳油 1500mL/hm² 兑水均匀喷雾。

（3）防治果树害虫

① 红蜘蛛　在六七月份红蜘蛛零星发生阶段，用 25％亚胺硫磷 1000 倍液均匀喷雾。

② 天幕毛虫、苹果小卷叶蛾、褐卷叶蛾　在幼虫一龄、二龄盛期，用 25％亚胺硫磷 500～600 倍液均匀喷雾。

（4）防治蔬菜害虫

① 蚜虫　用 25％亚胺硫磷乳油 500～750mL/hm² 兑水均匀喷雾。

② 菜青虫、小菜蛾　在低龄幼虫期，用 25％亚胺硫磷乳油 900～1125mL/hm² 兑水均匀喷雾。

③ 小地老虎　在幼虫三龄盛期前，用 25％亚胺硫磷乳油 250 倍液灌根。

**混用**　氯虫苯甲酰胺　氯虫苯甲酰胺＋亚胺硫磷能够延缓棉花和水稻害虫的抗性。

**注意事项**

（1）在蔬菜、果树、水稻上的安全间隔期为 10d。

（2）25％亚胺硫磷乳油在贮藏时遇低温有结晶析出，使用时可在 50℃左右温水中加温，使其溶解后再用。

（3）应于密封、低温、干燥条件下保存。

## 甲基异柳膦 （isofenphos-methyl）

$C_{14}H_{22}NO_4PS$，331.371，99675-03-3

**化学名称** $O$-（甲氧基-$N$-异丙基氨基硫代磷酰基）水杨酸异丙酯

**其他名称** 甲基异柳磷胶、异柳磷 1 号

**理化性质** 纯品为淡黄色油状液体，折射率 1.521。工业品原油为略带茶色的油状液体。易溶于芳烃、醚类、酯类等有机溶剂，难溶于水。遇强碱易分解，光和热能加速其分解。

**毒性** 甲基异柳磷属于高毒有机磷农药。该农药对皮肤和眼睛无刺激性，对大白鼠急性经口 $LD_{50}$ （mg/kg） 为 21.52 （雄），19.18 （雌）；急性经皮 $LD_{50}$ （mg/kg） 为 76.72 （雄），71.13 （雌）。大白鼠 105d 亚慢性毒性试验表明，最大无作用剂量（mg/kg） 为 0.021 （雄）、0.019 （雌），在剂量高达 （mg/kg） 2.15 （雄）、1.92 （雌） 时，对生长发育、肝、肾功能均未见损害作用。当摄入量为 2.15mg/kg，喂养 7 个月时，未见明显致突变作用。三代繁殖试验表明，摄入量在 0.0027～0.080mg/kg 范围内，对大白鼠繁殖生育及生长均无明显影响。

**作用特点** 甲基异柳磷是一种新型土壤杀虫剂，具有触杀、胃毒作用。杀虫谱广，残效期长，对地下害虫的防效与辛硫磷相近。

**适宜作物** 小麦、玉米、大豆、花生、果树等。

**防除对象** 小麦、玉米、大豆、花生、果树等地下害虫，如蛴螬、蝼蛄、金针虫等；小麦害虫如吸浆虫等；玉米害虫如黏虫等；果树害虫如桃小食心虫等；此外对地瓜茎线虫、花生根结线虫、大豆孢囊线虫等也有较好的防治效果。

应用技术　以 2.5％甲基异柳磷颗粒剂、40％甲基异柳磷乳油为例。

（1）防治小麦害虫

① 吸浆虫　用 2.5％甲基异柳磷颗粒剂 $495 \sim 750g/hm^2$，做土壤处理。

② 地下害虫　用 40％甲基异柳磷乳油 40g/100kg 种子，拌种。

（2）防治杂粮及经济作物害虫、线虫

① 蔗龟　用 2.5％甲基异柳磷颗粒剂 $1875g/hm^2$，苗期或中期沟施。

② 花生蛴螬　用 40％甲基异柳磷乳油 $1500g/hm^2$，沟施花生墩旁。

③ 甘薯蛴螬　用 40％甲基异柳磷乳油 $600g/hm^2$，作毒饵。

④ 甘薯茎线虫　用 40％甲基异柳磷乳油 $1500 \sim 3000g/hm^2$ 拌土条施或沟施。

（3）防治杂粮害虫

① 玉米地下害虫　用 40％甲基异柳磷乳油 1000 倍液拌种。

② 高粱地下害虫　用 40％甲基异柳磷乳油 2000 倍液拌种。

注意事项

（1）甲基异柳磷只能用于拌种或土壤处理，不能用于防治蔬菜害虫和进行果树叶面喷雾。

（2）拌药的种子最好机播，如用手接触则必须戴胶皮手套。

（3）严禁在施药区放牲畜，以免引起中毒。

（4）应保存在干燥、避光和通风良好的条件下。

## 伏杀硫磷 （phosalone）

$C_{12}H_{15}ClNO_4PS_2$，367.8，2310-17-0

化学名称　$O,O$-二乙基-S-(6-氯-2-氧苯噁唑啉-3-基-甲基）二硫代磷酸酯

**其他名称**　伏杀磷、佐罗纳、Embacide、Rubitox、Zolone、Azofene

**理化性质**　纯品为白色结晶，带大蒜味。熔点 48℃，挥发性小，空气中饱和浓度小于 0.01mg/m³（24℃），约 0.02mg/m³（40℃），约 0.1mg/m³（50℃），约 0.3mg/m³（60℃）。易溶于丙酮、乙腈、苯乙酮、苯、氯仿、环己酮、二噁烷、乙酸乙酯、二氯乙烷、甲乙酮、甲苯、二甲苯等有机溶剂。可溶于甲醇、乙醇，溶解度 20%。不溶于水，溶解度约 0.1%。性质稳定，常温可贮存两年或 50℃贮存 30d 无明显失效，无腐蚀性。

**毒性**　急性经口 $LD_{50}$（mg/kg）：雄性大鼠 120，雌性大鼠 135～170，豚鼠 150；雌性大鼠急性经皮 $LD_{50}$ 1500mg/kg。大鼠和狗两年饲喂试验无作用剂量分别为 2.5mg/kg 和 10.0mg/kg。动物试验未见致癌、致畸、致突变作用。虹鳟鱼 $LC_{50}$ 0.3mg/L，鲤鱼 $LC_{50}$ 1.2mg/L（48h）。野鸡急性经口 $LD_{50}$ 290mg/kg，对蜜蜂中等毒性。

**作用特点**　抑制昆虫体内胆碱酯酶。伏杀硫磷是一种广谱性杀虫、杀螨剂。对作物有渗透性，但无内吸传导作用，对害虫以触杀和胃毒作用为主。该药药效发挥速度较慢，在植物上持效约 14d，随后代谢成为可迅速水解的硫代磷酸酯。

**适宜作物**　蔬菜、果树、棉花、水稻、大豆、玉米、小麦、花卉、茶树等。

**防除对象**　棉花害虫如棉蚜、棉盲蝽、棉红蜘蛛、棉铃虫、棉红铃虫等；小麦害虫如黏虫、麦蚜等；水稻害虫如稻纵卷叶螟、稻苞虫等；蔬菜害虫如菜蚜、菜青虫、豆野螟、叶螨、小菜蛾、黄条跳甲、猿叶虫等；茶树害虫如茶尺蠖、茶刺蛾、茶毛虫、茶橙瘿螨、茶短须螨；果树害虫如柑橘潜叶蛾、桃小食心虫、蚜虫、红叶螨、苹果蠹蛾、卷叶蛾、果实蝇、梨小食心虫、梨黄木虱等；花卉害虫如蚜虫、叶螨、尺蠖、卷叶蛾、袋蛾等。

**应用技术**　以 35%伏杀硫磷乳油、95%伏杀硫磷原药为例。

（1）防治棉花害虫

① 棉蚜　用 35%伏杀硫磷乳油 1500～2250mL/hm² 兑水

750～1125kg 均匀喷雾。

② 棉铃虫、棉红铃虫　在二代、三代卵孵盛期用药，用 35％伏杀硫磷乳油 3000～3750mL/hm² 兑水 1125～1500kg 常规喷雾。

③ 棉盲蝽　用 35％伏杀硫磷乳油 3000～3750mL/hm² 兑水 1125～1500kg 均匀喷雾。

④ 棉红蜘蛛　在 6 月底以前开始扩散时，用 35％伏杀硫磷乳油 3000～3750mL/hm² 兑水 750～1125kg 均匀喷雾。

（2）防治小麦害虫

① 黏虫　在二龄、三龄幼虫盛发期，用 35％伏杀硫磷乳油 1500～2250mL/hm² 兑水 750～1125kg 均匀喷雾。

② 麦蚜　在小麦孕穗期，当虫茎率达到 30％、百茎虫量在 150 头以上时，用 35％伏杀硫磷乳油 1500～2250mL/hm² 兑水 750～1125kg 均匀喷雾。

（3）防治水稻害虫　稻纵卷叶螟、稻苞虫，在幼虫二龄盛期，用 35％伏杀磷乳油 1500～2250mL/hm²，兑水常量喷雾，药效期可达 2 周左右。

（4）防治蔬菜害虫

① 菜蚜　用 35％伏杀硫磷乳油 1500～1800mL/hm² 兑水 900～1350kg 均匀喷雾。

② 小菜蛾　在 1～2 龄幼虫盛发期，用 35％伏杀硫磷乳油 1800～2700mL/hm² 兑水 750～1125kg，在叶背和叶面均匀喷雾。可兼治菜青虫。

③ 豆野螟　在豇豆、菜豆开花初盛期，害虫卵孵盛期，幼虫钻蛀荚之前，用 35％伏杀硫磷乳油 1500～2250mL/hm² 兑水 750～1125kg 均匀喷雾。可兼治叶螨。

（5）防治茶树害虫

① 茶尺蠖、茶刺蛾、茶毛虫　在 2～3 龄幼虫盛期喷药，用 35％伏杀硫磷乳油 1000～1400 倍液均匀喷雾。可兼治叶蝉。

② 茶橙瘿螨、茶短须螨　在茶叶非采摘期，螨量出现高峰时，用 35％伏杀硫磷乳油 700～800 倍液均匀喷雾。

（6）防治果树害虫

① 柑橘潜叶蛾　在橘树放梢初期，嫩芽长至 2～3mm 或抽出嫩芽率达到 50％时，用 35％伏杀硫磷乳油 1000～1400 倍液均匀喷雾。

② 桃小食心虫　在卵果率 0.5％～1％、初龄幼虫蛀果之前，用 35％伏杀硫磷乳油 700～800 倍液均匀喷雾。

（7）防治花卉害虫　蚜虫、叶螨、尺蠖、卷叶蛾、袋蛾，用 35％伏杀磷乳油 350～500 倍液均匀喷雾。

**注意事项**

（1）施药时期宜较其他有机磷药剂提前 3～5d。

（2）对钻蛀性害虫，宜在幼虫蛀入作物前施药。

（3）不要与碱性农药混用。

（4）喷药要均匀周到。

（5）对鱼、虾等水生动物有高毒，在水稻田使用或水网地区使用，要防止药剂污染鱼塘、河流、池塘及水库等。

（6）在果树和蔬菜上使用，最少应在采收前 1 个月停止使用。

（7）玻璃安瓿瓶包装，冷藏和避光条件下保存。

## 乙酰甲胺磷 （acephate）

$C_4H_{10}NO_3PS$，183.16，30560-19-1

**化学名称**　$O,S$-二甲基-$N$-乙酰基硫代磷酰胺

**其他名称**　高灭磷、杀虫灵、酰胺磷、益士磷、杀虫磷、欧杀松、Aceprate、Ortran、Ortho12420、Torndo、Orthene

**理化性质**　白色针状结晶，熔点 90～91℃，分解温度为 147℃；易溶于水、丙酮、醇等极性溶剂及二氯甲烷、二氯乙烷等氯代烷烃中；低温贮藏比较稳定，酸性、碱性及水介质中均可分解；工业品为白色吸湿性固体，有刺激性臭味。

**毒性**　原药急性经口 $LD_{50}$（mg/kg）：大白鼠 945（雄）、866（雌），小白鼠 361；低剂量饲喂狗、鼠两年，无异常现象；在动物体内解毒很快，对动物无致畸、致突变、致癌作用；对禽类和鱼类

低毒；能很快被植物和土壤分解，所以不会污染环境。

**作用特点**　抑制昆虫体内的乙酰胆碱酯酶。乙酰甲胺磷为内吸杀虫剂，具有胃毒和触杀作用，并可杀卵，有一定的熏蒸作用，是缓效型杀虫剂。在施药后初效作用缓慢，2～3d 效果显著，后效作用强。如果与西维因、乐果等农药混用，有增效作用并可延长持效期。

**适宜作物**　蔬菜、果树、茶树、桑树、烟草、棉花、水稻、小麦、花卉等。

**防除对象**　蔬菜害虫如菜青虫、小菜蛾、斜纹夜蛾等；水稻害虫如稻纵卷叶螟、稻飞虱、二化螟、三化螟、稻叶蝉、稻蓟马等；棉花害虫如蚜虫、红蜘蛛、棉小象甲、棉盲蝽、棉铃虫、棉红铃虫、小造桥虫等；小麦害虫如黏虫、蚜虫、麦叶蜂等；果树害虫如梨小食心虫、桃小食心虫、桃蚜、柑橘矢尖蚧、红蜘蛛、桃蛀螟、苹果小卷叶蛾、苹果黄蚜、苹果瘤蚜等；桑树害虫如桑蓟马、桑粉虱、桑叶螨、桑毛虫等；花卉害虫如蚜虫、红蜘蛛、避债蛾、刺蛾、介壳虫等。油料及经济作物害虫如烟青虫等。

**应用技术**　以 30％、40％乙酰甲胺磷乳油为例。

（1）防治蔬菜害虫

① 菜青虫、小菜蛾　a. 在小菜蛾、菜青虫等鳞翅目幼虫三龄前，用 40％乙酰甲胺磷乳油 1500～2250mL/hm²，兑水常量或低容量喷雾，药效期约 5d，而且对敌百虫产生耐药性的小菜蛾、菜青虫仍有良好的防治效果。b. 在成虫产卵高峰后 1 周或幼虫 2～3 龄期，用 30％乙酰甲胺磷乳油 1500mL/hm² 兑水 600～750kg 均匀喷雾。

② 蔬菜蚜虫　a. 用 40％乙酰甲胺磷乳油 1500mL/hm²，并可兼治各种蔬菜上的蚜虫及螨类，但药效发挥较慢，一般要在施药后 3～4d 才有较好的防效。b. 用 30％乙酰甲胺磷乳油 750～1200mL/hm² 兑水 1125kg 均匀喷雾。

（2）防治水稻害虫　稻纵卷叶螟。

① 用 40％乙酰甲胺磷乳油 1500～1875mL/hm²，兑水常量喷雾，对纵卷叶螟三龄以上的幼虫也有很好的防效，因而可作为漏治田块或错过适期用药田块的补救农药。

② 用30％乙酰甲胺磷乳油1800～3300mL/hm² 兑水 900～1125kg 均匀喷雾。并可兼治飞虱。

（3）防治棉花害虫

① 棉花蚜虫　a. 用30％乙酰甲胺磷乳油1500～2250mL/hm² 兑水 750kg 常量喷雾。b. 用40％乙酰甲胺磷乳油1500～1875mL/hm² 兑水常量喷雾，施药后 2～3d 内防效很慢，施药后 5d 防效可达 90％以上，药效期 7～10d。

② 棉铃虫　a. 在棉铃虫卵孵盛期，用40％乙酰甲胺磷乳油3000～3750mL/hm² 兑水常量喷雾，在施药后 3～7d 内，药效可维持在 70％～80％之间。施药后 7d 防效下降，因此，在棉铃虫卵孵盛期较长的年份，第一次施药后 7d，需进行第 2 次喷药。b. 用30％乙酰甲胺磷乳油1500～2250mL/hm² 兑水 750～1125kg 均匀喷雾。可兼治棉红铃虫与小造桥虫。

（4）防治果树害虫

① 桃小食心虫、梨小食心虫、桃蛀螟　a. 在成虫产卵高峰期，卵果率达到 0.5％～1％时施药，用30％乙酰甲胺磷乳油500～750 倍液均匀喷雾。b. 在产卵盛期后，用40％乙酰甲胺磷乳油400 倍液常量喷雾，药效期 5～7d。

② 柑橘介壳虫　a. 在一龄若虫期施药，用30％乙酰甲胺磷乳油300～600 倍液均匀喷雾。b. 在一龄若虫期用40％乙酰甲胺磷乳油400～600 倍液均匀喷雾。

③ 苹果小卷叶蛾、苹果黄蚜、苹果瘤蚜、各种红蜘蛛　用40％乙酰甲胺磷乳油450 倍液常量喷雾。

（5）防治小麦害虫　黏虫

① 在黏虫三龄盛期前，用40％乙酰甲胺磷乳油1500～1875ml/hm² 兑水常量喷雾，并对小麦上的蚜虫、麦叶蜂等也有兼治效果。

② 在三龄幼虫前用药，用30％乙酰甲胺磷乳油1200～1800mL/hm² 兑水常量喷雾。

（6）防治油料及经济作物害虫　烟青虫。

① 在烟青虫等鳞翅目幼虫三龄前，用40％乙酰甲胺磷乳油

$1500\sim2250mL/hm^2$，兑水常量或低容量喷雾。

②用30％乙酰甲胺磷乳油$3000mL/hm^2$兑水$750\sim1125kg$均匀喷雾。

**注意事项**

（1）不能与碱性农药混用。

（2）不宜在桑、茶树上使用。

（3）易燃，在运输和贮存过程中注意防火，远离火源。

（4）在蔬菜上使用的安全间隔期春夏季为7d，秋冬季为9d。

（5）应存放于棕色小瓶，冷冻、密封保存。

## 水胺硫磷 （isocarbophos）

$C_{11}H_{16}NO_4PS$，289.3，245-61-5

**化学名称** *O*-甲基-*O*-（2-甲酸异丙酯苯基）硫代磷酰胺

**其他名称** 梨星一号、灭蛾净、羟胺磷、Optunal、Bayer 93820

**理化性质** 纯品为无色棱形片状结晶；工业品为浅黄色至茶褐色黏稠油状液体，呈酸性，常温下放置逐渐会有结晶析出。熔点$45\sim46℃$，能溶于乙醚、丙酮、乙酸乙酯、苯、乙醇等有机溶剂，难溶于石油醚，不溶于水。常温下贮存稳定。

**毒性** 大鼠急性经口$LD_{50}$（mg/kg）：雄性25，雌性36；小鼠急性经口$LD_{50}$（mg/kg）：雄性11，雌性13；大鼠急性经皮$LD_{50}$（mg/kg）：雄性197，雌性218。亚急性毒性试验表明，无作用剂量为每天0.3mg/kg。慢性毒性试验表明，无作用剂量为每天$<0.05\sim0.3mg/kg$。未发现致畸、致突变作用。对动物蓄积中毒作用很小。

**作用特点** 水胺硫磷抑制昆虫体内乙酰胆碱酯酶的活性，具有触杀和胃毒作用，是一种广谱性有机磷杀虫、杀螨剂，兼有杀卵作用。在昆虫体内能首先氧化成毒性更大的水胺氧磷。在土壤中持久性差，易于分解。残效期 7～14d。

**适宜作物**　水稻、棉花、果树等。

**防除对象**　水稻害虫如二化螟、三化螟、稻纵卷叶螟、稻蓟马、稻瘿蚊、稻象甲等；棉花害虫如蚜虫、红蜘蛛、棉铃虫、棉红铃虫等；果树害虫如红蜘蛛、梨小食心虫、卷叶蛾、袋蛾、尺蠖、梨木虱等、吹绵蚧、红蜡蚧、矢尖蚧、锈壁虱等。

**应用技术**　以 20％、40％水胺硫磷乳油为例。

（1）防治棉花害虫

① 棉蚜　苗期蚜虫，用 40％水胺硫磷乳油 300～600mL/hm² 兑水 500～600L 均匀喷雾；伏蚜，用 40％水胺硫磷 600～1000mL/hm² 兑水 1000～1200L 均匀喷雾。

② 棉花叶螨、棉蚜　在害虫发生期用 20％水胺硫磷乳油500～1500 倍液均匀喷雾。

③ 棉铃虫、棉红铃虫　a. 在成虫产卵盛期施药，用 40％水胺硫磷乳油 1150～1500mL/hm² 兑水均匀喷雾。b. 在卵孵盛期用 20％水胺硫磷乳油 500～1000 倍液均匀喷雾。

④ 棉花红蜘蛛、棉盲蝽　在棉花红蜘蛛零星发生期，在棉田出现被棉盲蝽新的被害株，百株有若虫 1～2 头时，用 40％水胺硫磷乳油 600～1100mL/hm² 兑水 1000～1200L 均匀喷雾。

（2）防治水稻害虫

① 二化螟、三化螟　a. 在蚁螟孵化高峰前 1～2d 施药，用 40％水胺硫磷乳油 2258～3000mL/hm² 兑水均匀喷雾。b. 用 20％水胺硫磷乳油 400～500 倍液。

② 稻瘿蚊　在成虫高峰期到幼虫盛孵期施药，5～7d 内出现两个高峰的，施药一次；两个高峰间距在 7d 以上的，每个高峰施一次药。用 40％水胺硫磷乳油 2200～3000mL/hm² 兑水均匀喷雾。

（3）防治果树害虫

① 各种介壳虫　在若虫一龄时，用 40％水胺硫磷乳油 500～1000 倍液均匀喷雾。

② 柑橘潜叶蛾　在橘树芽长至 2～3cm 时，或田间 50％枝条抽出嫩芽时，用 40％水胺硫磷乳油 500～1000 倍液均匀喷雾。

③ 各种锈螨、红叶螨 螨类开始大量发生时，用 40％水胺硫磷乳油 1500～2000 倍液均匀喷雾。

**混用**

（1）氰戊菊酯 氰戊菊酯＋水胺硫磷用于防治梨树梨木虱、苹果树红蜘蛛。

（2）哒螨灵 哒螨灵＋水胺硫磷用于防治苹果树、山楂树红蜘蛛。

**注意事项**

（1）不能与碱性农药混合应用。

（2）禁止用于蔬、烟、茶和药用植物上。

（3）对人、畜有高毒，使用时做好防护工作。

（4）在结果的果树上慎用，在果实采收前 1 个月内禁用。

（5）水稻收割前 1 个月内禁止用药。施药后 20d 内不宜放牧。

## 倍硫磷（fenthion）

$C_{10}H_{15}O_3PS_2$，278.3，55-38-9

**化学名称** *O,O*-二甲基-*O*-（3-甲基-4-甲硫苯基）硫代磷酸酯

**其他名称** 百治屠、倍太克斯、芬杀松、拜太斯、番硫磷、Baycid、Baytex、Mercaptophos、Lebaycid、Queletox、Bayer 29493

**理化性质** 纯品倍硫磷为无色油状液体，沸点 87℃/1.333Pa。相对密度 1.250（20℃），易溶于甲醇、乙醇、二甲苯、丙酮、氯化氢、脂肪油等有机溶剂，难溶于石油醚，在水中溶解度为 54～56mg/L。工业品呈棕黄色，带特殊臭味，对光和热比较稳定。在 100℃时，pH＝1.8～5 介质中，水解半衰期为 36h，pH＝11 介质中，水解半衰期为 95min。用过氧化氢或高锰酸钾可使硫醚链氧化，生成相应的亚砜和砜类化合物。

**毒性** 大鼠急性经口 $LD_{50}$（mg/kg）：215（雄），245（雌）。大鼠急性经皮 $LD_{50}$ 330～500mg/kg。大鼠 60d 饲喂试验最大允许

剂量为 10mg/kg，用 50mg/kg 剂量喂狗 1 年，其体重和摄食量无影响。对鱼 $LC_{50}$ 约 1mg/L（48h）。

**作用特点**　抑制乙酰胆碱酯酶。倍硫磷是一种广谱杀虫剂，具有触杀和内吸作用，残效期长。对作物有一定的渗透作用，在植物体内氧化成亚砜和砜，具有较高的杀虫活性。

**适宜作物**　蔬菜、果树、棉花、水稻、大豆、花生等。

**防除对象**　蔬菜害虫如菜青虫、菜蚜等；水稻害虫如稻飞虱、二化螟、三化螟、稻叶蝉等；棉花害虫如棉蚜、棉红蜘蛛、棉铃虫、棉红铃虫等；果树害虫如桃小食心虫等；油料及经济作物害虫如大豆食心虫等。

**应用技术**　以 50％倍硫磷乳油为例。

（1）防治水稻害虫　稻飞虱、二化螟、三化螟、稻叶蝉。

① 用 50％倍硫磷乳油 75～150mL/hm²，加细土 75～150kg 制成毒土撒施。

② 用 50％倍硫磷乳油 75～150mL/hm² 兑水 50～100L 均匀喷雾。

（2）防治棉花害虫　棉蚜、棉红蜘蛛、棉铃虫、棉红铃虫，用 50％倍硫磷乳油 50～100mL/hm² 兑水 75～100L 均匀喷雾。

（3）防治蔬菜害虫　菜青虫、菜蚜，用 50％倍硫磷乳油 50mL/hm²，加细土 30～50L 喷雾。

（4）防治果树害虫　桃小食心虫，用 50％倍硫磷乳油 1000～2000 倍液均匀喷雾。

（5）防治油料及经济作物害虫　大豆食心虫，用 50％倍硫磷乳油 50～150mL/hm² 兑水 30～50L 均匀喷雾。

**注意事项**

（1）不能与碱性农药混合应用。

（2）远离火种、热源。

（3）对鱼类、蜜蜂高毒，要防止药剂污染鱼塘、河流、养蜂场等。

（4）对许多害虫的天敌毒力较大，施药期应避开天敌大发生期。

（5）玻璃安瓿瓶包装，冷藏、避光、通风保存，避免日光直晒，已经打开应立即使用，不可再次密封保存使用。

## 乐果 （dimethoate）

$$C_5H_{12}NO_3PS_2，229.28，60-51-5$$

**化学名称**　$O,O$-二甲基-$S$-($N$-甲基氨基甲酰甲基）二硫代磷酸酯

**其他名称**　乐戈、绿乐、齐胜、乐意、Rogor、Cygon、Dantox、Fosfamid、Rexion

**理化性质**　无色结晶，熔点 51～52℃；含量在 95% 以上的工业品为白色结晶固体，略带硫醇气味，熔点 43～46℃。乐果能溶解于多种有机溶剂，如乙醇＞300g/kg（20℃）、甲苯＞300g/kg（20℃）、苯、氯仿、四氯化碳、饱和烃、醚类等；在酸性介质中较稳定，在碱性介质中迅速分解；受氧化剂作用或在生物体内代谢后能生成氧乐果，在金属离子（$Fe^{2+}$、$Cu^{2+}$、$Zn^{2+}$ 等）存在下，氧化作用更容易进行；对日光稳定，受热分解成 $O,S$-二甲基类似物。

**毒性**　原药 $LD_{50}$（mg/kg）：大鼠急性经口 320～380，小鼠经皮 700～1150。

**作用特点**　抑制乙酰胆碱酯酶，阻碍神经传导导致害虫死亡。乐果是内吸性有机磷杀虫和杀螨剂，杀虫范围广，对害虫和害螨有强烈的触杀和一定的胃毒作用。进入虫体后首先被氧化成毒性更强的氧乐果，发挥毒杀作用。适用于防治多种作物上的刺吸式口器害虫，如蚜虫、叶蝉、粉虱、潜叶性害虫及某些蚧类，对螨类也有一定的防效。

**适宜作物**　蔬菜、果树、棉花、水稻、茶树、花卉等。

**防除对象**　蔬菜害虫如菜蚜、茄子叶螨、葱蓟马、豌豆潜叶蝇等；果树害虫如苹果叶蝉、梨星毛虫、木虱等；棉花害虫如棉蚜、棉蓟马等；水稻害虫如飞虱、叶蝉、蓟马等；油料及经济作物害虫如烟蚜、烟蓟马、烟青虫等；茶树害虫如茶橙瘿螨、茶绿叶蝉等；

花卉害虫如介壳虫、刺蛾、蚜虫、瘿螨、木虱、实蝇等。

**应用技术** 以 40%、50%乐果乳油为例。

（1）防治棉花害虫

① 棉蚜 应在平均有蚜株率达到 30%，平均单株蚜数近 10 头或卷叶株率达到 5%时用药。用 50%乐果乳油 40mL 兑水 60kg 均匀喷雾。

② 棉蓟马 在棉田 4～6 片真叶时，百株有虫达到 15～30 头时用药。用 50%乐果乳油 40mL 兑水 60kg 均匀喷雾。

（2）防治水稻害虫 灰飞虱、白背飞虱、褐飞虱、叶蝉、蓟马，用 40%乐果乳油 750～1125mL/hm² 兑水 1125～l500kg 均匀喷雾。加三唑磷的复配制剂，可用于治螟，用量 1125mL/hm² 左右。

（3）防治蔬菜害虫 菜蚜、茄子叶螨、葱蓟马、豌豆潜叶蝇，用 50%乐果乳油 600～750mL/hm² 兑水 900～1500kg 均匀喷雾。

（4）防治油料及经济作物害虫 烟蚜虫、烟蓟马、烟青虫，用 50%乐果乳油 750～900mL/hm² 兑水 900kg 均匀喷雾。

（5）防治果树害虫

① 苹果叶蝉、梨星毛虫、木虱 用 50%乐果乳油 1000～2000 倍液均匀喷雾。

② 柑橘红蜡蚧、柑橘广翅蜡蝉 用 40%乐果乳油 800 倍液均匀喷雾。

（6）防治茶树害虫 茶橙瘿螨、茶绿叶蝉，用 40%乐果乳油 1000～2000 倍液均匀喷雾。

（7）防治花卉害虫 介壳虫、刺蛾、蚜虫，用 40%乐果乳油 2000～3000 倍液均匀喷雾。

（8）防治地下害虫 秋播期蝼蛄、蛴螬等地下害虫，用 40%乐果乳油 50mL 兑水 2～3kg，喷拌麦种 20～30kg，边喷边拌，翻拌均匀后堆闷 3～4h 后播种。

**混用**

（1）乐果与甲胺磷混用 采用 40%乐果乳油与 50%甲胺磷按 1∶1 的比例混合，表现出一定的增效作用，防治对乐果已产生耐药性的棉蚜、棉红蜘蛛等的毒力高于乐果，与甲胺磷相似。

（2）乐果与敌敌畏混用　混配的比例是每公顷使用40％乐果乳油750mL，加80％敌敌畏乳油375mL，对已产生抗性的菜蚜及各种蔬菜上的红蜘蛛也有增效作用。

（3）乐果与拟除虫菊酯类农药混合使用，也表现出较好的增效作用，能有效地防治对乐果产生抗性的蚜虫，并能兼治菜青虫、小菜蛾、棉铃虫、棉红铃虫、盲蝽象等。

**注意事项**

（1）烟草、枣树、桃树、杏树、梅树、橄榄、无花果、柑橘等植物，啤酒花、菊科植物和高粱中有些品种，容易造成药害，先做药害试验，稀释倍数控制在1500倍以下。

（2）乐果对牛、羊的毒性较大，喷过药的绿肥、杂草在1个月内不可喂牛、羊，施过药的田边在7～10d内不能放牧。对家禽胃毒性更大，使用时更要注意。

（3）乐果对蜜蜂高毒，施药应躲过放蜂区。

（4）乐果对人畜的毒性中等，但进入人体的量过大，特别是误服也常造成急性中毒。

（5）乐果不能与碱性药物混用。

（6）联合国粮农组织与世界卫生组织联席会议建议的几种农产品上的最大允许残留量：水果、蔬菜2mg/kg；辣椒、西红柿1mg/kg；草莓1mg/kg。我国农业部规定，乐果在几种作物上的安全间隔期为：茶叶7d；烟草5d；柑桔15d；黄瓜2d；萝卜5d；豆类3～5d；叶菜7d（秋、冬季8d）；三麦10d；桑叶3～4d。

（7）乐果贮藏时也会缓慢分解，存放时，应放在阴凉场所，避免阳光直照和高温。

## 氧乐果 （omethoate）

$C_5H_{12}NO_4PS$，213.2，113-02-6

**化学名称**  O,O-二甲基-S-甲基氨基甲酰甲基硫代磷酸酯

**其他名称**  氧化乐果、华果、克蚧灵、欧灭松、Dimethoxon、Le-mat、Safast

**理化性质**  纯品为无色油状液，沸点135℃（有分解）。相对密度1.32（20℃），折射率$n_D^{20}$1.4987，蒸气压$3.333 \times 10^{-3}$ Pa（20℃）。易溶于水、乙醇、丙酮和烃类，微溶于乙醚，不溶于石油醚。对热不稳定，在中性和偏酸性介质中较稳定，在pH＝7（24℃）时，半衰期为611h，遇碱迅速分解。工业品带黄色。

**毒性**  大鼠急性经口$LD_{50}$为50mg/kg，急性经皮$LD_{50}$为700mg/kg。工业品对大鼠急性经口$LD_{50}$为30～60mg/kg，急性经皮$LD_{50}$为700～1400mg/kg。鲤鱼$LC_{50}$＞500mg/L（96h）。对蜜蜂及瓢虫、食蚜蝇等有毒。

**作用特点**  氧乐果抑制昆虫体内的乙酰胆碱酯酶导致害虫死亡。为高效、广谱性杀虫、杀螨剂，对害虫击倒力快。具有较强的内吸、触杀和一定的胃毒作用。适用于防治多种作物上的刺吸式口器害虫，对抗性蚜虫有很强的毒效，在低温下仍能保持活性，特别适合防治越冬的蚜虫、螨类、木虱和蚧类等。

**适宜作物**  蔬菜、果树、棉花、水稻、小麦、林木、烟草、牧草等。

**防除对象**  棉花害虫如棉蚜、棉蓟马、棉红蜘蛛、棉叶蝉、棉盲蝽等；水稻害虫如飞虱、叶蝉、蓟马等；小麦害虫如麦蚜、小麦吸浆虫、麦蜘蛛、麦水蝇等；杂粮害虫如玉米蚜等；油料及经济作物害虫如甘薯麦蛾、甘薯叶甲等；果树害虫如蚜虫、红蜘蛛、锈壁虱、木虱、介壳虫等。

**应用技术**  以10%、40%氧乐果乳油为例。

（1）防治小麦害虫  蚜虫，用10%氧乐果乳油60～120g/hm²兑水均匀喷雾，或用40%氧乐果乳油81～162g/hm²兑水均匀喷雾。

（2）防治棉花害虫

① 棉蚜  用40%氧乐果乳油108～162g/hm²兑水均匀喷雾。

② 棉叶螨  用40%氧乐果乳油375～600g/hm²兑水均匀

喷雾。

（3）防治水稻害虫　飞虱、稻纵卷叶螟，用40％氧乐果乳油375～600g/hm$^2$兑水均匀喷雾。

（4）防治林木害虫　松毛虫、松干蚧，用40％氧乐果乳油500倍液均匀喷雾或直接涂树干。

（5）防治果树害虫　蚜虫、叶螨，用40％氧乐果乳油1500～2000倍液均匀喷雾。

（6）防治蔬菜害虫　菜蚜、红蜘蛛，用40％氧乐果乳油1500～2000倍液均匀喷雾。

（7）防治烟草害虫　烟蚜、烟草蛀茎蛾、烟蓟马、烟青虫，用40％氧乐果乳油1200～2000倍液均匀喷雾。

**注意事项**

（1）氧乐果对作物药害同乐果，使用时务必注意。

（2）对畜、禽毒性较大，使用时要注意。

（3）防治松蚧时，应尽量避免7～8月的高温季节，以免产生药害。

（4）贮藏时应注意防火，应存放在阴凉、避光、通风的场所。

（5）不能与碱性药剂混用。

（6）安全间隔期蔬菜10d，茶叶6d，果树15d。

# 第三章
# 氨基甲酸酯类杀虫剂

## 甲萘威 (carbaryl)

$$C_{12}H_{11}NO_2，201.2，63-25-2$$

**化学名称**　1-萘基-$N$-甲基氨基甲酸酯

**其他名称**　西维因、胺甲萘、Sevin、Bugmaster、Denapon、Dicarbam、Hexavin、Karbaspray、Pantrin、Ravyon、Septen、Sevimol、Tricarnam

**理化性质**　白色晶体，熔点142℃，易溶于丙酮、环己酮、苯、甲苯等大多数有机溶剂，30℃时在水中溶解度为40mg/L；对光、热稳定，遇碱迅速分解。

**毒性**　原药急性$LD_{50}$（mg/kg）：大鼠经口283（雄）、经皮＞4000，家兔经皮＞2000；以200mg/kg剂量饲喂大鼠两年，未发现异常现象；对动物无致畸、致突变、致癌作用；对蜜蜂毒性大。

**作用特点**　抑制害虫体内的乙酰胆碱酯酶。甲萘威为广谱杀虫剂，具有触杀和胃毒作用。对叶蝉、飞虱及一些不易防治的咀嚼式口器害虫（如棉红铃虫）有较好防效。该药毒杀作用慢，可与一些有机磷农药混用，低温防效差。

**适宜作物** 蔬菜、果树、小麦、水稻、甜菜、玉米、棉花、大豆、茶树、桑树等。

**防除对象** 水稻害虫如三化螟、二化螟、稻纵卷叶螟、稻蓟马、稻叶蝉、稻飞虱等；蔬菜害虫如蚜虫、菜青虫、小菜蛾等；棉花害虫如棉铃虫、棉红铃虫、棉蚜、金刚钻、蓟马、棉叶蝉、造桥虫、小地老虎、大地老虎、黄地老虎等；小麦害虫如黏虫、麦叶蜂、小麦吸浆虫等；杂粮害虫如玉米螟、蚜虫、黏虫等；甜菜害虫如甜菜夜蛾等；果树害虫如梨小食心虫、桃小食心虫、梨蚜、枣尺蠖、柑橘潜叶蛾、枣龟蜡蚧、蚜虫、各种刺蛾、卷叶蛾等；茶树害虫如茶小绿叶蝉、茶毛虫等；桑树害虫如桑尺蠖等。

**应用技术** 以25％甲萘威可湿性粉剂为例。

（1）防治棉花害虫

① 棉红铃虫　a. 防治二代棉红铃虫，在成虫产卵始盛期，或100个大青铃上当日有卵40粒左右时，用25％甲萘威可湿性粉剂6.0～7.5kg/hm²，兑水常量喷雾。喷药部位以棉株中下部的青铃为重点，力求喷洒均匀。b. 防治三代棉红铃虫，在二代防治结束后7d，开始调查田间卵量，当田间100个上中部大青铃上当日有卵60粒左右时，用25％甲萘威可湿性粉剂4.5～6.0kg/hm²，兑水常量喷雾，喷药部位应对准中、上部的青铃喷射。三代棉红铃虫的发生期很长，应每隔7d左右喷一次，连续防治2～3次。

② 棉铃虫　在卵孵高峰后，一龄幼虫开始为害时，用25％甲萘威可湿性粉剂4.5～6.0kg/hm²，兑水常量喷雾。

③ 金刚钻、棉田玉米螟　在孵盛期施药，用25％甲萘威可湿性粉剂3.0～4.5kg/hm²，兑水常量喷雾，可兼治棉造桥虫、卷叶虫及棉叶蝉等。

④ 小地老虎、大地老虎、黄地老虎　在棉田或棉花苗床开始出现为害时，用25％甲萘威可湿性粉剂3.75～4.5kg/hm²，兑水常量喷雾。

⑤ 棉叶蝉、棉花蚜虫、棉蓟马　用25％甲萘威可湿性粉剂3.0～4.5kg/hm²，兑水常量喷雾。

（2）防治水稻害虫

① 三化螟、二化螟　在螟卵盛孵期，用25％甲萘威可湿性粉剂3.75～4.50kg/hm$^2$兑水泼浇。

② 稻纵卷叶螟　在幼虫一龄、二龄高峰期施药，用25％甲萘威可湿性粉剂6.0～7.5kg/hm$^2$，兑水常量喷雾。

③ 褐飞虱、白背飞虱　在低龄若虫期施药，用25％甲萘威可湿性粉剂6.0～7.5kg/hm$^2$，兑水常量喷雾。

④ 稻黑尾叶蝉　用25％甲萘威可湿性粉剂1.5～3.0kg/hm$^2$，兑水常量喷雾。

（3）防治蔬菜害虫　菜青虫、小菜蛾，在低龄幼虫期，用25％甲萘威可湿性粉剂3～4kg/hm$^2$，兑水常量喷雾。

（4）防治果树害虫

① 梨小食心虫、桃小食心虫　在成虫产卵期，当有卵果率达到0.5％～1％时，使用25％甲萘威可湿性粉剂400倍液均匀喷雾。以后根据虫情，隔7d再喷一次。

② 柑桔潜叶蛾　在新梢萌发2～3mm时，使用25％甲萘威可湿性粉剂500～700倍液均匀喷雾。

③ 各种刺蛾、卷叶蛾　用25％甲萘威可湿性粉剂200～250倍液均匀喷雾。

④ 各种蚜虫、尺蠖　用25％甲萘威可湿性粉剂400～600倍液均匀喷雾。

（5）防治杂粮害虫

① 玉米螟　a. 用25％甲萘威可湿性粉剂7.5～10kg，拌和30～60号筛目的细土粒或煤矸石125～200kg，配制成颗粒剂，在玉米心叶末期撒施在喇叭口里，每株玉米用1g。b. 用25％甲萘威可湿性粉剂1kg，兑水200～250kg，在玉米心叶末期灌在喇叭口里，每株玉米灌药液10mL。

② 蚜虫　用25％甲萘威可湿性粉剂1.5～3kg/hm$^2$，兑水常量喷雾。

③ 黏虫　在幼虫三龄盛期前，用25％甲萘威可湿性粉剂1.8～2.4kg/hm$^2$，兑水常量喷雾。

**混用**

（1）乐果 25%甲萘威可湿性粉 2.25kg 与 40%乐果 1500mL 混合，兑水均匀喷雾，可防治水稻三化螟，并兼治纵卷叶螟、稻叶蝉及稻蓟马等。

（2）马拉硫磷 甲萘威与马拉硫磷混用，对马拉硫磷产生耐药性的稻叶蝉、稻飞虱有增效作用。

**注意事项**

（1）对益虫杀伤力较强，使用时注意对蜜蜂和天敌的安全防护。

（2）不能防治螨类，使用不当会因杀伤天敌过多而促使螨类盛发。

（3）瓜类对甲萘威敏感，易发生药害。

（4）低温时使用，防治效果较差。

（5）存放时注意防潮，以免结块而失效。

（6）存放于密封、阴凉、干燥处。

## 速灭威 （metolecard）

$C_9H_{11}NO_2$，165.2，1129-41-5

**化学名称** 间甲苯基-$N$-甲基氨基甲酸酯

**其他名称** 治灭虱、MTMC、Tsumacide、Metacrate、Kumiai

**理化性质** 白色晶体，熔点 76～77℃，溶于丙酮、乙醇、氯仿等多种有机溶剂，难溶于水；遇碱迅速分解，受热时有少量分解，分解速率随温度上升而增加。

**毒性** 原药急性 $LD_{50}$（mg/kg）：小白鼠经口 268，大鼠经口 498～580，大鼠经皮 2000。对蜜蜂有毒。

**作用特点** 速灭威为速效性的低毒杀虫剂，具有触杀和熏蒸作用，击倒力强，持效期短，一般只有 3～4d，对稻飞虱、稻叶蝉和稻蓟马，以及茶小绿叶蝉等有特效。对稻田蚂蟥有良好地杀伤作用。

**适宜作物** 水稻、棉花、果树、茶树等。

**防除对象** 水稻害虫如叶蝉、飞虱、蓟马、稻纵卷叶螟等；棉花害虫如棉叶蝉、棉花蚜虫等；茶树害虫如茶蚜、小绿叶蝉、长白蚧、龟甲蚧、黑粉虱等；果树害虫如柑橘锈壁虱等。

**应用技术** 以25%速灭威可湿性粉剂为例。

（1）防治水稻害虫 稻叶蝉、飞虱。

① 用25%可湿性粉剂1.5～2.25kg/hm$^2$，兑水常量喷雾，对叶蝉、飞虱的成虫、若虫都有良好的防治效果，药效期约3d。用25%可湿性粉剂3kg/hm$^2$，药效期可延长到5d以上。由于速灭威的药效期较短，因此，施药期应选择在大部分卵孵化后。如发生期过长，或世代重叠，应在第一次施药8～10d后再用一次。

② 用25%速灭威可湿性粉剂1.125kg/hm$^2$，加45%马拉硫磷乳油560mL，兑水常量喷雾，可有效地防治对马拉硫磷产生耐药性的叶蝉、飞虱。

（2）防治棉花害虫

① 棉叶蝉 用25%速灭威可湿性粉剂3.0～4.5kg/hm$^2$，兑水常量喷雾。

② 蚜虫 用25%速灭威可湿性粉剂4.8～7.5kg/hm$^2$，兑水常量喷雾。

（3）防治茶树害虫 茶蚜、小绿叶蝉、长白蚧、黑粉虱的一龄若虫，用25%速灭威可湿性粉剂600～800倍液均匀喷雾。

（4）防治果树害虫 柑橘锈壁虱，用25%速灭威可湿性粉剂400倍液均匀喷雾。

**混用**

（1）噻嗪酮 25%速灭威可湿性粉剂与25%噻嗪酮可湿性粉剂混合，兑水常量喷雾，可以增加速效，提高噻嗪酮对飞虱、叶蝉成虫及高龄若虫的杀伤力，而且药效期仍可维持到30d以上。

（2）马拉硫磷 25%速灭威可湿性粉剂与45%马拉硫磷乳油混合，兑水常量喷雾，可有效地防治对马拉硫磷产生耐药性的叶蝉、飞虱。

**注意事项**

（1）不能与碱性农药混用。

（2）对蜜蜂及瓢虫、草蛉等天敌的杀伤力大，不宜在作物花期使用。

（3）在施药前后 10d 内，不能使用敌稗，以防止敌稗引起水稻药害。某些水稻品种如农虎 6 号、虹糯等对速灭威敏感，使用浓度过高会使叶片发黄，甚至变焦，因此用量不宜过高。

（4）茶叶在采收前 10d 内停止用药。

（5）在稻田使用防治稻飞虱，田间应保持水层 2～3d。

（6）存放于阴凉、干燥、通风、防雨处。

## 仲丁威 （fenobucarb）

$C_{12}H_{17}NO_2$，207.27，3766-81-2

**化学名称** 2-仲丁基苯基-$N$-甲基氨基甲酸酯

**其他名称** 丁基灭必虱、Bassa、Osbac、Hopcin、Bayer 41637、Baycarb、Carvil、Brodan、巴沙、扑杀威、丁苯威

**理化性质** 白色结晶，熔点 31～32℃，沸点 106～110℃/1.33Pa；溶解性（20℃）：水 42mg/L，二氯甲烷、异丙醇、甲苯＞200g/L；在弱酸性介质中稳定，在浓酸、强碱性介质中或受热易分解。工业品为淡黄色、有芳香味的油状黏稠液体。

**毒性** 原药急性 $LD_{50}$（mg/kg）：大鼠经口 623（雄）、657（雌）；小鼠经口 182.3（雄）、172.8（雌）；大鼠经皮＞5000。对兔皮肤和眼睛刺激性很小，对鱼低毒。以 100mg/kg 以下剂量饲喂大鼠两年，未发现异常现象。对动物无致畸、致突变、致癌作用。

**作用特点** 通过抑制乙酰胆碱酯酶使害虫中毒死亡。具有强烈

的触杀作用，并具有一定的胃毒、熏蒸和杀卵作用。对飞虱叶螨类有特效，杀虫迅速，但残效期短，只能维持4～5d。

**适宜作物**　水稻、棉花、茶树等。

**防除对象**　水稻害虫如黑尾叶蝉、飞虱、大螟、二化螟、三化螟、稻纵卷叶螟等；棉花害虫如棉叶蝉等；茶树害虫如茶小绿叶蝉等；卫生害虫如蚊、蝇等。

**应用技术**　以25%仲丁威乳油为例。

（1）防治水稻害虫

① 黑尾叶蝉、褐稻虱、白背稻虱、灰稻虱　在二龄、三龄若虫盛期到成虫产卵前，用25%仲丁威乳油1800～3000mL/hm²，兑水针对性喷雾。

② 三化螟、大螟　于卵孵始盛期，用25%仲丁威乳油3000～3750mL/hm²，兑水常量喷雾。

③ 叶蝉　用25%仲丁威乳油1800～8000mL/hm²，兑水常量喷雾。

（2）防治茶树害虫　茶小绿叶蝉，在越冬成虫产卵前，用25%仲丁威乳油500～1000倍液均匀喷雾。

（3）防治卫生害虫　蚊、蝇，用25%仲丁威乳油兑水稀释成1%的溶液，喷1～3mL/m²。

**混用**　用25%仲丁威乳油1200～1500mL/hm²，与噻嗪酮可湿性粉剂375～450g以25∶6混合，兑水均匀喷雾，可增加对褐飞虱的速效性，提高对成虫，高龄若虫的杀伤力，药效期可达一个月以上。

**注意事项**

（1）不能与碱性农药混合使用。

（2）在水稻上使用的前后10d，避免使用除草剂敌稗。

（3）在鱼塘附近使用，防止污染水质。

（4）一季水稻最多使用4次，安全间隔期21d，每次施药间隔7～10d。

（5）对蜜蜂杀伤力强，必须注意。

（6）贮存时不得与碱性物质混放。

# 残杀威（propoxur）

$C_{11}H_{15}NO_3$，209.2，114-26-1

**化学名称**　2-异丙氧基苯基-$N$-甲基氨基甲酸酯

**其他名称**　残杀畏、安丹、残虫畏、Baygon、Blattanex、Suncide、Tendex、Arprocarb、Unden、Bayer 9010、Bayer 39007

**理化性质**　无色结晶，熔点 90.7℃；溶解性（20℃，g/L）：水 1.9，二氯甲烷、异丙醇＞200，甲苯 100；高温及在碱性介质中分解。

**毒性**　原药急性 $LD_{50}$（mg/kg）：大白鼠经口 90～128（雄）、104（雌），小白鼠经口 100～109（雄）；大白鼠经皮＞800～1000；对动物无致畸、致突变、致癌作用；在家庭中使用安全；对蜜蜂高毒。

**作用特点**　主要是通过抑制害虫体内乙酰胆碱酯酶活性，使害虫中毒死亡。残杀威为强触杀能力的非内吸性杀虫剂，具有胃毒、熏杀和快速击倒作用，常用于牲畜体外寄生虫、仓库害虫及蚊、蝇、蜚蠊、蚂蚁、臭虫等害虫防治。

**适宜作物**　蔬菜、水稻、棉花、果树、茶树、桑树等。

**防除对象**　水稻害虫如稻飞虱、稻叶蝉、稻螟、稻纵卷叶螟等；棉花害虫如棉蚜、棉铃虫等；茶树害螨如茶橙瘿螨等；卫生害虫如蚊、蝇、蜚蠊、蚂蚁、臭虫等。

**应用技术**　以 15％、20％残杀威乳油为例。

（1）防治水稻害虫

① 稻叶蝉、稻飞虱　开花前后是防治的关键时期，用 15％残杀威乳油 600～1000 倍液均匀喷雾。

② 稻螟、稻纵卷叶螟　用 15％残杀威乳油 400 倍液均匀喷雾。

（2）防治棉花害虫

① 棉蚜　苗蚜为大面积有蚜株率达 30％，平均单株蚜虫数近 10 只，以及卷叶率不超过 50％，用 20％残杀威乳油 3.75L/hm² 兑水 1500kg 均匀喷雾。

② 棉铃虫　100 株幼虫达到 5 只开始防治，用 20％残杀威乳油 3.75L/hm² 兑水 1500kg 均匀喷雾。

**注意事项**

（1）不能与碱性农药混合使用。

（2）对果树有一定的疏果作用，必须在开花前或开花 6 周后再施药。

（3）对鱼类中等毒性，对蜜蜂高毒。

（4）药剂须存放于阴凉干燥且儿童触及不到的地方。

（5）解毒剂为硫酸阿托品。

# 灭梭威 （methiocarb）

$C_{11}H_{15}NO_2S$，225.31，2032-65-7

**化学名称**　3,5-二甲基-4-甲硫基苯基-$N$-甲基氨基甲酸酯

**其他名称**　灭虫威、甲硫威、灭旱螺、灭赐克、mercaptodim-ethur、mercapturon、Baysol、Draza、Mesurol

**理化性质**　纯品为白色结晶粉末，熔点 121℃；工业品略带气味，熔点 119℃。蒸气压 $1.49 \times 10^{-3}$ Pa。20℃时溶解度：二氯甲烷 50％，异丙醇 8％，甲苯 7％，正己烷 0.2％，水 27mg/L。碱性条件下不稳定。

**毒性**　$LD_{50}$（mg/kg）：大鼠急性经口 100（雄），130（雌）。大鼠急性经皮 350～400（雄），500（雌）。大鼠急性吸入 $LC_{50} >$ 20mg/L。以每天 100mg/kg 剂量喂饲大鼠 20 个月，无不良反应。对蜜蜂有毒。

**作用特点**　本品属广谱性杀虫剂，可防治多种鳞翅目、鞘翅目和半翅目害虫，并可防治蜗牛、蛞蝓等软体动物。具触杀和胃毒作

用，当药剂进入动物体内，可产生抑制胆碱酯酶的作用。杀软体动物主要是胃毒作用。

**适宜作物** 棉花、水稻、蔬菜、果树、花卉等。

**防除对象** 棉花害虫如蚜虫、棉红蜘蛛、棉叶蝉及蓟马等；水稻害虫如稻叶蝉、蓟马、各种飞虱、稻纵卷叶螟等；蔬菜害虫如各种蔬菜蚜虫、红蜘蛛、菜青虫、小菜蛾、菜螟、蜗牛、蛞蝓；果树害虫如苹果小卷叶蛾、红蜘蛛、梨小食心虫、桃小食心虫、舞毒蛾、粉虱、粉蚧等。

**应用技术** 以50%灭梭威可湿性粉剂、4%灭梭威小药丸、5%灭梭威颗粒状毒饵、3%灭梭威粉剂为例。

（1）防治棉花害虫

① 蚜虫、棉红蜘蛛、棉叶蝉、蓟马 用50%灭梭威可湿性粉剂1000～2000g/hm²，兑水常量喷雾。

② 棉铃虫、棉红铃虫、金刚钻、棉花上的玉米螟等 在卵高峰后，用50%灭梭威可湿性粉剂2000～3000g/hm²，兑水常量喷雾。

③ 棉田蜗牛、蛞蝓等软体动物 a. 用4%灭梭威小药丸3～5kg/hm²。b. 用5%灭梭威颗粒状毒饵3～5kg直接撒施，或用药丸或毒饵20～30粒/m²。并可兼治土鳖、马陆和蜈蚣等。

（2）防治水稻害虫

① 水稻叶蝉、蓟马、各种飞虱 a. 用50%灭梭威可湿性粉剂750～1500g/hm²，兑水常量针对性喷雾。b. 用3%灭梭威粉剂30～37.5kg/hm²，兑水常量喷雾。

② 稻纵卷叶螟 在二龄幼虫盛期，用50%灭梭威可湿性粉剂1500～2250g/hm²，兑水常量喷雾。

（3）防治蔬菜害虫

① 蚜虫、红蜘蛛 用50%灭梭威可湿性粉剂1750～1500g/hm²，兑水常量喷雾。

② 菜青虫、小菜蛾、菜螟、豆类的豆野螟、卷叶蛾 用50%灭梭威可湿性粉剂1500～1875g/hm²，兑水常量喷雾。

③ 蔬菜田蜗牛、蛞蝓 a. 用4%灭梭威小药丸3～4kg/hm²。

b. 5％灭梭威小颗粒饵料3～5kg，撒施。

（4）防治果树害虫

① 苹果小卷叶蛾、红蜘蛛　用50％灭梭威可湿性粉剂1000倍液均匀喷雾。

② 梨小食心虫、桃小食心虫、舞毒蛾　用50％灭梭威可湿性粉剂500～1000倍液均匀喷雾。

**注意事项**

（1）不能与碱性农药混用。

（2）稻田施药的前后10d内，不能使用敌稗。

（3）对苹果有一定的疏果作用，并对蜜蜂有较高的毒性，应在开花前后2～3周施药。

## 乙硫苯威 （ethiofencarb）

$C_{11}H_{15}NO_2S$，225.3，29973-13-5

**化学名称**　2-（乙硫甲基）苯基-$N$-甲基氨基甲酸酯

**其他名称**　治蚜威、乙硫甲威、杀虫丹、除蚜威、蔬蚜威、苯虫威、Croneton、ethiofencarber

**理化性质**　原药在冬天为白色结晶，在夏天为淡黄色油状液体。熔点33.4℃，蒸馏时分解；蒸气压0.45mPa（25℃），26mPa（50℃）。溶解性（20℃）：在水中1.8g/L，二氯甲烷、异丙醇、甲苯中＞200g/L，己烷5～10g/L。在普通条件下和酸性条件下稳定，在碱性条件下水解。水中光解非常迅速，闪点123℃。

**毒性**　急性经口$LD_{50}$（mg/kg）：大鼠约200，小鼠约240，雌狗＞50。大鼠经皮$LD_{50}$＞1g/kg，对兔皮肤和眼睛无刺激。大鼠急性吸入$LC_{50}$（4h）＞0.2mg/L空气（气溶胶）。两年饲喂试验的无作用剂量：大鼠330mg/kg饲料，小鼠600mg/kg饲料，狗1g/kg饲料。对人的ADI为0.1mg/kg体重。日本鹌鹑急性经口$LD_{50}$：155mg/kg，野鸭140～275mg/kg。鱼毒$LC_{50}$（96h）：虹鳟鱼 12.8mg/L；金色圆腹雅罗鱼 61.8mg/L。对蜜蜂无毒，水蚤 $LC_{50}$（48h）0.22mg/L。

**作用特点** 抑制昆虫体内的乙酰胆碱酯酶。是一种使用安全、低残留的杀蚜剂，具有胃毒、触杀和内吸作用。本品具有高效、低毒、使用安全等优点，但对蚜虫以外的其他农作物害虫防效不好。

**适宜作物** 蔬菜、小麦、果树、马铃薯、甜菜、烟草、啤酒花、马铃薯、观赏植物等。

**防除对象** 多种作物上的蚜虫。

**应用技术** 以 25％乙硫苯威乳油为例。

（1）防治蔬菜、小麦、甜菜、啤酒花、马铃薯、观赏植物蚜虫 用 25％乙硫苯威乳油 1.2～1.5L/hm² 兑水均匀喷雾。

（2）防治果树蚜虫 用 25％乙硫苯威乳油 500～1000 倍液均匀喷雾。

**注意事项**

（1）可与大多数杀虫剂和杀菌剂混用，但不能与碱性农药混用。

（2）最后 1 次施药距离收获期：柑橘 100d；桃、梅 30d；苹果、梨 21d；大豆、萝卜、白菜 7d；黄瓜、茄子、番茄、辣椒 4d。

（3）库房保持通风、低温、干燥，与食品原料分开贮运。

## 硫双灭多威（thiodicarb）

$C_{10}H_{18}N_4O_4S_3$，354.5，59669-26-0

**化学名称** 3，7，9，13-四甲基-5，11-二氧杂 2，8，14-三硫杂-4，7，9，12-四氮杂十五烷-3，12-二烯-6，10-二酮

**其他名称** 拉维因、硫双威、维因、硫敌克、双灭多威、灭索双、Larvin、Semevin、Lepicron、Dicarbasulf

**理化性质** 白色针状晶体，熔点173℃，工业品为淡黄色粉末，熔点 173～174℃，有轻微的硫黄气味；溶解性（25℃，g/kg）：水 0.035，二氯甲烷 150，丙酮 8，甲醇 5，二甲苯 3；遇金

属盐、黄铜、铁锈或在强碱、强酸介质中分解。

**毒性**　原药大白鼠急性 $LD_{50}$（mg/kg）：经口 143（雄）、119.7（雌），经皮＞2000；对兔皮肤无刺激，对眼睛有轻微刺激性；以 10mg/kg 以下剂量饲喂大鼠两年，未发现异常现象；对动物无致畸、致突变、致癌作用。

**作用特点**　抑制昆虫体内的乙酰胆碱酯酶，使昆虫致死，这是一种可逆性的抑制，如果昆虫不中毒死亡，酶可以脱氨基甲酰化而恢复。对害虫主要是胃毒和触杀作用，有一定的杀卵效果，在田间使用还能杀死蛾类。对氧化代谢活性较强的抗性害虫具有独到的杀虫效果。对鳞翅目、鞘翅目害虫有效。

**适宜作物**　蔬菜、水稻、小麦、大豆、棉花、烟草、甜菜、果树等。

**防除对象**　蔬菜害虫如菜青虫、菜螟、甘蓝夜蛾、地老虎、烟青虫、小菜蛾等；水稻害虫如稻纵卷叶螟、三化螟及二化螟等；小麦害虫如黏虫、麦叶蜂等；棉花害虫如棉铃虫、金刚钻、棉大卷叶虫、棉红铃虫、棉田玉米螟等；油料及经济作物害虫如银纹夜蛾、豆叶甲、豆类夜蛾等；果树害虫如葡萄蠹蛾、苹果蠹蛾、梨小食心虫、苹果小卷叶蛾、柑橘凤蝶等；茶树害虫如茶细蛾、茶小卷叶蛾等。

**应用技术**　以 75％，硫双灭多威可湿性粉剂为例。

（1）防治棉花害虫

① 棉铃虫　在卵孵盛期，用 75％，硫双灭多威可湿性粉剂 300～450g/hm² 兑水均匀喷雾。

② 金刚钻、棉大卷叶虫　用 75％，硫双灭多威可湿性粉剂 25～50g/hm² 兑水均匀喷雾。

③ 棉红铃虫、棉田玉米螟　在产卵盛期，用 75％，硫双灭多威可湿性粉剂 800～100g/hm² 兑水均匀喷雾。

（2）防治水稻害虫

① 稻纵卷叶螟　用 75％硫双灭多威可湿性粉剂 450～750g/hm² 兑水均匀喷雾。

② 三化螟、二化螟　用 75％硫双灭多威可湿性粉剂药 700～900g/hm² 兑水均匀喷雾。

（3）防治小麦害虫　黏虫、麦叶蜂，用75％硫双灭多威可湿性粉剂300～600g/hm² 兑水均匀喷雾。

（4）防治蔬菜害虫

① 银纹夜蛾、豆叶甲、豆类夜蛾　用75％硫双灭多威可湿性粉剂600～750g/hm² 兑水均匀喷雾。

② 菜青虫、菜螟、甘蓝夜蛾、地老虎　用75％硫双灭多威可湿性粉剂375～750g/hm² 兑水均匀喷雾。

③ 烟青虫、小菜蛾　在产卵盛期，用75％硫双灭多威可湿性粉剂600～1200g/hm² 兑水均匀喷雾。

（5）防治果树害虫

① 葡萄蠹蛾　用75％硫双灭多威可湿性粉剂375～600g/hm² 兑水均匀喷雾。

② 苹果蠹蛾、梨小食心虫、苹果小卷叶蛾、柑橘凤蝶　在产卵盛期使用，用75％硫双灭多威可湿性粉剂1500～3000倍喷雾。

（6）防治茶树害虫　茶细蛾、茶卷叶蛾，在产卵盛期，用75％硫双灭多威可湿性粉剂1000～1500倍液均匀喷雾。施药后14d方可采茶。

**混用**　可与辛硫磷混用。

**注意事项**

（1）该药对蚜虫、螨类、蓟马等吸汁性害虫几乎没有杀虫效果，在防治吸汁性害虫的同时需要与其他农药混用。

（2）不能与碱性、强酸性（pH7.5或pH＜3.07）农药混用，也不能与代森锰、代森锰锌混用。

## 唑蚜威　（triazamate）

$C_{13}H_{22}N_4O_3S$，214.4，112143-82-5

**化学名称** （3-叔丁基-1-二甲基氨基甲酰-1$H$-1,2,4-三唑-5-基硫）乙酸乙酯

**其他名称** 灭蚜唑、灭蚜灵、Aztec、Triaguron

**理化性质** 纯品为无色针状结晶，熔点 60℃，工业品为微黄色晶体，熔点 52～54℃。溶解度：原药在水中<1%，易溶于二氯乙烷、乙酸乙酯等有机溶剂。

**毒性** LD$_{50}$（mg/kg）：急性经口 50～200（大鼠），61（小鼠）；急性经皮>5000（大鼠）。对兔眼睛刺激不明显，对兔皮肤有刺激作用。原药对皮肤和眼睛无刺激作用；在哺乳动物体内和土壤中能迅速代谢、降解而不积累，在试验剂量范围内，对动物无致畸、致突变、致癌作用。对野鸭 LD$_{50}$（8d 饲养）368mg/kg，鹌鹑LD$_{50}$（21d）530mg/kg；蜜蜂 LC$_{50}$（24h）27μg/只。

**作用特点** 唑蚜威为高效、高选择性的专用杀蚜剂。具有较强的内吸性和双向传导作用，对多种作物的蚜虫有很好的防效。可土壤施用，亦可叶面喷洒，持效期可达 5～10d。在推荐剂量下未见药害。对天敌较安全。

**适宜作物** 棉花、小麦等。

**防除对象** 棉花害虫如棉蚜等；小麦害虫如麦蚜等。

**应用技术** 以 25%唑蚜威乳油为例。

（1）防治棉花害虫 棉蚜，用 25%唑蚜威乳油 450～750mL/hm² 兑水 375～450kg 均匀喷雾，有效期可达 5～10d。

（2）防治小麦害虫 麦蚜，小麦孕穗期，用 25%唑蚜威乳油 300～600mL/hm² 兑水 750～900kg 均匀喷雾，持效期可达 10～15d，只需防治 1 次，就能控制麦蚜的发生。

**注意事项**

（1）作物收获前 6～10d 禁止使用。

（2）药液应随配随用。

（3）万一误饮，应催吐并就医诊治。

（4）易燃，应贮存在远离火源的地方。

（5）不能与碱性物质混用。

# 抗蚜威（pirimicarb）

$C_{11}H_{18}N_4O_2$，238.3，23103-98-2

**化学名称**　5,6-二甲基-2-二甲氨基-4-嘧啶基-$N,N$-二甲基氨基甲酸酯

**其他名称**　辟蚜雾、辟蚜威、Pirimor、Rapid、Aphox

**理化性质**　白色粉末状固体，熔点90.5℃，无味；工业品为浅黄色粉末状固体，熔点＞85℃；溶解性（25℃，g/L）：水2.7，丙酮4.0，氯仿3.2，乙醇2.5，二甲苯2.0；与酸形成易溶于水的盐。

**毒性**　原药大白鼠急性$LD_{50}$（mg/kg）：经口130（雄）、143（雌），经皮＞2000；对皮肤和眼睛无刺激性，对鱼、水生生物、蜜蜂、鸟类低毒；饲喂大鼠两年，未发现异常现象；对动物无致畸、致突变、致癌作用。

**作用特点**　抗蚜威为选择性杀虫剂，具有触杀、胃毒和破坏呼吸系统的作用。能防治对有机磷杀虫剂产生抗性的除棉蚜外的所有蚜虫。该杀虫剂杀虫迅速，施药后数分钟即可迅速杀死蚜虫，因而对预防蚜虫传播的病毒病有良好作用，残效期短，对作物安全，不伤天敌，是害虫综合防治的理想药剂。抗蚜威对瓢虫、食蚜蝇、蚜茧蜂等蚜虫天敌没有不良影响，因为保护了天敌，从而可有效地延长对蚜虫的控制期，抗蚜威对蜜蜂安全，用于防治大白菜、萝卜等蔬菜制种田的蚜虫时，可提高蜜蜂的授粉率，增加产量。

**适宜作物**　小麦、玉米、大豆、甜菜、蔬菜、烟草、果树、林木等。

**防除对象**　可用于防治棉蚜以外的各种作物上的蚜虫。

**应用技术**　以50%抗蚜威可湿性粉剂为例。

（1）防治蔬菜害虫　白菜、甘蓝、豆类上的蚜虫，用50%抗

蚜威可湿性粉剂 150～270g/hm² 兑水 450～750kg 均匀喷雾。

（2）防治油料及经济作物害虫

① 烟蚜　用 50%抗蚜威可湿性粉剂 150～270g/hm² 兑水 450～900kg 均匀喷雾。

② 油菜、花生、大豆上的蚜虫　用 50%抗蚜威可湿性粉剂 90～120g/hm² 兑水 450～900kg 均匀喷雾。

**注意事项**

（1）该药的药效与温度有关，20℃以上有熏蒸作用，15℃以下以触杀作用为主，15～20℃之间，熏蒸作用随温度上升而增加，因而在低温时施药要均匀，最好选择无风、温暖天气，效果较好。

（2）同一作物一季内最多施药三次，间隔期为 10d。

（3）本品必须用金属容器盛装。

（4）对棉蚜效果差，不宜用于棉蚜防治。

（5）人体每日允许摄入量为 0.01mg/kg。FAO/WHO 规定的最高残留限量（mg/kg）：蔬菜 1.0、谷类 0.05、马铃薯 0.05、烟叶 1.0、果树 0.05～1、大豆 1.0、油菜籽 0.2。

## 异丙威（isoprocarb）

$C_{11}H_{15}NO_2$，193.2，2631-40-5

**化学名称**　2-异丙基苯基-$N$-甲基氨基甲酸酯

**其他名称**　叶蝉散、异灭威、灭必虱、灭扑威、灭扑散、Hytox、Entrofolan、Mipcin、Mobucin、Mipcide、Bayer 105807

**理化性质**　纯品为白色结晶状粉末，熔点 96～97℃。20℃蒸气压为 2.8mPa。原粉为浅红色片状结晶，相对密度 0.62，熔点 89～91℃，闪点 156℃，分解湿度为 180℃，蒸气压 0.13Pa。20℃时，在丙酮中溶解度为 400g/L，在甲醇中 125g/L，在二甲苯中＜50g/L，在水中 265mg/L。在碱液和强酸性中易分解，但在弱酸中稳定。对阳光和热稳定。

**毒性**　急性经口 $LD_{50}$（mg/kg）：大鼠 $403\sim485$，小鼠 $487\sim512$，兔 500。雄性大鼠急性经皮 $LD_{50}>500$mg/kg。雄性大鼠急性吸入 $LD_{50}>0.4$mg/kg。大鼠两年饲喂试验无作用剂量为每天 0.5mg/kg。对兔皮肤和眼睛刺激性甚小，动物试验显示无明显蓄积性。在试验剂量内，动物无致癌、致畸、致突变作用。对蜜蜂有害。

**作用特点**　抑制昆虫体内的胆碱酯酶，使昆虫麻痹死亡。对害虫主要是触杀和胃毒作用，击倒力强，药效迅速，但残效期较短。对稻飞虱、叶蝉等害虫具有特效，可兼治蓟马。对飞虱天敌、蜘蛛类安全。

**适宜作物**　蔬菜、水稻、烟草、甜菜、果树等。

**防除对象**　水稻害虫如飞虱、叶蝉等；果树害虫柑橘潜叶蛾等。

**应用技术**　以 20％异丙威乳油为例。

（1）防治水稻害虫　稻飞虱、叶蝉，用 20％异丙威乳油 $450\sim600$g/hm² 兑水均匀喷雾。

（2）防治果树害虫　柑橘潜叶蛾，用 20％异丙威乳油 $500\sim800$ 倍液均匀喷雾。

**混用**　20％异丙威乳油与 5％噻嗪酮可湿性粉剂兑水均匀喷雾，可增加对褐稻虱的速效性。

**注意事项**

（1）本品对薯芋类有药害，不宜在薯芋作物上使用。

（2）使用本品前、后 10d 不可使用敌稗。

（3）本品在收获前 4d 停止使用。

（4）应存放于阴凉干燥处，勿靠近粮食和饲料，勿让儿童接触。

## 克百威（carbofuran）

$C_{12}H_{15}NO_3$，221.25，1563-66-2

**化学名称**　甲基氨基甲酸（2,3-二氢-2,2-二甲基苯并呋喃-7-基）酯

**其他名称**　呋喃丹、大扶农、咔吧呋喃、Furadan、Carbodan、Agrofuran、Carbosip、Carbosect、Fury

**理化性质**　无色结晶，无臭味，熔点 153～154℃（纯品），蒸气压 0.031mPa（20℃），相对密度 1.180（20℃）。20℃时的溶解度为：水 320mg/L，二氯甲烷＞200，异丙醇 20～50，甲苯 10～20（g/L，20℃）。在碱性介质中不稳定，在酸性、中性介质中稳定。

**毒性**　大鼠急性经口约 8mg/kg，急性经皮＞3000mg/kg。对兔眼睛和皮肤无刺激性。3％颗粒剂属中等毒性，大鼠经口 $LD_{50}$ 为 437mg/kg，兔经皮 $LD_{50}$＞10200mg/kg，但使用时仍需小心从事，由于内吸性很强，施药后蔬菜等组织中积累极易造成人畜食用中毒事故。

**作用特点**　克百威抑制昆虫体内的乙酰胆碱酯酶，但与其他氨基甲酸酯类杀虫剂不同的是，它与胆碱酯酶的结合不可逆，因此毒性高。具有触杀和胃毒作用，是广谱性内吸杀虫、杀线虫剂。克百威能被植物根系吸收，并能输送到植物各器官，以叶部积累较多，特别是叶缘，在果实中含量较少。当害虫咀嚼和刺吸带毒植物叶汁或咬食带毒植物组织时，害虫体内乙酰胆碱酯酶受到抑制，引起害虫神经中毒死亡。在土壤中半衰期为 30～60d。稻田水面撒药，残效期较短，施于土壤中残效期较长，在棉花和甘蔗田药效可维持 40d。

**适宜作物**　棉花、甘蔗、玉米、大豆、水稻、烟草、果树等。

**防除对象**　水稻害虫如稻螟、稻飞虱、稻瘿蚊、稻水象甲、稻摇蚊等；棉花害虫如棉蚜、棉蓟马、地老虎及线虫等；油料及经济作物害虫如地老虎、蛴螬、潜根蝇、跳甲、花生蚜、蔗螟、蔗蚜、甘蔗蓟马、大豆包囊线虫和甘蔗线虫等；果树害虫如桃小食心虫、枣步曲等。

**应用技术**　以 3％克百威颗粒剂为例。

（1）**防治棉花害虫**　棉蚜，用 3％克百威颗粒剂 675～900g/

hm², 条施或沟施。

（2）防治油料及经济作物害虫

① 甘蔗蚜虫、蔗螟、蔗龟　用 3％克百威颗粒剂 1350～2250g/hm²，沟施。

② 花生根结线虫　用 3％克百威颗粒剂 1800～2250g/hm²，沟施。

（3）防治水稻害虫　二化螟、三化螟、稻纵卷叶螟、稻瘿蚊，用 3％克百威颗粒剂 900～1350g/hm²，撒施。

**注意事项**

（1）不能与碱性农药混用，不能与敌稗同时施用，施用敌稗应在施用克百威前 3～4d 或 1 个月后施用。

（2）本品对人、畜有高毒，严禁在蔬菜、中药材、饲料作物上使用。

（3）稻田施药后禁止放鸭，且应管理好水田，不得流进临近河、塘等水域。

（4）必须按高毒农药规定，佩戴安全防护用具进行操作，严禁将克百威制成悬浮液直接喷洒。

（5）如发生中毒，可注射阿托品解毒，不能用 2-PAM（解磷毒）之类的解毒药。

## 丁硫克百威（carbosulfan）

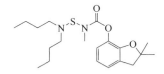

$C_{20}H_{32}N_2O_3S$，380.55，55285-14-8

**化学名称**　2,3-二氢-2,2-二甲基苯并呋喃基-7-基-N-甲基-N-（二丁基氨基硫）氨基甲酸酯

**其他名称**　好年冬、克百丁威、丁硫威、威灵、Marshall、Adrantage

**理化性质**　淡黄色油状液体，沸点 124～128℃；溶解度：水 0.3mg/L，与丙酮、二氯甲烷、乙醇、二甲苯等有机溶剂互溶；在

中性或弱碱性介质中稳定，在酸性介质中不稳定，遇水分解。

**毒性**　原药急性 $LD_{50}$（mg/kg）：大鼠经口 250（雄）、185（雌），小鼠经口 129，大鼠、兔经皮＞2000；对兔眼睛无刺激性；以 20mg/kg 以下剂量饲喂大鼠两年，未发现异常现象；对动物无致畸、致突变、致癌作用。

**作用特点**　抑制昆虫体内的乙酰胆碱酯酶，使昆虫持续兴奋导致死亡。对害虫主要是胃毒作用，是具有高效内吸性的广谱性的杀虫、杀螨、杀线虫剂，对成虫、幼虫都有效，且持效期长。

**适宜作物**　蔬菜、棉花、甘蔗、玉米、豆类、水稻、烟草、甘薯、果树、花卉等。

**防除对象**　棉花害虫如棉蚜等；水稻害虫如稻飞虱、稻瘿蚊、稻象甲等；油料及经济作物害虫如蔗螟、蔗蚜及地下害虫等；果树害虫如卷叶蛾、苹果蠹蛾、梨小食心虫、介壳虫等；对蔬菜根结线虫及柑橘锈螨也有防效。

**应用技术**　以 20％丁硫克百威乳油、5％丁硫克百威颗粒剂为例。

（1）防治棉花害虫　棉蚜，用 20％丁硫克百威乳油 60～90g/$hm^2$ 兑水均匀喷雾。

（2）防治水稻害虫　稻象甲，用 5％丁硫克百威颗粒剂 1500～2250g/$hm^2$，撒施。

（3）防治蔬菜线虫　番茄、黄瓜根结线虫，用 5％丁硫克百威颗粒剂 3750～5250g/$hm^2$，沟施。

（4）防治油料及经济作物害虫

① 蔗螟　用 5％丁硫克百威颗粒剂 2250～3000g/$hm^2$，沟施。

② 蔗蚜　用 5％丁硫克百威颗粒剂 1500～3000g/$hm^2$，穴施、沟施。

**注意事项**

（1）在稻田使用时，避免同时使用敌稗和灭草灵，以防产生药害。

（2）本品对水稻三化螟和稻纵卷叶螟防治效果不好，不宜使用。

（3）在蔬菜上安全间隔期为 25d，在收获前 25d 禁止使用。

（4）不能与酸性物质混用。

**相关复配制剂及应用** 丁硫・马。

**商品名** 果园施、蛾秀清。

**主要活性成分** 丁硫克百威、马拉硫磷。

**作用特点** 具有内吸、触杀和胃毒作用。干扰昆虫神经系统，抑制胆碱酯酶，使害虫持续兴奋而导致死亡。

**剂型** 20％乳油。

**应用技术** 三化螟，用 20％乳油 300～420g/hm² 兑水均匀喷雾。

**注意事项**

① 在稻田使用时，避免与敌稗和灭草灵同时使用，以免产生药害。

② 对鱼类高毒，使用时需注意。

## 灭多威 （Methomyl）

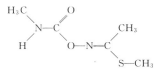

$C_5H_{10}N_2O_2S$，162.23，16752-77-5

**化学名称** 1-(甲硫基) 亚乙基氮-N-甲基氨基甲酸酯

**其他名称** 灭虫多、灭索威、万灵、lannate

**理化性质** 无色晶体，有轻微硫黄味，熔点 78～79℃，蒸气压 6.65mPa （25℃），相对密度 1.2946 （25℃）。溶解度：水 57.9g/L （25℃），甲醇 1000，丙酮 730，乙醇 420，异丙醇 220，甲苯 30，极少量溶于烃类。室温下，水溶液中缓慢水解，碱性介质参与条件下，随温度升高分解率提高。

**毒性** 灭多威为高毒杀虫剂，挥发性强，吸入毒性高，对眼睛和皮肤有轻微刺激作用，在试验剂量下无致畸、致突变、致癌作用，无慢性毒性，对鸟、蜜蜂、鱼有毒。原药急性 $LD_{50}$ （mg/kg）：急性经口野鸭 15.9，鸡、鸭 15.4；蓝鳃太阳鱼 0.9。土中迅速分解，地下水中半衰期<2d。

**作用特点**　是一种内吸性杀虫剂，可以有效地杀死多种害虫的卵、幼虫和成虫。具有触杀和胃毒双重作用，进入虫体后，抑制乙酰胆碱酯酶，使昆虫神经传导中起重要作用的乙酰胆碱无法分解造成神经冲动无法控制传递，使昆虫出现惊厥、过度兴奋、麻痹、震颤而无法在作物上取食，最终导致死亡。昆虫的卵与药剂接触后通常不能活过黑头阶段，即使有孵化，也很快死亡。

**适宜作物**　棉花、水稻、小麦、蔬菜等。

**防除对象**　棉花害虫如棉铃虫、蚜虫等；水稻害虫如二化螟、稻纵卷叶螟等；小麦害虫如蚜虫等；蔬菜害虫如甜菜夜蛾等。

**应用技术**　以20％灭多威乳油、10％灭多威乳油为例。

（1）防治棉花害虫

① 棉铃虫　用20％灭多威乳油150～225mL/hm$^2$兑水均匀喷雾。

② 蚜虫　用20％灭多威乳油75～150mL/hm$^2$兑水均匀喷雾。

（2）防治小麦害虫　蚜虫用10％灭多威乳油90～120g/hm$^2$兑水均匀喷雾。

**注意事项**

（1）灭多威是高毒农药，只能在我国已批准登记的作物上使用。

（2）不能与波尔多液、石硫合剂及含铁、锡的农药混用。

（3）乳油具有可燃性，应注意防火。亦不能置于很低温度下，以防冻结，应放在阴凉、干燥处。

（4）剩余药液和废液应按说明书的要求，按有毒化学品处理。

**相关复配制剂及应用**

（1）灭·杀单

**商品名称**　杀瞑特、凯灵。

**主要活性成分**　灭多威，杀虫单。

**作用特点**　为内吸性杀虫剂，具有触杀、胃毒多种作用。进入虫体后，抑制乙酰胆碱酶，造成神经冲动无法控制传递，无法进食，最终导致死亡。

**剂型**　75％可溶性粉剂。

**应用技术**　二化螟，每公顷用 75％可溶性粉剂 787.5～900g/hm² 兑水均匀喷雾。

**注意事项**　不能与波尔多液、石硫合剂及含铁、锡农药混用。

（2）灭·杀虫双

**商品名**　蛀安、威敌。

**主要活性成分**　灭多威，杀虫双。

**作用特点**　是一种内吸性杀虫剂，具有触杀和胃毒作用。进入虫体后，抑制乙酰胆碱酶，造成神经冲动无法控制传递，无法进食，最终导致死亡。

**剂型**　20％乳油、20％水剂。

**应用技术**

① 二化螟　用 20％水剂或 20％乳油 240～300g/hm² 兑水均匀喷雾。

② 美洲斑潜蝇　用 20％水剂 138～172.5g/hm² 兑水均匀喷雾。

**注意事项**　不能与波尔多液、石硫合剂及含铁、锡的农药混用。

### 涕灭威 （aldicarb）

$C_7H_{14}N_2O_2S$，190.3，116-06-3

**化学名称**　2-甲基-2-(甲硫基)丙醛-*O*-[(甲基氨基)甲酰基] 肟

**其他名称**　铁灭克、神农丹

**理化性质**　纯品为无色结晶，熔点 98～100℃，蒸气压 13mPa（25℃）。相对密度为 1.195。溶解度：水 4.93g/L（pH7，20℃），可溶于丙酮、苯、四氯化碳等大多数有机溶剂，不溶于庚烷和矿物油中，在中性、酸性和微碱性中稳定。100℃以上分解。

**毒性** 急性经口：0.93mg/kg；急性经皮：20mg/kg（兔）。涕灭威在土壤中易被代谢和水解，但在黑暗条件下难于分解，在碱性条件下易被分解。在有机质中半衰期为55d，在无机质中为17d。

**作用特点** 涕灭威抑制昆虫体内的乙酰胆碱酯酶，具有触杀、胃毒和内吸作用。涕灭威施于土壤中，能被植物根系吸收，并能输送到植物地上部各组织和器官而起作用。涕灭威进入动物体内时，能够阻止胆碱酯酶的反应，是强烈的胆碱酯酶抑制剂。昆虫或螨接触涕灭威后，表现出典型的胆碱酯酶受阻症状，但对线虫的作用机制目前尚不清楚。

**适宜作物** 甜菜、马铃薯、棉花、甘薯、玉米、烟草、花卉、林木等。

**防除对象** 棉花害虫如棉蚜、棉铃虫、棉盲蝽、棉红蜘蛛等；油料及经济作物害虫如烟蚜等；油料及经济作物线虫如大豆包囊线虫、甘薯茎线虫、花生根结线虫等；花卉害螨如月季红蜘蛛等。

**应用技术** 以5%涕灭威颗粒剂为例。

（1）防治棉花害虫 棉蚜，用5%涕灭威颗粒剂450～900g/hm²，穴施、沟施。

（2）防治油料及经济作物害虫、线虫

① 烟蚜 用5%涕灭威颗粒剂562.5～750g/hm²，穴施。

② 花生根结线虫 用5%涕灭威颗粒剂2250～3000g/hm²，穴施、沟施。

③ 甘薯茎线虫 用5%涕灭威颗粒剂1500～2250g/hm²，穴施。

**注意事项**

（1）本品高毒，不能将涕灭威颗粒剂与水混合作喷射剂使用，也不能使用可破碎颗粒剂的施药器械。

（2）必须按高毒农药规定，佩戴安全防护用具进行操作。

（3）因水溶性较大，易产生药害，地下水位高的地方不能使用。

（4）涕灭威药剂不能用于拌种。

（5）涕灭威中毒的解毒药剂为硫酸阿托品。

# 第四章
# 拟除虫菊酯类杀虫剂

## 氯菊酯（permethrin）

$$C_{21}H_{20}Cl_2O_3，391.3，52645-53-1$$

**化学名称**　（3-苯氧苄基)-(1$R$,$S$)-顺,反式-3-(2,2-二氯乙烯基)-2,2-二甲基环丙烷羧酸酯

**其他名称**　苯醚氯菊酯、久效菊酯、除虫精、苄氯菊酯、克死命、WL43479、NRDC143、OMS1821、Exmin、Matadan、Pounce、Ambushsog、Coopex

**理化性质**　氯菊酯纯品为白色晶体，熔点34～35℃，沸点200℃/1.33Pa；溶解性（20℃，g/kg）：己烷＞1000，甲醇258，二甲苯＞1000，丙酮、乙醇、二氯甲烷、乙醚＞50%，难溶于水；在酸性介质中稳定，在碱性介质中水解较快。

**毒性**　氯菊酯原药（顺反比45∶55）大鼠急性LD$_{50}$（mg/kg）：经口2370（雌），经皮＞2500；对兔皮肤无刺激性，对兔眼睛有轻度刺激性；对动物无致畸、致突变、致癌作用。

**作用特点**　氯菊酯是一种不含氰基结构的拟除虫菊酯类杀虫剂，杀虫谱广，具有拟除虫菊酯类农药的一般特性，如触杀和胃毒

作用，无内吸熏蒸作用。在碱性介质及土壤中易分解失效，此外，与含氰基结构的菊酯相比，对高等动物毒性更低，刺激性相对较小，击倒速度更快，同等使用条件下害虫抗性发展相对较慢。氯菊酯杀虫活性相对较低，单位面积使用剂量相对较高，在阳光照射下易分解，可以用于防治多种作物害虫，尤其适于卫生害虫的防治。

**适宜作物**　蔬菜、水稻、小麦、玉米、棉花、果树、茶树、烟草等。

**防除对象**　蔬菜害虫如菜青虫、小菜蛾、甘蓝夜蛾、菜蚜等；棉花害虫如棉蚜、棉铃虫、棉红铃虫、造桥虫、卷叶虫等；茶树害虫如茶尺蠖、茶细蛾、茶毛虫、茶蚜虫、茶叶蝉、茶刺蛾等；油料及经济作物害虫如桃蚜、烟青虫等；果树害虫如柑橘潜叶蛾、蚜虫、卷叶蛾、桃小食心虫、梨小食心虫等；卫生害虫如蚊、蝇、臭虫、跳蚤、蟑螂等。

**应用技术**　以 10％氯菊酯乳油为例。

（1）防治棉花害虫

① 棉铃虫、棉红铃虫、造桥虫、卷叶虫　在卵孵化盛期，用 10％氯菊酯乳油 1000～1250 倍液均匀喷雾。

② 棉蚜　用 10％氯菊酯乳油 2000～4000 倍液均匀喷雾。

（2）防治蔬菜害虫

① 菜青虫、小菜蛾　在幼虫 3 龄以前，用 10％氯菊酯乳油 1000～2000 倍液均匀喷雾，可兼治菜蚜。

② 桃蚜、烟青虫　于发生盛期用 10％氯菊酯乳油 5000～10000 倍液均匀喷雾。

（3）防治果树害虫

① 柑橘潜叶蛾　在放梢初期，用 10％氯菊酯乳油 1250～2500 倍液均匀喷雾，可兼治橘蚜。

② 桃小食心虫　在卵孵化盛期，卵果率达 1％时进行防治，用 10％氯菊酯乳油 1000～2000 倍液均匀喷雾，可兼治梨小食心虫、卷叶蛾、蚜虫等。

（4）防治茶树害虫　茶尺蠖、茶细蛾、茶毛虫、茶刺蛾，在二龄、三龄幼虫盛发期用药，用 10％氯菊酯乳油 2500～5000 倍液均匀喷雾，可兼治绿叶蝉、蚜虫。

**注意事项**

（1）不能与碱性农药混用。

（2）对鱼虾、蜜蜂、家蚕等高毒，使用时勿接近鱼塘、蜂场、桑园。

（3）密封贮存于阴凉、通风的库房，远离火种、热源，防止阳光直射。应与氧化剂、碱类分开存放，切忌混贮。

## 氯氰菊酯（cypermethrin）

$C_{22}H_{19}Cl_2NO_3$，416.2，52315-07-8

**化学名称** （$R,S$）-α-氰基-3-苯氧苄基（$1R,S$）-顺、反-3-（2,2-二氯乙烯基）-2,2-二甲基环丙烷羧酸酯

**其他名称** 兴棉宝、赛波凯、保尔青、轰敌、阿锐克、奥思它、格达、韩乐宝、克虫威、氯氰全、桑米灵、灭百可、安绿宝、田老大8号、Barricard、Cymbush、Ripcord、NRDC-149、Cyperkill、Afrothrin、WL43467、PP-383、CCN-52、Arrivo

**理化性质** 氯氰菊酯是8个氯氰菊酯异构体混合物，工业品为黄色至淡棕色黏稠液体或半固体，60℃以上时为液体。溶解性（20℃，g/L）：丙酮、氯仿、环己酮、二甲苯＞450，乙醇337，己烷103，难溶于水；在弱酸性和中性介质中稳定，在碱性介质中水解较快。氯氰菊酯中8个光学异构体如下所示：

$$\left.\begin{array}{l} 1R\text{-}cis，\alpha\text{-}S \\ 1S\text{-}cis，\alpha\text{-}R \end{array}\right\} cis\ \alpha \qquad \left.\begin{array}{l} 1R\text{-}cis，\alpha\text{-}R \\ 1S\text{-}cis，\alpha\text{-}S \end{array}\right\} cis\ \beta$$

$$\left.\begin{array}{l} 1R\text{-}trans，\alpha\text{-}S \\ 1S\text{-}trans，\alpha\text{-}R \end{array}\right\} trans\ \alpha \qquad \left.\begin{array}{l} 1R\text{-}trans，\alpha\text{-}R \\ 1S\text{-}trans，\alpha\text{-}S \end{array}\right\} trans\ \beta$$

**毒性** 氯氰菊酯原药急性经口 $LD_{50}$（mg/kg）：大鼠251（工业品），小鼠138；对皮肤和眼睛有轻微刺激性；对动物无致畸、致突变、致癌作用。对蜜蜂、家蚕和蚯蚓剧毒。

**作用特点**　氯氰菊酯杀虫谱广，具有触杀和胃毒作用，药效迅速，对光、热稳定。可防治对有机磷产生抗性的害虫，对某些害虫具有杀卵作用，对鳞翅目幼虫效果良好，但对螨类和盲蝽防效差，该药残效期长，正确使用时对作物安全。

**适宜作物**　蔬菜、棉花、烟草、大豆、甜菜、果树、茶树、花卉、绿化树等。

**防除对象**　蔬菜害虫如菜青虫、小菜蛾、菜螟、甜菜夜蛾、斜纹夜蛾、黄守瓜、黄条跳甲、烟青虫、葱蓟马等；棉花害虫如棉蚜、棉铃虫、棉红铃虫、造桥虫、卷叶虫、金刚钻、棉叶蝉、棉蓟马等；油料及经济作物害虫如大豆食心虫、豆荚螟、豆天蛾、造桥虫等；果树害虫如桃小食心虫、桃蛀螟、梨小食心虫、潜叶蛾、毒蛾、刺蛾、蚜虫等；茶树害虫如茶毛虫、茶尺蠖、茶细蛾、茶小绿叶蝉、刺蛾等；林木害虫如松毛虫、杨树舟蛾、美国白蛾等；卫生害虫如蝇、蚊等。

**应用技术**　以10％氯氰菊酯乳油、4.5％氯氰菊酯乳油、4.5％氯氰菊酯可湿性粉剂为例。

（1）防治蔬菜害虫

① 菜青虫、小菜蛾　在初龄幼虫期，用10％氯氰菊酯乳油300～600mL/hm²，兑水至2000～5000倍均匀喷雾。可兼治黄条跳甲、黄守瓜、斜纹夜蛾和烟青虫，对葱蓟马也有较好效果。但对已产生抗性的小菜蛾防治效果下降，应改用其他杀虫剂，不能盲目增加用量或提高浓度，以避免抗性加速发展。

② 豆野螟　在豆类开花时，初龄幼虫蛀荚为害之前，用10％氯氰菊酯乳油450～750mL/hm²兑水稀释后均匀喷雾。

③ 菜蚜　在无翅蚜发生盛期防治，每亩用4.5％氯氰菊酯乳油20～30mL兑水40～50kg均匀喷雾。

④ 蓟马　蚜株率达30％或卷叶株率在5％时进行防治，每亩用4.5％氯氰菊酯乳油30～50mL兑水40～50kg均匀喷雾。

（2）防治棉花害虫

① 棉铃虫、棉红铃虫　a.在卵孵盛期用药，用10％氯氰菊酯乳油750mL/hm²，间隔7d左右再防治1次。为避免耐药性可改用

无交互抗性的药剂轮用，同时可兼治金刚钻和造桥虫。b. 在棉花2～3代卵孵化盛期施药，每亩用4.5%氯氰菊酯乳油30～50mL兑水40～50kg均匀喷雾。

② 棉蚜　a. 用10%氯氰菊酯乳油225～450mL/hm² 兑水均匀喷雾。每个生长季最多喷2次，连续使用易产生耐药性，已出现耐药性的宜改用其他药剂。b. 蚜株率达30%或卷叶株率在5%时进行防治，每亩用4.5%氯氰菊酯乳油30～50mL兑水40～50kg均匀喷雾。

（3）防治果树害虫

① 苹果小食心虫、桃蛀螟　用10%氯氰菊酯乳油兑水稀释1500～3000倍均匀喷雾，可兼治蚜虫。

② 桃小食心虫、梨小食心虫　在卵果率1%左右，初龄幼虫蛀果为害之前，用10%氯氰菊酯乳油1500～2500倍液均匀喷雾。同时可兼治蚜虫、毛虫、刺蛾等叶面害虫。

③ 桔潜叶蛾　a. 在放梢初期，用10%氯氰菊酯乳油稀释4000～6000倍均匀喷雾，同时可兼治橘蚜、卷叶蛾等叶面害虫。b. 在放梢初期及卵孵化盛期进行防治，每亩用4.5%氯氰菊酯乳油2250～3000倍液均匀喷雾。

④ 柑橘红蜡蚧　在卵孵化盛期，用4.5%氯氰菊酯乳油兑水稀释900倍均匀喷雾。

（4）防治油料及经济作物害虫

① 豆天蛾、大豆食心虫　用10%氯氰菊酯乳油525～675mL/hm² 兑水稀释后均匀喷雾。可兼治造桥虫。

② 烟青虫　于2～3龄幼虫期施药，每亩用4.5%氯氰菊酯乳油25～40mL兑水60～75kg均匀喷雾。

（5）防治茶树害虫　如茶小绿叶蝉、茶尺蠖。

① 用10%氯氰菊酯乳油兑水稀释2000～3000倍均匀喷雾。防治茶尺蠖宜在3龄前用药，可兼治茶毛虫、小卷叶蛾和刺蛾。

② 茶尺蠖于2～3龄幼虫盛发期施药，每亩用4.5%氯氰菊酯乳油25～40mL兑水60～75kg均匀喷雾。

（6）防治卫生害虫

① 成蚊、家蝇成虫　用4.5%氯氰菊酯可湿性粉剂0.1～0.4g/m² 兑水稀释250倍，进行滞留喷洒。

② 蟑螂　在蟑螂栖息地和活动场所用4.5%氯氰菊酯可湿性粉剂0.9g/m² 兑水稀释250～300倍，进行滞留喷洒。

③ 蚂蚁　用4.5%氯氰菊酯可湿性粉剂1.1～2.2g/m² 兑水稀释250～300倍，进行滞留喷洒。

（7）防治林木害虫　松毛虫、杨树舟蛾、美国白蛾，在2～3龄幼虫发生期，用4.5%氯氰菊酯乳油4000～8000倍液均匀喷雾，飞机喷雾用量60～150mL/hm²。

**注意事项**

（1）用药量及施药次数不要随意增加，注意与非菊酯类农药交替使用。

（2）不要与碱性物质如波尔多液等混用。

（3）对水生生物、蜜蜂、蚕极毒，因而在使用中必须注意不可污染水域及饲养蜂蚕场地。

（4）应储存于阴凉、通风的库房，远离火种、热源，防止阳光直射，保持容器密封。

**相关复配制剂及应用**

（1）氯氰·辛硫磷

**曾用商品名**　氯氰·辛硫磷。

**主要活性成分**　氯氰菊酯，辛硫磷。

**作用特点**　具有触杀和胃毒作用。兼具氯氰菊酯和辛硫磷特性。

**剂型**　20%、24%、30%、40%乳油。

**应用技术**

① 菜青虫　用20%乳油90～150g/hm² 兑水均匀喷雾。

② 棉铃虫、棉蚜　用20%乳油225～300g/hm² 兑水均匀喷雾。

**注意事项**

① 本品见光易分解，使用时应注意。

② 不能与碱性物质混用。

（2）氯·三唑磷

**曾用商品名** 氯·三唑磷。

**主要活性成分** 氯氰菊酯，三唑磷。

**作用特点** 具有触杀和胃毒作用。

**剂型** 11%、16%、20%、21%乳油。

**应用技术**

① 棉铃虫 用20%乳油300～360g/hm² 兑水均匀喷雾。

② 棉蚜 用20%乳油180～240g/hm² 兑水均匀喷雾。

③ 柑橘潜叶蛾 用16%乳油80～160mg/hm² 兑水均匀喷雾。

## 高效氯氰菊酯（*beta*-cypermethrin）

(S)-α-氰基-3-苯氧基苄基-(1R)-顺-3-(2,2-二氯乙烯基)-2,2-二甲基环丙烷羧酸酯

(R)-α-氰基-3-苯氧基苄基-(1S)-顺-3-(2,2-二氯乙烯基)-2,2-二甲基环丙烷羧酸酯

(S)-α-氰基-3-苯氧基苄基-(1R)-反-3-(2,2-二氯乙烯基)-2,2-二甲基环丙烷羧酸酯

(R)-α-氰基-3-苯氧基苄基-(1S)-反-3-(2,2-二氯乙烯基)-2,2-二甲基环丙烷羧酸酯

$C_{22}H_{19}Cl_2NO_3$，416.2，65373-30-8

**化学名称** (R,S)-α-氰基-3-苯氧苄基(1R,3R)-顺、反-3-(2,2-二氯乙烯基)-2,2-二甲基环丙烷羧酸酯

**其他名称** 顺式氯氰菊酯、高效百灭可、高效安绿宝、奋斗呐、快杀敌、好防星、甲体氯氰菊酯、虫必除、百虫宁、保绿康、克多邦、绿邦、顺天宝、农得富、绿林、Fastac、Bcstox、Fendana、Renegade

**理化性质** 高效氯氰菊酯原药分别为顺式体和反式体的两对对映体组成（比例均为1∶1）。原药为白色结晶，熔点为63～65℃。

溶解性（20℃，g/L）：己烷为9，二甲苯为370，难溶于水。在弱酸性和中性介质中稳定，在碱性介质中发生差向异构化，部分转为低效体，在强酸和强碱介质中水解。

**毒性** 原药大白鼠急性 $LD_{50}$（mg/kg）：经口126（雄）、133（雌），经皮316（雄）、217（雌）；对兔皮肤和眼睛有刺激作用；对动物无致畸、致突变、致癌作用；对鸟类低毒，对鱼类高毒，田间使用剂量对蜜蜂无伤害。

**作用特点** 高效氯氰菊酯杀虫谱广，具有很高的触杀、胃毒作用，具有杀卵作用。其生物活性较高，是氯氰菊酯的高效异构体，击倒速度快，药效受温度影响大。

**适宜作物** 适用于蔬菜、棉花、烟草、大豆、油菜、果树、茶树、花卉等。

**防除对象** 蔬菜害虫如菜青虫、小菜蛾、菜螟、甜菜夜蛾、黄守瓜、黄条跳甲、菜蚜等；棉花害虫如棉铃虫、棉红铃虫、造桥虫、卷叶虫、金刚钻等；油料及经济作物害虫如大豆食心虫、豆荚螟、豆天蛾、造桥虫等；果树害虫如柑橘潜叶蛾、柑橘红蜡蚧、荔枝蝽、蒂蛀虫、梨木虱、桃小食心虫、梨小食心虫等；茶树害虫如茶毛虫、茶尺蠖、茶细蛾、茶小绿叶蝉、刺蛾等；卫生害虫如蝇、蚊、蟑螂、臭虫等。

**应用技术** 以10%高效氯氰菊酯乳油、5%高效氯氰菊酯乳油、50%高效氯氰菊酯可湿性粉剂为例。

（1）防治蔬菜害虫

① 菜青虫、小菜蛾、甜菜夜蛾 在幼虫3龄之前用药，用10%高效氯氰菊酯乳油300~600mL/hm² 兑水稀释后均匀喷雾，可兼治黄条跳甲。小菜蛾易产生抗性，应与其他药剂轮流使用。甜菜夜蛾有夜间活动习性，在傍晚喷药，效果较好，药量要适当提高。若单一防治菜青虫药量可适当降低。

② 菜蚜 用10%高效氯氰菊酯乳油6000倍液均匀喷雾。

（2）防治棉花害虫

① 棉蚜 在卷叶之前喷药，用10%高效氯氰菊酯乳油150~225mL/hm² 兑水稀释后均匀喷雾，喷洒周到，连续使用容易产生

耐药性。

② 棉铃虫、棉红铃虫　在卵孵盛期开始用药，用10％高效氯氰菊酯乳油187～300mL/hm²兑水稀释后均匀喷雾。

（3）防治果树害虫

① 柑橘红蜡蚧　在若虫盛发期施药，用10％高效氯氰菊酯乳油兑水稀释后均匀喷雾。

② 荔枝蝽　成虫在产卵前和若虫发生期各施一次药，用10％高效氯氰菊酯乳油4000～6000倍液均匀喷雾。

③ 蒂蛀虫　在收获前10～20d施药1次，应适当增加用量，或兑水稀释到4000～5000倍液均匀喷雾。飞机喷洒用120～180mL/hm²，兑水30～45L，距树冠5～10m高度穿梭喷雾。

④ 桃小食心虫、梨小食心虫　在卵果0.5％～1％，初孵幼虫蛀果为害之前施药，用5％高效氯氰菊酯乳油1500～2500倍的稀释液均匀喷雾，同时可兼治苹果、梨等叶面害虫。

（4）防治茶树害虫

① 茶尺蠖、茶毛虫、竹绿刺蛾、茶细蛾　在二龄、三龄幼虫盛发期施药，用5％高效氯氰菊酯乳油4000～5000倍液均匀喷雾。

② 小绿叶蝉　用5％高效氯氰菊酯乳油3000～4000倍液均匀喷雾。

（5）防治油料及经济作物害虫　烟青虫、烟蚜，用5％高效氯氰菊酯乳油1590～3900倍液均匀喷雾。

（6）防治卫生害虫　蚊蝇、蟑螂、臭虫等，在栖息或活动场所的物体表面或缝隙，进行表面滞留喷洒，用药20～30mg/m²，或将50％高效氯氰菊酯可湿性粉剂稀释100～150倍喷洒，防治臭虫时可适当增加用药量，药效可以保持2个月。

**注意事项**

（1）不要与碱性物质混用。

（2）对水生动物、蜜蜂、家蚕有毒，使用时注意不可污染水域及饲养蜂、蚕场地。

（3）除柑橘用药14d后可采摘外，其他作物用药7d后可收摘。

（4）本品虽属中等毒农药，使用时仍须注意安全防护。若中毒无特效解毒药，应对症治疗。

（5）应贮存于阴凉、通风的库房，远离火种、热源，防止阳光直射，保持容器密封。

**相关复配制剂及应用**

（1）高氯·灭幼脲

**主要活性成分** 高效氯氰菊酯，灭幼脲。

**作用特点** 具有胃毒和触杀作用。兼具高效氯氰菊酯和灭幼脲的特性。

**剂型** 15％悬浮剂。

**应用技术** 菜青虫，用15％悬浮剂112.5～157.5g/hm² 兑水均匀喷雾。

**注意事项**

① 十字花科上使用安全间隔期为7d，每季最多用2次。

② 对家蚕、蜜蜂有毒，使用时应注意。

③ 不能与碱性物质混用。

（2）高氯·氟铃脲

**主要活性成分** 高效氯氰菊酯，氟铃脲。

**作用特点** 具有触杀、胃毒作用。兼具高效氯氰菊酯和氟铃脲的特性。

**剂型** 5.7％乳油，5％悬浮液。

**应用技术**

① 小菜蛾 用5.7％乳油42.75～51.3g/hm² 兑水均匀喷雾。

② 卫生害虫蝇、蜚蠊 用5％悬浮液50mg/m²，滞留喷洒。

**注意事项**

① 十字花科上使用安全间隔期为7d，每季最多用2次。

② 对家蚕、蜜蜂有毒，使用时应注意。

③ 不与碱性物质混用。

（3）高氯·辛硫磷

**主要活性成分** 高效氯氰菊酯，辛硫磷。

**作用特点** 具有触杀和胃毒作用。兼具高效氯氰菊酯和辛硫磷特性。

**剂型** 20%、22%、25%乳油。

**应用技术**

① 大豆甜菜夜蛾 用 20%乳油 240～300g/hm² 兑水均匀喷雾。

② 棉铃虫 用 20%乳油 210～240g/hm² 兑水均匀喷雾。

③ 菜青虫 用 20%乳油 100～152g/hm² 兑水均匀喷雾。

④ 苹果树桃小食心虫 用 20%乳油 66.7～100mg/kg 兑水均匀喷雾。

**注意事项**

① 见光易分解，使用时需注意。

② 不能与碱性物质混用。

（4）高氯·唑磷

**主要活性成分** 高效氯氰菊酯，三唑磷。

**作用特点** 具有触杀和胃毒作用。兼具有高效氯氰菊酯和三唑磷的特性。

**剂型** 15%乳油。

**应用技术**

① 荔枝蒂蛀虫 用 15%乳油 100～150mg/hm² 兑水均匀喷雾。

② 菜青虫 用 15%乳油 600.9L/hm² 兑水均匀喷雾。

③ 棉铃虫 用 12%乳油 0.9～1.2L/hm² 兑水均匀喷雾。

**注意事项** 本品为高毒农药，使用时需注意。

（5）高氯·杀单

**主要活性成分** 高效氯氰菊酯，杀虫单。

**作用特点** 具有触杀和胃毒作用，有较好的内吸性，对鳞翅目幼虫和蚜虫高效。

**剂型** 16%水乳剂、16%微乳剂。

**应用技术** 黄瓜美洲斑潜蝇，用 16%水乳剂 120～180g/hm² 兑水均匀喷雾。

**注意事项**

① 不能与碱性物质混用。

② 对水生动物、家蚕、蜜蜂有毒，使用时需注意。

## 四溴菊酯 (tralomethrin)

$C_{22}H_{19}Br_4NO_3$，665.0，66841-25-6

**化学名称**　(1$R$,3$S$)-3-[($R$,$S$)(1′,2′,2′,2′-四溴乙基)]-2,2-二甲基环丙烷羧酸($S$)-α-氰基-3-苯氧苄基酯

**其他名称**　凯撒、刹克、Cesar、Tralate、Tracker、Marwate、Saga、Scout、NU 831、HAG 107、RU 25474

**理化性质**　原药为黄色至橘黄色树脂状物质。相对密度 1.7 (20℃)。能溶于丙酮、二甲苯、甲苯、二氯甲烷、二甲基亚砜、乙醇等有机溶剂；在水中溶解度为 70mg/L。当 50℃时，6 个月不分解，对光稳定，无腐蚀性。

**毒性**　大鼠急性经口 $LD_{50}$ 99.2mg/kg（雄），157.2mg/kg（雌）；兔急性经皮 $LD_{50}$ > 2000mg/kg；大鼠急性吸入 $LC_{50}$ 0.286mg/kg（4h）。对兔皮肤和眼睛有轻微刺激作用。大鼠 2 年饲喂试验无作用剂量为每天 0.75mg/kg、小鼠为每天 3mg/kg、狗每天 1mg/kg。对大鼠、小鼠和兔无致畸作用。在大鼠三代繁殖试验中未见对繁殖有影响；在致癌试验剂量下，对大鼠和小鼠均呈阴性；Ames 试验、细菌生长抑制试验、微核试验、活体外细胞遗传试验、显性致死试验等均呈阴性。虹鳟鱼 $LC_{50}$ 0.0016mg/kg（96h），蓝鲤鱼 $LC_{50}$ 0.0043mg/kg（96h），水蚤 $LC_{50}$ 38mg/kg（48h），鹌鹑急性经口 $LD_{50}$ > 2510mg/kg。蜜蜂接触 $LD_{50}$ 0.00012mg/只。

**作用特点**　四溴菊酯是一种新型拟除虫菊酯类杀虫剂，具有触杀和胃毒作用，击倒力强，杀虫迅速，用量低，效果高，对抗性害虫有较高的杀虫活性。生产中可与氨基甲酸酯类、有机磷酸酯类等复配制剂交替使用，以延长其使用寿命。如果在危害之前使用，可以保护大多数作物不受半翅目害虫危害，土表喷雾，可防治地老虎

等害虫。在土壤中降解迅速。在中性水中半衰期长达 1 个月。

**适宜作物**  蔬菜、棉花、小麦、水稻、玉米、高粱、甜菜、大豆、向日葵、果树、烟草、牧草、草坪等。

**防除对象**  棉花害虫如棉铃虫等。

**应用技术**  以 10.8％四溴菊酯乳油为例。该药目前在我国仅登记用于防治棉铃虫。在卵孵末期至初孵幼虫盛期施药，用 10.8％四溴菊酯乳油 $150 \sim 225 mL/hm^2$ 兑水 $750 \sim 1050L$ 均匀喷雾。

**注意事项**

（1）可用于溴氰菊酯有抗性的棉铃虫，但连续使用也会产生新的抗性。因此，在田间应用时可与氨基甲酸酯、有机磷类等混用或交替使用。

（2）对鱼类和蜜蜂有高毒，使用时切记勿接近水源及养蜂场所。

（3）本剂对眼睛和皮肤有刺激性，配药和施药时注意防护。

（4）如有误服，不要引吐，应立即就医，无特效解毒剂，需对症治疗。

（5）应储存于阴凉、通风的库房，远离火种、热源，防止阳光直射，保持容器密封。

## 氰戊菊酯（fenvalerate）

$C_{25}H_{22}ClNO_3$，419.9，51630-58-1

**化学名称**  $(R,S)$-$\alpha$-氰基-3-苯氧苄基$(R,S)$-2-(4-氯苯基)-3-甲基丁酸酯

**其他名称**  中西杀灭菊酯、杀灭菊酯、速灭菊酯、戊酸氰菊酯、异戊氰菊酯、敌虫菊酯、百虫灵、虫畏灵、分杀、芬化力、军星 10 号、杀灭虫净、速灭杀丁、Fenkill、Fenvalethrin、Sumitox、Sumicidin、Belmark、Pydrin

**理化性质**　纯品为黄色油状液体，原药（含氯氰菊酯 92％）为黄色或棕色黏稠液体，熔点 39.5～53.7℃。易溶于丙酮、乙腈、氯仿、乙酸乙酯、二甲基甲酰胺、二甲基亚砜、二甲苯等有机溶剂。在酸性介质中稳定，在碱性介质中会分解，加热 150～300℃时逐渐分解，常温下贮存 1 年分解率：40℃为 6.98％，60℃为 6.09％。30℃时 3d 分解率：pH＝3.4 时为 8.7％，pH＝7.3 时为 31.3％，pH＝10.8 时为 97.3％。

**毒性**　鼠急性经口 $LD_{50}$ 451mg/kg。对兔皮肤有轻度刺激作用、对眼睛有中度刺激性，动物试验未发现致癌和繁殖毒性。对鱼和水生动物有毒。

**作用特点**　氰戊菊酯杀虫谱广，具有强烈的触杀和胃毒作用，无内吸传导和熏蒸作用。对害虫与天敌都具有很高的毒杀作用，其中尤以杀伤鳞翅目幼虫效果最好，对半翅目和直翅目害虫也有较好的效果，但对螨类、蚧类及盲椿象的防效很差，对多种害虫都容易产生抗性。

**适宜作物**　蔬菜、棉花、大豆、小麦、烟草、果树、茶树、林木、花卉等。

**防除对象**　蔬菜害虫如菜青虫、小菜蛾、烟青虫、黄守瓜、甘蓝夜蛾、斜纹夜蛾、小地老虎等；棉花害虫如棉铃虫、棉红铃虫、造桥虫、卷叶虫、金刚钻、蓟马、叶蝉、棉蚜等；油料及经济作物害虫如大豆蚜、豆野螟、豆天蛾、豆秆蝇、大豆食心虫等；果树害虫如蚜虫、毛虫、尺蠖、刺蛾、潜叶蛾、卷叶蛾、梨网蝽、木虱、桃蛀螟、苹果蠹蛾、柑橘潜叶蛾、橘蚜、介壳虫、桃小食心虫、梨小食心虫等；林木害虫如马尾松毛虫、赤松毛虫、刺蛾、避债蛾等；茶树害虫如茶毛虫、茶尺蠖、茶细蛾、黑刺粉虱、刺蛾等；烟草害虫如烟蚜、烟青虫等；花卉害虫如蚜虫等；卫生害虫如蟑螂、蚂蚁、白蚁等。

**应用技术**　以 20％氰戊菊酯乳油为例。

（1）防治棉花害虫

① 棉铃虫　在卵孵高峰期用药，用 20％氰戊菊酯乳油稀释 2000 倍均匀喷雾，由于近年来抗性严重，多与辛硫磷等有机磷杀

虫剂混合使用，或用市售混剂。卵量大和卵期长的情况下隔 3～5d，需再喷 1 次。

② 棉红铃虫　在卵孵盛期，用 20% 氰戊菊酯乳油稀释 2000 倍均匀喷雾，在长江中、下流棉区抗性已逐渐上升，防效下降时，应注意更换药剂或与残效期较长的有机磷混合使用。

（2）防治油料及经济作物害虫

① 豆荚螟、大豆食心虫　用 20% 氰戊菊酯乳油 300mL/hm² 兑水均匀喷雾。

② 烟蚜、烟青虫　用 20% 氰戊菊酯乳油 450～600mL/hm² 兑水均匀喷雾。

（3）防治小麦害虫　麦蚜、黏虫，用 20% 氰戊菊酯乳油 3000～5000 倍液均匀喷雾，在穗期有白粉病或赤霉病时与杀菌剂混合应用。

（4）防治果树害虫

① 桃小食心虫、梨小食心虫　在卵孵盛期，卵果率达 1% 时，用 20% 氰戊菊酯乳油稀释 2000～4000 倍均匀喷雾，对幼虫或卵都有杀伤效果，在产卵期到初孵幼虫期可连续用药 2 次。

② 蚜虫、毛虫、尺蠖、刺蛾、潜叶蛾、卷叶蛾、梨网蝽、木虱、桃蛀螟、苹果蠹蛾　用 20% 氰戊菊酯乳油 1500～2000 倍液均匀喷雾。

（5）防治蔬菜害虫

① 菜青虫、小菜蛾　在幼虫 2～3 龄时用 20% 氰戊菊酯乳油稀释 2000～3000 倍均匀喷雾，同时可兼治菜蚜和斜纹夜蛾，但对已有抗性的小菜蛾无效。

② 菜蚜、蓟马　用 20% 氰戊菊酯乳油 300～600mL/hm² 兑水均匀喷雾。

（6）防治茶树害虫　茶尺蠖、茶毛虫、刺蛾、茶细蛾、黑刺粉虱，用 20% 氰戊菊酯乳油 2000～3000 倍液均匀喷雾。

**注意事项**

（1）对棉铃虫、棉蚜等连续几年用药，大多数地区已产生严重抗性，应停止使用或与其他药剂混用。

（2）对鱼类和水生生物毒性大，禁止使用于水稻田害虫防治，对蚕桑区使用，也应远离桑园。

（3）对茶树和蔬菜害虫防治要慎用，容易引起残留超标、影响茶叶出口或出现污染问题。

**相关复配制剂及应用**　氰戊·辛硫磷。

**主要活性成分**　氰戊菊酯，辛硫磷。

**作用特点**　具有触杀和胃毒作用。兼具氰戊菊酯和辛硫磷的特性。

**剂型**　15％、16％、20％、25％、30％、35％、50％乳油。

**应用技术**

① 棉铃虫　用25％乳油281.25～375g/hm² 兑水均匀喷雾。

② 十字花科蔬菜蚜虫、菜青虫　用25％乳油150～225g/hm² 兑水均匀喷雾。

③ 小麦蚜虫　用25％乳油112.5～150g/hm² 兑水均匀喷雾。

**注意事项**

① 本品见光易分解，使用时应注意。

② 不能与碱性物质混用。

### 溴灭菊酯（brofenvalerate）

$C_{25}H_{21}BrClNO_3$，498.6，65295-49-0

**化学名称**　$(R,S)$-$\alpha$-氰基-3-($4'$-溴苯氧基)苄基-$(R,S)$-2-(4-氯苯基) 异戊酸酯

**其他名称**　溴敌虫菊酯、赛特灵、溴氰戊菊酯、Ethofenprox、Ethoproxyfen、Lenatop

**理化性质**　原药为暗琥珀色油状液体，相对密度1.367，折射率 $n_D^{24}$ 1.575。可溶于二甲基亚砜及食用油等有机溶剂，不溶于水。对光、热稳定，酸性条件稳定，碱性条件易分解。

**毒性**　急性 $LD_{50}$（mg/kg）：＞10000（大鼠经口），＞10000

（大鼠经皮）。对眼睛和皮肤无刺激，亚慢性无作用计量为5000mg/kg。致突变试验阴性，无致突变作用。鲤鱼 $LC_{50}$ 为3.6mg/kg（48h）。

**作用特点**　本品是一种取代苯乙酸的含溴化合物的新型拟除虫菊酯杀虫剂，以触杀和胃毒作用为主，并对害虫有一定的驱避与拒食作用，无内吸与熏蒸作用。对害虫击倒快，杀虫谱广，杀虫活性高，对鳞翅目幼虫及蚜虫杀伤力大，对红蜘蛛也有较好的效果。

**适宜作物**　蔬菜、棉花、小麦、水稻、玉米、大豆、花生、烟草、果树、茶树、林木、草坪、花卉等。

**防除对象**　蔬菜害虫如菜青虫、小菜蛾、斜纹夜蛾、菜蚜、大猿叶虫等；棉花害虫如棉铃虫、棉红铃虫、红蜘蛛、卷叶虫、棉蚜等；果树害虫如蚜虫、大青叶蝉、毛虫、苹果叶螨、山楂叶螨、柑橘潜叶蛾、橘蚜、柑橘红蜘蛛、柑橘锈壁虱、桃小食心虫、梨小食心虫等；林木害虫如马尾松毛虫、刺蛾等。

**应用技术**　以20%溴灭菊酯乳油为例。

（1）防治棉花害虫

① 棉蚜　用20%溴灭菊酯乳油375～750mL/hm² 兑水均匀喷雾。

② 棉铃虫、棉红铃虫　棉铃虫在产卵高峰到盛孵初期用药，棉红铃虫在发蛾及产卵盛期用药。用20%溴灭菊酯乳油375～750mL/hm² 兑水 900～1125kg 均匀喷雾。

（2）防治蔬菜害虫　小菜蛾、菜青虫，用20%溴灭菊酯乳油150～225mL/hm² 兑水 450～900kg 均匀喷雾。

（3）防治果树害虫

① 柑橘蚜虫　在新梢上出现蚜虫时，用20%溴灭菊酯乳油兑水 1000～2000 倍液均匀喷雾。

② 柑橘潜叶蛾　在新梢长 1～3cm 时即可用药，用20%溴灭菊酯乳油1000～2000 倍液均匀喷雾。

③ 苹果叶螨　用20%溴灭菊酯乳油 2000～4000 倍液均匀喷雾。

④ 桃树大青叶蝉　在夏、秋季发生时喷施20%溴灭菊酯乳油

1000～2000 倍液均匀喷雾。

**注意事项**

（1）不宜在蚕区使用。

（2）喷雾前要搅拌均匀。

（3）不能与碱性农药混用。

（4）应储存于阴凉、通风的库房，远离火种、热源，防止阳光直射，保持容器密封。

## 戊菊酯（valerate）

$C_{24}H_{23}ClO_3$，399.9，51630-33-2

**化学名称** $(R,S)$-2-(4-氯苯基)-3-甲基丁酸间苯氧基苄酯

**其他名称** 多虫畏、戊酸醚酯、中西除虫菊酯、valerathrin

**理化性质** 黄色或棕色油状液体。沸点 248～250℃（266.4Pa），相对密度 1.164（20℃），折射率 $n_D^{20}$ 1.5695。能溶于一般有机溶剂，如乙醇、丙酮、甲苯、二甲苯等；不溶于水。对光、热稳定，在酸性条件下稳定，遇碱分解。

**毒性** 原药急性经口 $LD_{50}$（mg/kg）：2416（雄大鼠）、2129（小鼠）；小鼠急性经皮 $LD_{50}$＞4766mg/kg。大鼠无作用剂量为250mg/kg。属中等蓄积性。动物试验未见致畸、致突变作用。对皮肤及黏膜无明显刺激作用。

**作用特点** 戊菊酯是一种不含氰基结构的拟除虫菊酯杀虫剂，和其他种类的菊酯农药一样，具有触杀、胃毒和驱避作用，无熏蒸和内吸作用，杀虫谱广。但比其他菊酯类农药杀虫活性低，单位面积使用的剂量要高，对害虫击倒快、毒力强、持效期长。对螨类无效，使用不当可能导致再猖獗。

**适宜作物** 蔬菜、棉花、水稻、玉米、果树、茶树、林木、花卉等。

**防除对象**　蔬菜害虫如蚜虫、菜青虫、豆野螟、小菜蛾等；棉花害虫如棉铃虫、棉红铃虫、造桥虫、棉大卷叶螟、棉蚜等；杂粮害虫如玉米螟等；茶树害虫如茶毛虫、茶尺蠖、茶细蛾、茶小绿叶蝉等；果树害虫如柑桔潜叶蛾、桃小食心虫、梨小食心虫等；油料及经济作物害虫如大豆食心虫；卫生害虫如蟑螂、蚊、蝇等。

**应用技术**　以 20％戊菊酯乳油为例。

（1）防治棉花害虫

① 棉蚜、棉小造桥虫、棉大卷叶螟　用 20％戊菊酯乳油450～600mL/hm² 兑水均匀喷雾。

② 棉铃虫、棉红铃虫　在卵孵盛期，用 20％戊菊酯乳油750～1500mL/hm² 兑水均匀喷雾。

（2）防治蔬菜害虫

① 各种蚜虫、菜青虫　用 20％戊菊酯乳油 450～750mL/hm² 兑水均匀喷雾。

② 豆野螟　在开花期、卵孵盛期用药，用 20％戊菊酯乳油 750～1200mL/hm² 兑水均匀喷雾。

③ 小菜蛾（非抗性种群）　在一龄、二龄幼虫期，用 20％戊菊酯乳油 900～1500mL/hm² 兑水均匀喷雾。

（3）防治茶树害虫

① 茶毛虫、茶尺蠖、茶细蛾　在二龄、三龄幼虫盛发期用药，用 20％戊菊酯乳油 3000～4000 倍液均匀喷雾。

② 茶小绿叶蝉　用 20％戊菊酯乳油 2000～3000 倍液均匀喷雾。

（4）防治果树害虫

① 柑橘潜叶蛾　在放梢初期（新梢长 3～5cm），用 20％戊菊酯乳油 3000～4000 倍液均匀喷雾。

② 桃小食心虫、梨小食心虫　在卵果率 0.5％～1％，用 20％戊菊酯乳油 750～1500 倍液均匀喷雾。

（5）防治油料及经济作物害虫　大豆食心虫，在大豆结荚期，初龄幼虫蛀荚为害前，用 20％戊菊酯乳油 750～1200mL/hm² 兑水均匀喷雾。

**注意事项**

（1）不能在桑园、鱼塘、养蜂场所使用，以免污染。

（2）应贮存于阴凉、通风的库房，远离火种、热源，防止阳光直射，保持容器密封。

# 乙氰菊酯（cycloprothrin）

$C_{26}H_{21}Cl_2NO_4$，482.4，6993-38-6

**化学名称**  $(RS)$-$\alpha$-氰基-3-苯氧基苄基 $(RS)$-2,2-二氯-1-(4-乙氧基苯基) 环丙烷羧酸酯

**其他名称**  杀螟菊酯、赛乐收、稻虫菊酯、Cyclosal、fencyclate、NK 8116、GH414

**理化性质**  乙氰菊酯原药为透明黏稠液体，沸点 180～184℃/1.33Pa；溶解性（25℃，g/L）：丙酮、氯仿、苯、乙酸乙酯、乙醚、二甲苯＞2000，甲醇467，乙醇101；在弱酸性介质中稳定，在碱性介质中易分解，对光稳定。

**毒性**  原药急性 $LD_{50}$（mg/kg）：大、小鼠（雄、雌）经口＞5000；对动物无致畸、致突变、致癌作用；对蜜蜂和蚕有毒。

**作用特点**  乙氰菊酯杀虫作用以触杀为主，兼具胃毒作用，并具一定的驱避和拒食作用，无内吸和熏蒸作用。能抑制虫卵孵化，持效较长，使用安全。本品杀虫谱广，除主要用于水稻害虫的防治，还可用于其他旱地作物、蔬菜和果树害虫的防治，对植物安全。

**适宜作物**  主要用于水稻害虫防治，也可用于其他旱地作物、蔬菜、果树等。

**防除对象**  水稻害虫如稻象甲等。

**应用技术**  以 10%乙氰菊酯乳油、2%乙氰菊酯颗粒剂为例。

防治水稻害虫——稻象甲

① 在水稻移栽后 10d 内成虫高峰期用药，用 10%乙氰菊酯乳

油 100～133mL/hm² 兑水 75L 均匀喷雾，杀成虫效果好。

② 用 2% 乙氰菊酯颗粒剂 500～1000g/hm²，拌细砂或细土，均匀撒施田间，保持 2～3cm 水层，药效 10d。乳油杀伤成虫效果较好、速效性强，颗粒剂持效性较长，对初孵幼虫效果好。

**注意事项**

（1）该药对有机磷和氨基甲酸酯类杀虫剂抗性品系的黑尾叶蝉的活性高于敏感品系。

（2）每年最多使用 4 次，水稻收获前 60d 停止用药。

（3）不要与碱性物质混用。

（4）对蜜蜂、蚕有毒，使用时注意不可污染水域及饲养蜂蚕场地。

（5）应贮存于阴凉、通风的库房，远离火种、热源，防止阳光直射，保持容器密封。

## 醚菊酯 （ethofenprox）

$C_{25}H_{28}O_3$，376.5，80844-07-1

**化学名称** 2-（4-乙氧基苯基）-2-甲基丙基-3-苯氧基苄基醚

**其他名称** 苄醚菊酯、利来多、依芬宁、多来宝、ethoporoxyfen、Lenatop、MTI-500

**理化性质** 纯品醚菊酯为无色晶体，熔点 36.4～37.5℃，沸点 208℃/5.4mmHg❶；溶解性（25℃）：水 1mg/L，丙酮 7.8kg/L，氯仿 9kg/L，乙酸乙酯 6kg/L，甲醇 66g/L，二甲苯 4.8/L，乙醇 150g/L。

**毒性** 原药急性 $LD_{50}$（mg/kg）：大鼠经口＞21440（雄）、＞42880（雌），小鼠经口＞53600（雄）、＞107200（雌）；大鼠经皮＞1072（雄），小鼠经皮＞2140（雌）；对兔皮肤和眼睛无刺激性；对蜜蜂无毒；以一定剂量饲喂大鼠、小鼠、狗，均未发现异常

---

❶ 1mmHg＝133.322Pa。

现象；对动物无致畸、致突变、致癌作用。

**作用特点** 醚菊酯结构中无菊酸，但因空间结构和拟除虫菊酯有相似之处，所以仍称为类似拟除虫菊酯类的杀虫剂。具有杀虫谱广、杀虫活性高、击倒速度快、持效期较长，对稻田蜘蛛等天敌杀伤力较小，对作物安全等优点，但对螨类效果差。

**适宜作物** 蔬菜、棉花、大豆、小麦、烟草、水稻、果树、茶树、林木等。

**防除对象** 水稻害虫如稻褐飞虱、黑尾叶蝉、稻纵卷叶螟、稻象甲、稻苞虫、稻负泥虫等；棉花害虫如棉红铃虫、玉米螟、棉小造桥虫、棉大卷叶螟、棉蚜、盲椿象等；蔬菜害虫如菜青虫、瓜蚜、萝卜蚜、桃蚜、豆野螟、小菜蛾等；果树害虫如桃小食心虫、梨小食心虫、柑橘潜叶蛾、卷叶蛾、柑蚜等；油料及经济作物害虫如烟青虫、烟蚜、大豆食心虫、大豆夜蛾等；茶树害虫如茶尺蠖、茶毛虫、茶刺蛾等。

**应用技术** 以10％醚菊酯胶悬剂为例。

（1）防治水稻害虫

① 稻飞虱、叶蝉 在成、若虫盛发期，用10％醚菊酯悬浮剂1125～1500g/hm² 兑水均匀喷雾。

② 稻纵卷叶螟 在卷叶初期，2～3龄幼虫盛发期，用10％醚菊酯悬浮剂1125～1500g/hm² 兑水均匀喷雾。

③ 稻象甲、稻苞虫、稻负泥虫 用10％醚菊酯悬浮剂1200～2000g/hm² 兑水均匀喷雾。

（2）防治蔬菜害虫

① 菜青虫、小菜蛾（非抗性种群）、甜菜夜蛾、斜纹夜蛾 在一龄、二龄幼虫盛发期，用10％醚菊酯悬浮剂1200～1500mL/hm² 兑水均匀喷雾。

② 豆野螟 在豆类开花期，初龄幼虫蛀入花蕾，豆荚为害之前，用10％胶悬剂1200～1500mL/hm² 兑水均匀喷雾。

③ 蚜虫、温室白粉虱 用10％悬浮剂2000～2500倍液均匀喷雾。

（3）防治果树害虫

① 梨小食心虫、桃小食心虫　在卵果率1％左右，用10％醚菊酯悬浮剂的800～1000倍液均匀喷雾，可兼治其他叶面害虫。

② 柑橘潜叶蛾　在放梢初期（梢长3～5cm），用10％醚菊酯胶悬剂1000～2000倍均匀喷雾，可兼治卷叶蛾、柑蚜等其他叶面害虫。

（4）防治茶树害虫　茶尺蠖、茶毛虫、茶刺蛾，用10％醚菊酯1500～2000倍液均匀喷雾。

（5）防治棉花害虫

① 棉蚜　用10％醚菊酯悬浮剂750～900mL/hm$^2$兑水均匀喷雾。

② 棉铃虫、棉红铃虫、棉铃象甲、棉大卷叶虫　用10％醚菊酯1500～2000mL兑水均匀喷雾。对其他菊酯类杀虫剂已产生抗性的棉蚜、棉铃虫的防效不好。

（6）防治油料及经济作物害虫

① 大豆食心虫　在卵孵盛期，幼虫蛀荚为害之前，用10％醚菊酯悬浮剂900～1800mL/hm$^2$兑水均匀喷雾。

② 烟青虫、烟蚜　用10％醚菊酯胶悬剂900～1500mL/hm$^2$兑水均匀喷雾。

**注意事项**

（1）防治钻蛀性害虫应在蛀孔前防治，蛀入以后难以奏效。

（2）胶悬剂可能分层，用前应充分摇动。

（3）在虫螨混合发生为害时，应加杀螨剂使用。

（4）不要与强碱性农药混用。

（5）应贮存于阴凉、通风的库房，远离火种、热源，防止阳光直射，保持容器密封。

## 溴氰菊酯（deltamethrin）

$C_{22}H_{17}Br_2NO_3$，422.9，52918-63-5

**化学名称** (S)-α-氰基-3-苯氧苄基(1R,3R)-3-(2,2-二溴乙烯基)-2,2-二甲基环丙烷羧酸酯

**其他名称** 敌杀死、凯安保、凯素灵、扑虫净、氰苯菊酯、第灭宁、敌苄菊酯、倍特、康素灵、克敌、K-Othrin、Decis、NRDC-161、FMC45498、K-Obiol、Butox

**理化性质** 溴氰菊酯纯品为白色斜方形针状结晶，熔点101~102℃；工业原药有效成分含量98%，为无色结晶粉末，熔点98~101℃；难溶于水，可溶于丙酮、DMF、苯、二甲苯、环己烷等有机溶剂；对光、空气稳定；在弱酸性介质中稳定，在碱性介质中易发生皂化反应而分解。

**毒性** 原药急性 $LD_{50}$（mg/kg）：大鼠经口128（雄）、138（雌），小鼠经口33（雄）、34（雌）；大鼠经皮>2000；对皮肤、眼睛、鼻黏膜刺激性较大，对鱼、蜜蜂、家蚕高毒；对动物无致畸、致突变、致癌作用。

**作用特点** 溴氰菊酯作用部位在神经系统，为神经毒剂，使昆虫兴奋麻痹而死。具有触杀和胃毒作用，对害虫有一定趋避拒食作用，无内吸和熏蒸作用。杀虫谱广，持效期长，击倒速度快，对鳞翅目幼虫、蚜虫等杀伤力大，但对螨类无效。

**适宜作物** 蔬菜、棉花、大豆、果树、茶树、烟草、甘蔗、花卉等。

**防除对象** 蔬菜害虫如菜青虫、小菜蛾、斜纹夜蛾、甘蓝夜蛾、蚜虫、黄守瓜、黄条跳甲等；棉花害虫如棉铃虫、棉红铃虫、造桥虫、卷叶虫、金刚钻、棉蚜、棉椿象等；小麦害虫如黏虫等；油料及经济作物害虫如大豆食心虫、甘蔗条螟、黄螟、二点螟、大螟、烟蚜、烟青虫等；果树害虫如桃小食心虫、梨小食心虫、桃蛀螟、蚜虫、梨星毛虫、卷叶蛾、苹果蠹蛾、袋蛾、蚜虫、梨云翅斑螟、梨叶斑螟、梨木虱、柑橘潜叶蛾、柑橘花蕾蛆、柑橘恶性叶甲、橘潜叶甲等；花卉害虫如蚜虫等；茶树害虫如茶尺蠖、木橑尺蠖、茶毛虫、竹绎刺蛾、茶细蛾等；仓库害虫如谷蠹、米象、玉米象、谷盗等；卫生害虫如蟑螂、蚊、蝇等。

**应用技术** 以2.5%溴氰菊酯乳油为例。

（1）防治棉花害虫

① 棉铃虫、棉红铃虫、棉盲蝽　棉铃虫、棉红铃虫在卵孵盛期，初龄幼虫蛀入蕾、花，铃为害之前，盲蝽象在成、若虫为害顶芽和花蕾之前，用2.5％溴氰菊酯乳油600～750mL/hm² 兑水均匀喷雾，

② 棉蚜　在苗期用2.5％溴氰菊酯乳油300～450mL/hm² 均匀喷雾，在棉花生长中后期用2.5％溴氰菊酯乳油450～600mL/hm² 兑水均匀喷雾。

③ 棉小造桥虫　在二龄、三龄幼虫盛发期，用2.5％溴氰菊酯乳油300～450mL/hm² 兑水均匀喷雾。

（2）防治果树害虫　柑橘潜叶蛾、桃小食心虫，前者在新梢初放时用药，后者在卵孵盛期幼虫蛀果前用药，用2.5％溴氰菊酯乳油2000～4000 倍液均匀喷雾，可兼治苹果、梨等叶面害虫。

（3）防治蔬菜害虫　菜青虫、小菜蛾，在初龄幼虫期用药，用2.5％溴氰菊酯乳油5000～6000 倍液均匀喷雾，可兼治斜纹夜蛾、甘蓝夜蛾和蚜虫。小菜蛾易产生耐药性，不宜单独连续施用，发现药效下降即应改用其他杀虫剂。

（4）防治小麦害虫　黏虫，在二龄、三龄幼虫盛发期，用2.5％溴氰菊酯乳油3000～5000 倍液均匀喷雾。

（5）防治油料及经济作物害虫

① 大豆食心虫　可在卵孵盛期，初龄幼虫蛀荚为害之前，用2.5％溴氰菊酯乳油450～750mL/hm² 兑水均匀喷雾。

② 豆荚螟　在大豆开花结荚期或卵孵高峰期用药，用2.5％溴氰菊酯乳油375～600mL/hm² 兑水稀释2500～3000 倍均匀喷雾。

③ 草地螟　百株有幼虫达30～50 头时用药，用2.5％溴氰菊酯乳油225～300mL/hm² 即可，兑水稀释3000～4000 倍为宜。

（6）防治茶树害虫

① 茶尺蠖、木橑尺蠖、茶毛虫、茶细蛾　在二龄、三龄幼虫盛发期，用2.5％溴氰菊酯乳油4000～6000 倍液均匀喷雾。

② 茶小绿叶蝉　用2.5％溴氰菊酯乳油3000～5000 倍液均匀喷雾。

（7）防治林木害虫　松毛虫，在幼虫期用 2.5％乳油 375～900mL/hm² 兑水均匀喷雾，飞机喷洒每公顷用水 15～45kg。

**注意事项**

（1）使用时要求喷药均匀周到，对钻蛀性或卷叶为害的害虫，应掌握在蛀入作物或卷叶之前喷药，效果才好。

（2）在害虫与害螨同时发生为害时，应加杀螨剂混用或分别施用。

（3）不可与碱性物质混用。但为了提高药效，减少用量，延缓抗性产生，可以与马拉硫磷、双甲脒、乐果等非碱性物质随混随用。

（4）不能连续使用和随意加大使用浓度，以免使害虫过早产生耐药性。

（5）不能在桑园、鱼塘、河流、养蜂场等处及周围使用。

（6）应贮存于阴凉、通风的库房，远离火种、热源，防止阳光直射，保持容器密封。

# 顺式氰戊菊酯（esfenvalerate）

$C_{25}H_{22}ClNO_3$，419.9，66230-04-4

**化学名称**　（S）-α-氰基-3-苯氧基苄基-（S）-2-（4-氯苯基）-3-甲基丁酸酯

**其他名称**　高氰戊菊酯、S-氰戊菊酯、强力农、辟杀高、白蚁灵、双爱士、益化利、来福灵、强福灵、高效杀灭菊酯、Asana、Sumi-alfa、Fenvalerate-U、Sumi-alpha、Sumicidin-α

**理化性质**　纯品为白色结晶固体，熔点 59～60.2℃；相对密度 1.26（26℃）。易溶于丙酮、乙腈、氯仿、乙酸乙酯、二甲基甲酰胺、二甲基亚砜、二甲苯等有机溶剂，溶解度＞60％，在甲醇中的溶解度为 7％～10％，乙烷中 1％～5％；在水中溶解度 0.3mg/L。在酸性介质中稳定，在碱性介质中会分解，常温下贮存

2年稳定，对日光相对稳定。原药为棕褐色黏稠液体，在室温下为固体，熔点49.5～55.7℃。

**毒性**　大鼠急性 $LD_{50}$（mg/kg）：87～325（经口），＞5000（经皮）。大鼠急性吸入 $LC_{50}$（mg/kg）：480（雄），570（雌）。对兔眼睛有轻度刺激作用。大鼠亚急性经口无作用剂量为150mg/kg。动物试验未发现致癌和繁殖毒性。鲤鱼 $LC_{50}$ 690mg/L（96h）对水生动物有毒。

**作用特点**　顺式氰戊菊酯是一种活性较高的拟除虫菊酯类杀虫剂，与氰戊菊酯不同的是它仅含顺式异构体。但杀虫剂活性要比氰戊菊酯高出约4倍，因而使用剂量要低。在阳光下较稳定，而且能耐雨水淋刷。

**适宜作物**　棉花、果树、蔬菜、茶树、大豆等作物。

**防除对象**　棉花害虫如棉蚜、棉铃虫、棉红铃虫、玉米螟、造桥虫、棉蓟马、棉叶蝉等；果树害虫如柑橘潜叶蛾、卷叶蛾、橘蚜、桃小食心虫、梨小食心虫、梨星毛虫、舟型毛虫、梨网蝽、蓑蛾等；蔬菜害虫如菜青虫、小菜蛾、菜蚜、豆野螟等；茶树害虫如茶尺蠖、木橑尺蠖、茶毛虫、茶小绿叶蝉等；油料及经济作物害虫如烟青虫、烟蚜、大豆食心虫、豆荚螟、大豆蚜虫等；卫生害虫如蟑螂、蚊、蝇等。

**应用技术**　以5％顺式氰戊菊酯乳油为例。使用方法与氰戊菊酯相当，虽然药效比氰戊菊酯高4倍，但制剂含量为5％。因此田间兑水稀释和用量均和氰戊菊酯相同。

（1）防治棉花害虫　玉米螟、棉蚜、棉铃虫、棉红铃虫，用5％顺式氰戊菊酯乳油135～270mL/hm²，兑水稀释2000～3000倍液均匀喷雾。

（2）防治果树害虫　柑橘潜叶蛾、桃蚜、桃食心虫，用5％顺式氰戊菊酯乳油150～285mL/hm²，但需视果树大小而定，兑水稀释2000～3000倍液均匀喷雾。

（3）防治蔬菜害虫　菜蚜、菜青虫，用5％顺式氰戊菊酯乳油120～240mL/hm²，兑水稀释3000～6000倍液均匀喷雾。

（4）防治茶树害虫

① 茶毛虫、茶尺蠖　在二龄、三龄幼虫盛发期，用5％顺式氰戊菊酯乳油稀释5000～8000倍液均匀喷雾。

② 茶小绿叶蝉　用5％顺式氰戊菊酯乳油稀释4000～6000倍液均匀喷雾。

**注意事项**

（1）该药不宜与碱性物质混用。

（2）喷药时均匀周到，尽量减少用药次数及药量，而且应与其他杀虫剂交替使用或混用，以延缓抗性的产生。

（3）用药时不要污染河流、池塘、桑园和养蜂场等。

（4）在害虫和害螨混合发生为害时，应加杀螨剂使用。

（5）不宜做土壤处理剂使用。

（6）该药对人的眼睛、皮肤等有一定刺激作用，使用人员要注意劳动防护。

## 氟氰戊菊酯　（flucythrinate）

$C_{26}H_{23}F_2NO_4$，451.5，70124-77-5

**化学名称**　$(R,S)$-α-氰基-3-苯氧基苄基-$(S)$-2-(4-二氟甲氧基苯基)-3-甲基丁酸酯

**其他名称**　氟氰菊酯、保好鸿、护赛宁、中西氟氰菊酯、甲氟菊酯、Pay-off、Cythrin、Cybolt、Fuching juir、Guardin

**理化性质**　纯品氟氰戊菊酯为液体，沸点108℃/0.35mmHg；溶解性（20℃）：丙酮＞820g/L，己烷90g/L，正丙醇＞780g/L，二甲苯1.81g/L，水0.5mg/L。原药为黏稠的暗琥珀色液体，具有轻微类似酯的气味。

**毒性**　原药急性 $LD_{50}$（mg/kg）：大鼠经口81（雄）、67（雌），小鼠经口76（雌）；兔经皮＞1000；对兔皮肤和眼睛无刺激性；以60mg/kg以下剂量饲喂大鼠两年，未发现异常现象；对动物无致畸、致突变、致癌作用；对蜜蜂有驱避作用。

**作用特点**　氟氰戊菊酯改变昆虫神经膜的渗透性，影响离子通道，抑制昆虫神经传导，使害虫运动失调、痉挛、麻痹以致死亡。对害虫主要是触杀作用，也有胃毒和杀卵作用，但无熏蒸和内吸作用。药效迅速，可与一般的杀虫剂、杀菌剂混用，对叶螨有一定抑制作用。

**适宜作物**　棉花、果树、蔬菜、茶树、烟草、大豆、甜菜、玉米等。

**防除对象**　棉花害虫如棉铃虫、棉红铃虫、玉米螟、金刚钻、棉小造桥虫、棉蚜、棉叶蝉等；果树害虫如柑橘潜叶蛾、橘蚜、吹绵蚧、桃小食心虫、梨小食心虫、梨星毛虫、舟型毛虫、梨网蝽、小卷叶蛾等；蔬菜害虫如菜青虫、小菜蛾（非抗性种群）、桃蚜、豆蚜、萝卜蚜、瓜蚜、豆野螟、豆芫菁、菜螟、跳甲等；油料及经济作物害虫如烟青虫、烟蚜虫、大豆食心虫、豆荚螟、大豆蚜等；茶树害虫如茶毛虫、茶尺蠖、茶小绿叶蝉等。

**应用技术**　以 10％氟氰戊菊酯乳油为例。

（1）防治果树害虫

① 柑橘潜叶蛾　在放梢初期（新梢 3～5cm），用 10％氟氰戊菊酯乳油稀释 4000～6000 倍液均匀喷雾，可兼治橘蚜、卷叶蛾等。

② 桃小食心虫、梨小食心虫　在卵果率 1％左右，用 10％氟氰戊菊酯乳油稀释 1500～2500 倍液均匀喷雾，可兼治蚜虫、网蝽等叶面害虫。

（2）防治油料及经济作物害虫

① 烟青虫、烟蚜　用 10％氟氰戊菊酯乳油 450～600mL/hm$^2$ 兑水均匀喷雾。

② 大豆食心虫、豆荚螟　在结荚盛期，用 10％氟氰戊菊酯乳油 450～600mL/hm$^2$ 兑水均匀喷雾。

（3）防治茶树害虫

① 茶毛虫、茶尺蠖　在二龄、三龄幼虫盛发期，用 10％氟氰戊菊酯乳油稀释 4000～6000 倍液均匀喷雾。

② 茶小绿叶蝉、黑刺粉虱　用 10％氟氰戊菊酯乳油 3000～5000 倍液均匀喷雾。

（4）防治棉花害虫

① 棉红铃虫、棉铃虫、玉米螟　在卵孵盛期用10％氟氰戊菊酯乳油450～600mL/hm²兑水均匀喷雾，可兼治棉蓟马、棉叶蝉等。

② 灯蛾、刺蛾、棉小造桥虫　在二龄、三龄幼虫盛发期，用10％氟氰戊菊酯乳油225～625mL/hm²兑水均匀喷雾。

③ 棉蚜（非抗性种群）　在苗期用10％氟氰戊菊酯乳油225～300mL兑水均匀喷雾。

（5）防治蔬菜害虫

① 菜青虫　在二龄、三龄幼虫盛发期，用10％氟氰戊菊酯乳油450～750mL/hm²兑水均匀喷雾。

② 瓜蚜、萝卜蚜、桃蚜　用10％氟氰戊菊酯乳油300～600mL/hm²兑水均匀喷雾。

③ 豆野螟　在豆开花期、卵孵盛期，用10％氟氰戊菊酯乳油450～750mL/hm²兑水均匀喷雾。

④ 小菜蛾（非抗性种群）　用10％氟氰戊菊酯乳油600～900mL/hm²兑水均匀喷雾。

**注意事项**

（1）不能在桑园、鱼塘、养蜂场所使用。

（2）因无内吸和熏蒸作用，故喷药要周到、细致、均匀。

（3）防治钻蛀性害虫时，应在卵期或孵化前1～2d施药。

（4）不能与碱性农药混用，不能做土壤处理使用。

（5）连续使用会产生耐药性。

（6）不宜作为专用杀螨剂使用。

### 氟胺氰菊酯（*tau*-fluvalinate）

$C_{26}H_{22}ClF_3N_2O_3$，502.7，102851-06-9

**化学名称**　N-(2-氯-4-三氟甲基苯基)-DL-2-氨基异戊酸-α-氰

基-(3-苯氧苯基）甲基酯

**其他名称**　马卜立克、福化利、Mavrik、Apistan、Fluvalinate、Mavric、Klartan、Spur

**理化性质**　原药为黄色黏稠液体；沸点大于450℃，相对密度1.29（25℃）；闪点大于120℃；易溶于丙酮、醇类、二氯甲烷、三氯甲烷、乙醚及芳香烃溶剂，难溶于水；对光、热稳定，在酸性介质中稳定，碱性介质中分解；易被土壤有机质固定，无爆炸性。

**毒性**　原药对大鼠急性 $LD_{50}$（mg/kg）：260～280（经口），>2000（经皮）。急性吸入 $LC_{50}$ >5.1mg/L。对皮肤和眼睛有轻度刺激作用。

**作用特点**　氟胺氰菊酯具有胃毒、触杀作用，还具有杀螨及螨卵的作用。为高效广谱叶面喷施的杀虫、杀螨剂。可防治多种鳞翅目、半翅目、双翅目害虫和害螨。

**适宜作物**　棉花、果树、蔬菜、茶树、烟草、大豆等。

**防除对象**　棉花害虫如棉铃虫、棉红铃虫、玉米螟、棉蚜、棉盲椿象、棉蓟马、棉叶蝉、棉小造桥虫、棉大卷叶螟等；果树害虫如桃小食心虫、梨小食心虫、梨星毛虫、舟型毛虫、卷叶虫、蚜虫、潜叶蛾、卷叶蛾、橘蚜等；蔬菜害虫如菜青虫、小菜蛾、豆野螟、瓜蚜、桃蚜、萝卜蚜、豆蚜等；茶树害虫如茶毛虫、茶尺蠖、茶细蛾、茶小绿叶蝉等；油料及经济作物害虫如烟青虫、烟蚜、大豆食心虫、豆荚螟、大豆蚜虫等；对棉花、茄子、柑橘等作物的叶螨有效。对斜纹夜蛾、甘蓝夜蛾、黏虫、大螟等部分夜蛾科害虫，使用剂量较高，药效不稳定，对象鼻虫等效果不好。

**应用技术**　以20%氟胺氰菊酯乳油为例。

（1）防治棉花害虫

① 棉红铃虫、棉铃虫、玉米螟、金刚钻　在卵孵盛期、初龄幼虫钻蛀为害前，用20%氟胺氰菊酯乳油300～450mL/hm² 兑水均匀喷雾。可兼治棉红蜘蛛。

② 棉蚜、棉小造桥虫、棉蓟马　用20%氟胺氰菊酯乳油225～300mL/hm² 兑水均匀喷雾。

③ 棉盲椿象　用20%氟胺氰菊酯乳油300～750mL/hm² 兑水

均匀喷雾。

（2）防治果树害虫

① 桃小食心虫、梨小食心虫　在卵果率 0.5％～1％，用 20％氟胺氰菊酯乳油稀释 2000～3000 倍液均匀喷雾，可兼治叶螨。

② 梨星毛虫、舟形毛虫、蚜虫、刺蛾　用 20％氟胺氰菊酯乳油 3000～4000 倍液均匀喷雾。

（3）防治蔬菜害虫

① 菜青虫、萝卜蚜、桃蚜、豆蚜　用 20％氟胺氰菊酯乳油 225～375mL/hm² 兑水均匀喷雾。

② 小菜蛾（非抗性种群）　在一龄、二龄幼虫盛发期，用 20％氟胺氰菊酯乳油 450～750mL/hm² 兑水均匀喷雾。

③ 豆野螟　在豆类开花期，初龄幼虫蛀花蕾、豆荚为害前，用 20％氟胺氰菊酯乳油 375～525mL/hm² 兑水均匀喷雾。

④ 茄子、豆类、瓜类叶螨　用 20％氟胺氰菊酯乳油 2000～3000 倍液均匀喷雾。

⑤ 温室白粉虱　用 20％氟胺氰菊酯乳油 450～600mL/hm² 兑水均匀喷雾。

（4）防治茶树害虫

① 茶毛虫、茶尺蠖、茶细蛾　在二龄、三龄幼虫盛发期，用 20％氟胺氰菊酯乳油稀释 5000～7000 倍液均匀喷雾。

② 茶小绿叶蝉、黑刺粉虱　用 20％氟胺氰菊酯乳油 3000～4000 倍液均匀喷雾。

（5）防治油料及经济作物害虫

① 烟青虫、烟蚜　用 20％氟胺氰菊酯乳油 375～525mL/hm² 兑水均匀喷雾。

② 大豆食心虫　在结荚盛期，用 20％氟胺氰菊酯乳油 375～525mL/hm² 兑水均匀喷雾。

**注意事项**

（1）不宜与碱性农药混用。

（2）不能在桑园和鱼塘及周围使用。

（3）对棉铃虫、棉蚜等连续几年用药，大多数地区已产生严重抗性，应停止使用或与其他药剂混用。

（4）对茶树和蔬菜害虫防治要慎用，容易引起残留超标、影响茶叶出口或出现污染问题。

（5）使用药剂时出现中毒现象应赴医院采取应急治疗。

## 氯氟氰菊酯（*lambda*-cyhalothrin）

(Z)-(1R)-*cis*-α S        (Z)-(1S)-*cis*-α R

$C_{23}H_{19}ClF_3NO_3$，449.9，91465-08-6

**化学名称** 氰基-3-苯氧基苄基-3-(2-氯-3,3,3-三氟丙烯基)-2,2-二甲基环丙烷羧酸酯

**其他名称** 三氟氯氰菊酯、空手道、功夫菊酯、爱克宁、Cyhalon Kung Fu、Karate、Grenade、PP 321、OMS 3021、PP 563、ICI A0321

**理化性质** 氯氟氰菊酯纯品是 (Z)-(1R)-*cis*-αS 与 (Z)-(1S)-*cis*-αR 的 1:1 混合物，为白色或无色固体，熔点 49.2℃；溶解性 (21℃，g/L)：丙酮、乙酸乙酯、己烷、甲醇、甲苯＞500；在弱酸性介质中稳定，在碱性介质中易发生皂化反应而分解。

**毒性** 原药急性 $LD_{50}$（mg/kg）：大鼠经口 68.1（雄）、56.2（雌），大鼠经皮 2000（雄）、1200（雌）；对兔眼睛有轻度刺激性，对皮肤无刺激性；对动物无致畸、致突变、致癌作用。

**作用特点** 氯氟氰菊酯是对环境卫生害虫极为有效的一种广谱杀虫剂，具有触杀作用，属神经剧毒剂。具有击倒速度快、击倒能力强、用药量少等优点。能消灭传播疾病的媒介害虫和防治各种卫生害虫。

**适宜作物** 茶树、果树、蔬菜、棉花等。

**防除对象** 蔬菜害虫如菜青虫、小菜蛾、斜纹夜蛾、烟青虫、甜菜夜蛾、斜纹夜蛾、甘蓝夜蛾、菜蚜等；茶树害虫如茶尺蠖、茶细蛾、茶毛虫、茶蚜虫、茶叶蝉等；果树害虫如柑橘潜叶蛾、苹果蠹蛾、蚜

虫、卷叶蛾、桃小食心虫、梨小食心虫等；棉花害虫如棉叶螨、棉象甲、棉红铃虫等；卫生害虫如蚊、蝇、臭虫、跳蚤、蟑螂等。

**应用技术** 以 25g/L 氯氟氰菊酯乳油为例。

（1）防治蔬菜害虫

① 小菜蛾、甜菜夜蛾、斜纹夜蛾、烟青虫、菜螟 在 1～2 龄幼虫发生期，每亩用 25g/L 氯氟氰菊酯乳油 20～40mL 兑水 50kg 均匀喷雾。

② 菜青虫 在 2～3 龄幼虫发生期，每亩用 25g/L 氯氟氰菊酯乳油 15～25mL 兑水 50kg 均匀喷雾。

③ 菜蚜、瓜蚜 每亩用 25g/L 氯氟氰菊酯乳油 15～20mL 兑水 50kg 均匀喷雾。

④ 茄子叶螨、辣椒跗线螨 每亩用 25g/L 氯氟氰菊酯乳油 30～50mL 兑水 50kg 均匀喷雾。

（2）防治果树害虫

① 苹果蠹蛾、小卷叶蛾 在低龄幼虫始发期或开花坐果期，用 25g/L 氯氟氰菊酯乳油 2000～4000 倍液均匀喷雾。

② 柑橘全爪螨 用 25g/L 氯氟氰菊酯乳油 1000～2000 倍液均匀喷雾。

③ 柑橘潜叶蛾 用 25g/L 氯氟氰菊酯乳油 3000～5000 倍液均匀喷雾，可兼治卷叶蛾、橘蚜等。

④ 桃小食心虫、苹果绵蚜 用 25g/L 氯氟氰菊酯乳油 3000～4000 倍液均匀喷雾。

（3）防治茶树害虫

① 茶尺蠖、茶毛虫、茶小卷叶蛾、茶小叶绿蝉 每亩用 25g/L 氯氟氰菊酯乳油 20～40mL 兑水 50～100kg 均匀喷雾。

② 茶叶瘿螨、茶橙瘿螨 每亩用 25g/L 氯氟氰菊酯乳油 35～40mL 兑水 70～100kg 均匀喷雾。

（4）防治棉花害虫

① 棉铃虫、棉红铃虫 每亩用 25g/L 氯氟氰菊酯乳油 30～50mL 兑水 50～100kg 均匀喷雾，可兼治棉叶螨、棉象甲。

② 棉蚜 苗期每亩用 25g/L 氯氟氰菊酯乳油 20mL，伏蚜用

25g/L 氯氟氰菊酯乳油 20～30mL 兑水 50kg 均匀喷雾。

**注意事项** 毒性高，对鱼类和蜜蜂高毒，注意使用和环境安全。

## 甲氰菊酯（fenpropathrin）

C$_{22}$H$_{23}$NO$_3$，349.4，39515-41-8

**化学名称** (R,S)-α-氰基-3-苯氧苄基-2,2,3,3-四甲基环丙烷酸酯

**其他名称** 农螨丹、灭扫利、Meothrin、Fenpropanate、Danitol、Rody、Henald、FD706、WL41706、OMS1999、S-3206

**理化性质** 白色晶体，熔点 49～51℃；溶解性（20℃，g/L）：丙酮、环己酮、乙酸乙酯、乙腈、DMF＞500，正己烷 97，甲醇173；在室温、烃类溶剂、水中和微酸性介质中稳定，在碱性介质中不稳定。甲氰菊酯原药为黄褐色固体，熔点 45～50℃。

**毒性** 原药急性 LD$_{50}$（mg/kg）：大鼠经口 69.1（雄）、58.4（雌），小鼠经口 68.1（雄、雌）；大鼠经皮 794（雄）、681（雌）；对兔皮肤和眼睛无明显刺激性，对动物无致畸、致突变、致癌作用。

**作用特点** 甲氰菊酯具有触杀、胃毒作用，属神经毒剂。是一种拟除虫菊酯类杀虫剂，杀虫谱广，残效期长，其最大特点是对多种叶螨有良好效果，但本品无内吸、熏蒸作用。

**适宜作物** 果树、蔬菜、茶树、棉花、花卉等。

**防除对象** 蔬菜害虫如菜青虫、小菜蛾、温室白粉虱、二点叶螨等；棉花害虫如棉铃虫、棉红铃虫、造桥虫、卷叶虫、蓟马、叶蝉、棉蚜等；果树害虫如蚜虫、红蜘蛛、柑橘潜叶蛾、橘蚜、介壳虫等；油料及经济作物害虫如大豆蚜虫、大豆食心虫等；茶树害虫如茶尺蠖、茶毛虫、茶小叶绿蝉等；花卉害虫如毒蛾、榆兰金花虫、介壳虫等；卫生害虫如蟑螂、蚂蚁、白蚁等。

**应用技术**　以20％甲氰菊酯乳油、8％甲氰菊酯乳油为例。

（1）防治棉花害虫　棉铃虫、棉红铃虫、棉红蜘蛛，在棉铃虫卵孵盛期，棉红铃虫第二代、第三代卵孵盛期，棉红蜘蛛成、若螨发生期施药，每亩用20％甲氰菊酯乳油35～40mL，兑水75～100kg均匀喷雾，残效期7～10d。此法可兼治伏蚜、造桥虫、卷叶虫、棉蓟马。

（2）防治蔬菜害虫

① 菜青虫、小菜蛾　每亩用20％甲氰菊酯乳油20～30mL兑水50～75kg均匀喷雾。

② 温室白粉虱　每亩用20％甲氰菊酯乳油10～25mL兑水80～120kg均匀喷雾。

③ 二点叶螨　每亩用20％甲氰菊酯乳油20～30mL兑水50～75kg均匀喷雾。

（3）防治果树害虫

① 柑橘害虫　对于柑橘红蜘蛛的防治，用20％甲氰菊酯乳油2000～4000倍液均匀喷雾；柑橘潜叶蛾的防治，在新梢放出初期3～6d，或卵孵化期施药，用20％甲氰菊酯乳油4000～10000倍液均匀喷雾；橘蚜的防治，用20％乳油4000～8000倍液均匀喷雾。

② 桃树害虫　对于桃蚜，用20％甲氰菊酯乳油4000～6000倍液均匀喷雾；对桃小食心虫的防治，用20％甲氰菊酯乳油2000～4000倍液均匀喷雾，每隔10d左右施药一次，施药2～4次。

（4）防治茶树害虫　茶毛虫、茶小叶绿蝉、茶尺蠖，在幼虫2～3龄前期施药，用20％乳油8000倍液均匀喷雾。

（5）防治花卉害虫　对于花卉介壳虫、榆兰金花虫、毒蛾及刺蛾幼虫，在害虫发生期使用20％甲氰菊酯乳油2000～3000倍液均匀喷雾。

**注意事项**

（1）无内吸作用，因而喷药要均匀、周到。

（2）为延缓耐药性产生，一种作物生长季节内施药次数不要超过2次，或与有机磷等其他农药轮换使用或混用。

（3）对鱼、蚕、蜂高毒，施药时避免在桑园、养蜂区施药或药液流入池塘。

（4）在低温条件下药效更高、残效期更长，提倡早春和秋冬施药。

（5）除碱性物质外，可与各种药剂混用。

（6）安全间隔期棉花为21d，苹果为14d。

（7）此药虽具有杀螨作用，但不能作为专用杀螨剂使用，只能做替代品种，最好用于虫螨兼治。

**相关复配制剂及应用**　甲氰·唑磷。

**曾用商品名**　螨粒克。

**主要活性成分**　甲氰菊酯，三唑磷。

**作用特点**　具有强烈的触杀和胃毒作用，渗透性强，无内吸作用。兼具有甲氰菊酯和三唑磷的特性。

**剂型**　22%、20%乳油。

**应用技术**　柑橘红蜘蛛，用22%乳油147～220mg/hm² 兑水均匀喷雾。

**注意事项**　本品为农药高毒农药，使用时需注意。

## 四氟苯菊酯（transfluthrin）

$C_{15}H_{12}Cl_2F_4O_2$，371，118712-89-3

**化学名称**　2，3，5，6-四氟苄基（1R，3S）-3-（2，2-二氯乙烯基）-2，2-二甲基环丙烷羧酸酯

**其他名称**　四氟菊酯、NAK 4455、Baygon、Bayothrin

**理化性质**　无色结晶，气味微弱、无特征，熔点32℃，沸点135℃/0.1mmHg（250℃/760mmHg）。降解力（不加稳定剂）：大于250℃时存在很短时间、200℃时存在5h以上、120℃时存在120h以上。水解半衰期：>1 年（pH＝5，25℃）、>1 年（pH＝7，25℃）、14d（pH＝9，25℃）。溶解度（20℃，g/L）：水517×10⁻⁵，己烷、异丙醇、甲苯、二氯甲烷>200。

**毒性** 急性经口 $LD_{50}$（mg/kg）：大鼠 > 5000，小鼠 583（雄）、688（雌）。急性经皮 $LD_{50}$（mg/kg）：大鼠 > 5000。鱼毒性 $LC_{50}$（μg/L，96h）：虹鳟鱼 0.7，金圆腹雅罗鱼 1.25。

**作用特点** 四氟苯菊酯具有触杀作用，属神经毒剂。四氟苯菊酯属于广谱杀虫剂，能有效防治卫生害虫和储藏害虫；对双翅目昆虫如蚊类有快速击倒作用，且对蟑螂、臭虫有很好的残留效果。可用于蚊香、气雾杀虫剂、电热片蚊香等多种制剂中。

**防除对象** 卫生害虫如蚊、蝇、蜚蠊、蚂蚁等。

**应用技术** 以1％四氟苯菊酯的电蚊香液、0.15％四氟苯菊酯杀虫喷射剂为例。

**防治卫生害虫** 蚊、蝇、蜚蠊。

① 用含1％四氟苯菊酯的电蚊香液或含0.1％四氟苯菊酯的蚊香加热熏蒸。

② 用含0.15％四氟苯菊酯、0.3％胺菊酯、0.2％氯氰菊酯的杀虫喷射剂直接喷洒。

**注意事项**

（1）不能与碱性物质混用。

（2）对鱼、虾、蜜蜂、家蚕等毒性高，使用时勿接近鱼塘、蜂场、桑园，以免污染。

## 右旋烯炔菊酯（dimetfluthrin）

$C_{18}H_{26}O_2$，274.4，54406-48-3

**化学名称** (*E*)-(*R*,*S*)-1-乙炔基-2-甲基戊-2-烯基-(1*R*,*S*)-顺，反-2,2-二甲基-3-(2-甲基丙-1-烯基)-环丙烷羧酸酯

**其他名称** 炔戊菊酯、烯炔菊酯、百扑灵、empenthrine、Vaporthrin

**理化性质** 淡黄色油状液体；沸点295.5℃；能溶于丙酮、乙醇、二甲苯等有机溶剂中，常温下贮存2年稳定。

**毒性** 大鼠急性经口 $LD_{50}$（mg/kg）：＞5000（雄）、＞3500（雌）；急性经皮 $LD_{50}$＞2000mg/kg。对皮肤和眼睛无刺激性。

**作用特点** 右旋烯炔菊酯属于家用杀虫剂，是一种高效、低毒的新型拟除虫菊酯类杀虫剂，杀虫效果明显有效，比老式的右旋反式烯丙菊酯和丙炔菊酯产品效力要高 20 倍左右，是最新一代的家用卫生杀虫剂。

**防除对象** 卫生害虫如蚊、蝇、蜚蠊等；谷蛾科及皮蠹科害虫。

**应用技术** 以 45mg/片右旋烯炔菊酯防蛀片剂、60mg/片右旋烯炔菊酯防蛀片剂为例。

可作为加热或不加热熏蒸剂用于家庭或禽舍防治蚊蝇等害虫；或以防蛀蛾代替樟脑丸悬挂于密闭空间或衣柜中，防治危害织物的谷蛾科和皮蠹科害虫。加工成不含溶剂的加压喷射液，在图书馆、标本室、博物馆等室内喷射，可以保护书籍、文物、标本等不受虫害。

① 黑皮蠹　45mg/片右旋烯炔菊酯防蛀片剂，投放。

② 黑毛皮蠹、幕衣蛾　60mg/片右旋烯炔菊酯防蛀片剂，投放。

**注意事项**

（1）必须贮藏在密闭容器中，放置于低温和通风良好处，防止受热，勿受光照。

（2）在室内使用加压喷射剂喷雾时，采取防护。

## 氟丙菊酯（acrinathrin）

$C_{26}H_{21}F_6NO_5$，541.4，101007-06-1

**化学名称** （S)-α-氰基-3-苯氧基苄基(Z)-(1R,cis)-2,2-二甲基-[2-(2,2,2-三氟甲基乙氧基羧酸) 乙烯基] 环丙烷羧酸酯；(S)-α-氰基-3-苯氧基苄基(Z)-(1R,3R)-2,2-二甲基-[2-(2,2,2-三氟甲基

乙氧基羧酸酯）乙烯基〕环丙烷羧酸酯

**其他名称** 氟酯菊酯、杀螨菊酯、罗素发、Rufast、RU 38702

**理化性质** 氟丙菊酯为无色晶体，熔点 81～82℃。溶解性（20℃，g/L）：丙酮、氯仿、二氯甲烷、DMF、乙酸乙酯＞500，乙醇 40，己烷 10，正辛醇 10。酸性介质中稳定。

**毒性** 原药急性 $LD_{50}$（mg/kg）：大、小鼠经口＞5000，大鼠经皮＞2000。对兔皮肤和眼睛无刺激性。以 2.4～3.1mg/kg 剂量饲喂大鼠 90d，未发现异常现象。对动物无致畸、致突变、致癌作用。

**作用特点** 触杀、胃毒，属神经毒剂。对多种食植性的害螨有良好的触杀和胃毒作用。对柑橘全爪螨、二点叶螨、苹果红蜘蛛的幼、若螨及成螨均有良好防效。同时对刺吸式口器的害虫及鳞翅目害虫也有杀虫活性。

**适宜作物** 棉花、蔬菜、果树、大豆、玉米、烟草、茶树等。

**防除对象** 红蜘蛛。

**应用技术** 以 2%氟丙菊酯乳油为例。防治棉花、蔬菜、果树红蜘蛛，用 2%氟丙菊酯乳油 500～1000 倍液均匀喷雾。

**注意事项**

（1）不能与波尔多液混用，避免减效。

（2）本品主要是触杀作用，喷药力求周到。

（3）本品有刺激作用，施药时应注意安全防护。

## 氯烯炔菊酯（chlorempenthrin）

$C_{16}H_{20}Cl_2O_2$，315.3，54407-47-5

**化学名称** (1$R$,$S$)-顺,反-2,2-二甲基-3-(2,2-二氯乙烯基）环丙烷羧酸-1-乙炔基-2-甲基戊-2-烯基酯

**其他名称** 炔戊氯菊酯、二氯炔戊菊酯、中西气雾菊酯

**理化性质**　淡黄色油状液体，有清淡香味；沸点 $128 \sim 130 ℃$（4Pa），蒸气压 $4.13 \times 10^{-2}$ Pa（20℃），折射率 $n_{\mathrm{D}}^{21}$ 1.5047；可溶于多种有机溶剂，不溶于水；对光、热和酸性介质较稳定，在碱性介质中易分解。

**毒性**　小鼠急性经口 $LD_{50}$ 790mg/kg；常用剂量条件下对人畜眼、鼻、皮肤及呼吸道均无刺激；Ames 试验阴性。

**作用特点**　氯烯炔菊酯具有触杀作用，是一种高效、低毒的新型拟除虫菊酯类杀虫剂，对蚊、蝇、蜚蠊均有较好的效果。本品具有蒸气压高、挥发度好、杀灭力强的特点，对害虫击倒速度快，特别在喷雾及熏蒸时的击倒效果更为显著。

**防除对象**　蚊、蝇、蜚蠊等卫生害虫。

**应用技术**　以 0.4%氯烯炔菊酯杀虫喷射剂为例。防治卫生害虫——蚊、蝇，用 0.4%氯烯炔菊酯杀虫喷射剂直接喷洒。

**注意事项**　对鱼有毒，不要在湖泊池塘清洗器具、容器，以免造成污染。

## S-生物烯丙菊酯（S-bioallethrin）

$C_{19}H_{26}O_3$，302.4，28434-00-6

**化学名称**　(S)-3-烯丙基-2-甲基-4-氧代环戊-2-烯基(1R,3R)-2,2-二甲基-3-(2-甲基丙-1-烯基)环丙烷羧酸酯

**其他名称**　必扑、益多克、闯入者、esdepallethrine

**理化性质**　黄色油状液体。沸点 $135 \sim 138 ℃$（0.033kPa）。难溶于水。溶于乙醇、石油醚、煤油、四氯化碳等。对碱稳定。为非光学活性物。

**毒性**　大鼠急性经口、经皮和小鼠腹腔、皮下注射的 $LD_{50}$（mg/kg）：雌性鼠分别为 619、4200、584、4300，雄性鼠分别为 1100、2700、671、3690；大鼠（雌、雄）急性吸入 $LC_{50} >$

2500mg/m³（2h）；兔眼和皮肤刺激强度均属轻度刺激性；豚鼠皮肤致敏率为 14.3%；最大无作用剂量为 13.097mg/kg；Ames 试验为阴性。

**作用特点**　$S$-生物烯丙菊酯的杀虫毒力是丙烯菊酯的 4.9 倍，用以加工成蚊香后，把在蚊香中对蚊成虫的击倒速度与趋避作用作为总的药效观察，则本品比生物烯丙菊酯的药效要高 1.75 倍。

**防除对象**　主要用来防治家庭卫生害虫。

**应用技术**　以 18mg/片 $S$-生物烯丙菊酯电热蚊香片为例。一般混合增效剂和其他杀虫剂（如苯醚菊酯、溴氰菊酯）来配制气雾剂和喷雾剂，$S$-生物烯丙菊酯目前多用来制造盘香和电热蚊香片。防治卫生害虫——蚊，用 18mg/片 $S$-生物烯丙菊酯电热蚊香片电热加温。

**注意事项**　对鱼有毒，不要在鱼塘、湖泊、小池边清洗容器，避免污染。

## 胺菊酯（tetramethrin）

$C_{19}H_{25}NO_4$，331.4，7696-12-0

**化学名称**　3,4,5,6-四氢苯邻二甲酰亚氨甲基-(±) 顺式、反式菊酸酯

**其他名称**　诺毕那命、拟菊酯、四甲菊酯、似菊酯、酞菊酯、酞胺菊酯、Neo-Pynamin、Phthalthrin、Ecothrin、Butamin、Duracide、Mulhcide

**理化性质**　白色结晶固体，熔点 65～80℃，沸点 185～190℃/13.3Pa；溶解性（25℃，g/kg）：水 0.0046，己烷 20，甲醇 53，二甲苯 1000；对碱及强酸敏感，在乙醇中不稳定。工业品为白色或略带淡黄色的结晶或固体。

**毒性**　原药大白鼠急性 $LD_{50}$（mg/kg）：经口 5840（雄）、2000（雌）；经皮＞5000；对皮肤和眼睛无刺激性，以 2000mg/kg

剂量饲喂大鼠 3 个月，未发现异常现象；对动物无致畸、致突变、致癌作用；对鱼、蜜蜂、家蚕有毒。

**作用特点**　胺菊酯具有触杀作用，对蚊、蝇等卫生害虫具有快速击倒效果，但致死性能差，有复苏现象，因此要与其他杀虫效果好的药剂混配使用。该药对蜚蠊具有一定的驱赶作用，可使栖居在黑暗处的蜚蠊在胺菊酯的作用下跑出来又受到其他杀虫剂的毒杀而致死。该药为世界卫生组织推荐用于公共卫生的主要杀虫剂之一。

**防除对象**　蚊、蜚蠊、蝇等卫生害虫。

**应用技术**　以 0.55％胺菊酯杀虫气雾剂、0.7％胺菊酯杀虫喷射剂为例。胺菊酯单独使用效果不明显，主要是和一些有较强杀虫力而又对人畜低毒的卫生杀虫剂混配，制成喷洒剂或气雾剂。防治卫生害虫——蚂蚁、蚊、蝇、蜚蠊。

① 用 0.55％胺菊酯杀虫气雾剂（含 0.3％胺菊酯、0.15％氯氰菊酯、0.1％右旋烯丙菊酯）喷雾。

② 用 0.7％胺菊酯杀虫喷射剂（含 0.3％胺菊酯、0.25％富右旋反式烯丙菊酯、0.15％右旋苯醚菊酯）喷射。

**注意事项**

（1）避免光直射，应贮存在阴凉干燥处。

（2）在乙醇溶液中不稳定。

（3）对鱼、蜂、蚕高毒。

（4）对蚊、蝇击倒速度快但致死性差，故常与杀死力高的药剂复配使用。

## 右旋反式氯丙炔菊酯（D-*t*-chloroprallethrin）

$C_{17}H_{18}Cl_2O_3$，341，23031-36-9

**化学名称**　右旋-2,2-二甲基-3-反式-（2,2-二氯乙烯基）环丙烷羧酸-(S)-2-甲基-3-(2-炔丙基)-4-氧代-环戊-2-烯基酯

**商品名**　倍速菊酯

**理化性质**　原药为浅黄色晶体，熔点90℃，几乎不溶于水及其他羟基溶剂，可溶于甲苯、丙酮、环己烷等众多有机溶剂，其对光、热均稳定，在中性及微酸性介质中亦稳定，但在碱性条件下易分解。

**毒性**　大鼠急性经口 $LD_{50}$（mg/kg）：1470（雄），794（雌）。对大鼠（雄、雌）急性经皮 $LD_{50} > 5000$mg/kg。对兔眼睛和皮肤均无刺激性。大鼠（雄、雌）急性吸入 $LC_{50}$ 4300mg/m$^3$，对豚鼠试验表明无致敏。对小鼠致突变试验表明为阴性，并无致畸、致癌性。经对大鼠90d亚慢性毒性试验表明，其最大无作用剂量为60mg/kg（雄）和10mg/kg（雌）。

**作用特点**　右旋反式氯丙炔菊酯作用于昆虫钠离子通道引起神经细胞的重复开放，最终导致害虫麻痹死亡。对苍蝇和蟑螂，有很好的击倒和杀死活性。

**防除对象**　卫生害虫如苍蝇、蚊子、蟑螂等。

**应用技术**　以混有右旋反式氯丙炔菊酯0.04%气雾剂、0.05%气雾剂、0.06%气雾剂为例。防治卫生害虫——蚊、蝇、蜚蠊。

① 用含右旋反式氯丙炔菊酯0.04%、右旋胺菊酯0.26%、右旋苯醚氰菊酯0.28%的混合气雾剂，喷雾防治。

② 用含右旋反式氯丙炔菊酯0.05%、胺菊酯0.3%、氯氰菊酯0.2%的混合气雾剂，喷雾防治。

③ 用含右旋反式氯丙炔菊酯0.06%、氯菊酯0.2%、炔丙菊酯0.2%的混合气雾剂，喷雾防治。

**注意事项**　该药属弱致敏物质。

## 氟氯氰菊酯（cyfluthrin）

$C_{22}H_{18}Cl_2FNO_3$，434.3，68359-37-5

**化学名称**　($R$,$S$)-α-氰基-(4-氟-3-苯氧基苄基)-($R$,$S$)-顺，反-3-(2,2-二氯乙烯基)-2,2-二甲基环丙烷羧酸酯

**其他名称** 百治菊酯、百树菊酯、百树得、保得、拜虫杀、赛扶宁、杀飞克、氟氯氰醚菊酯、高效百树、Baythroid、Balecol、Bulldock、Cylathrin、Cyfloxylate

**理化性质** 氟氯氰菊酯为两个对映体的反应混合物，其比例为1：2。对映体 II（$S$，$1R$-顺-＋$R$，$1S$-顺-）的熔点81℃；溶解性（20℃）：二氯甲烷、甲苯＞200g/L，己烷 1～2g/L，异丙醇 2～5g/L；在弱酸性介质中稳定，在碱性介质中易分解。

**毒性** 氟氯氰菊酯原药急性 $LD_{50}$（mg/kg）：大鼠经口＞450、经皮＞5000、小鼠经口 140。以 125mg/kg 剂量饲喂大鼠 90d，未发现异常现象。

**作用特点** 氟氯氰菊酯具有触杀、胃毒作用，属神经毒剂，无内吸作用和渗透性。本品杀虫谱广，击倒迅速，持效期长，除对咀嚼式口器害虫，如鳞翅目幼虫或鞘翅目的部分甲虫有效外还可用于刺吸式口器害虫，如梨木虱的防治。若将药液直接喷洒在害虫身体上，防效更优，对作物安全。

**适宜作物** 棉花、果树、蔬菜、茶叶、烟草、大豆等。

**防除对象** 蔬菜害虫如菜青虫、小菜蛾等；棉花害虫如棉铃虫、造桥虫、蓟马、叶蝉、棉蚜等；果树害虫如蚜虫、毛虫、尺蠖、刺蛾、潜叶蛾、卷叶蛾、柑橘潜叶蛾、橘蚜、介壳虫、桃小食心虫、梨小食心虫等；茶树害虫如茶毛虫、茶尺蠖、茶细蛾、黑刺粉虱、刺蛾等；卫生害虫如蟑螂、蚂蚁、白蚁等。

**应用技术** 以 5.7％氟氯氰菊酯乳油、50g/L 氟氯氰菊酯乳油、10％氯氟氰菊酯可湿性粉剂为例。

（1）防治蔬菜害虫

① 菜青虫 用 5.7％氯氟氰菊酯乳油 25.65～34.2g/hm² 兑水均匀喷雾，或用 50g/L 氯氟氰菊酯乳油 20～25g/hm² 兑水均匀喷雾。

② 蚜虫 用 50g/L 氯氟氰菊酯乳油 20～25g/hm² 兑水均匀喷雾。

（2）防治棉花害虫 棉铃虫，用 5.7％氯氟氰菊酯乳油 34.2～42.75g/hm² 兑水均匀喷雾，或用 50g/L 氯氟氰菊酯乳油 24～37.5g/hm² 兑水均匀喷雾。

（3）防治卫生害虫 蚊、蝇、蟑螂，用 10％氯氟氰菊酯可湿性粉剂 7.5～22.5mg/m² 滞留喷洒。

**注意事项**

（1）不能与碱性物质混用，以免分解失效。

（2）不能在桑园、鱼塘、河流、养蜂场使用，避免污染。

（3）安全间隔期 21d。

**相关复配剂及应用** 氟氯氰·辛。

**曾用商品名** 名百兴、新百兴、涤虫清。

**主要活性成分** 氟氯氰菊酯，辛硫磷。

**剂型** 25％、30％、43％乳油。

**应用技术**

① 菜青虫 用 25％乳油 93.75～131.25g/hm² 兑水均匀喷雾。

② 棉铃虫、棉红蜘蛛 用 43％乳油 261.25～322.5g/hm² 兑水均匀喷雾。

③ 棉蚜 用 43％乳油 129～258g/hm² 兑水均匀喷雾。

**注意事项**

① 不能与碱性农药混用。

② 对水生鱼类、家蚕、蜜蜂高毒，使用时需注意。

③ 安全间隔期 21d。

### 高效氟氯氰菊酯 （*beta*-cyfluthrin）

I

II

III

IV

$C_{22}H_{18}Cl_2NO_2$，434.3，68359-37-5

**化学名称** （S）-α-氰基-4-氟-3-苯氧苄基（1R）-*cis*-3-（2,2-二氯

乙烯基)-2,2-二甲基环丙烷羧酸酯（Ⅰ）、(*R*)-α-氰基-4-氟-3-苯氧苄基（1*S*）-*cis*-3-(2,2-二氯乙烯基)-2,2-二甲基环丙烷羧酸酯（Ⅱ）、(*S*)-α-氰基-4-氟-3-苯氧苄基（1*R*）-*trans*-3-(2,2-二氯乙烯基)-2,2-二甲基环丙烷羧酸酯（Ⅲ）、(*R*)-α-氰基-4-氟-3-苯氧苄基（1*S*）-*trans*-3-(2,2-二氯乙烯基)-2,2-二甲基环丙烷羧酸酯（Ⅳ）

**其他名称** Baythroid XL、Cajun、Ducat、Full

**理化性质** 纯品外观为无色无臭晶体，相对密度为 1.34（22℃）。溶解度（20℃）：在水中Ⅱ为 1.9$\mu$g/L（pH＝7），Ⅳ为 2.9$\mu$g/L（pH＝7）；Ⅱ在正己烷中为 10～20g/L，异丙醇中为 5～10g/L。稳定性：在 pH＝4、7 时稳定，pH＝9 时，迅速分解。

**毒性** 急性经口 $LD_{50}$（mg/kg）：大鼠 380（在聚乙二醇中），211（在二甲苯中）；雄小鼠 91，雌小鼠 165。大鼠急性经皮 $LD_{50}$（24h）＞5000mg/kg。对皮肤无刺激，对兔眼睛有轻微刺激性，对豚鼠无致敏作用。

**作用特点** 高效氟氯氰菊酯具有触杀和胃毒作用，无内吸作用和渗透作用。本品杀虫谱广，击倒迅速，持效期长，除对咀嚼式口器害虫有效外，还可用于刺吸式口器害虫的防治，若将药液直接喷洒在害虫虫体上效果更佳。植物对本品有良好的耐药性。高效氟氯氰菊酯为神经轴突毒剂，可以引起昆虫极度兴奋、痉挛与麻痹，还能诱导产生神经毒素，最终导致神经传导阻断，也能引起其他组织产生病变。

**适宜作物** 棉花、小麦、玉米、果树、蔬菜、茶叶、烟草、大豆、观赏植物等。

**防除对象** 蔬菜害虫如菜青虫、潜叶蛾等；棉花害虫如棉铃虫、棉红铃虫等；小麦害虫如蚜虫等；果树害虫如桃小食心虫等。

**应用技术** 以 2.5％高效氟氯氰菊酯乳油、2.5％高效氟氯氰菊酯水乳剂、2.5％高效氟氯氰菊酯悬浮剂为例。

（1）防治蔬菜害虫　菜青虫，用 2.5％高效氟氯氰菊酯乳油 7.5～11.25g/hm² 兑水均匀喷雾。

（2）防治果树害虫　柑橘木虱，用 2.5％高效氟氯氰菊酯水乳剂 10～16.7mg/kg 兑水均匀喷雾。

（3）防治卫生害虫　蚊、蝇、蟑螂，用 2.5％高效氟氯氰菊酯悬浮剂 25～40mg/m² 滞留喷洒。

**注意事项**

（1）不能与碱性物质混用，以免分解失效。

（2）不能在桑园、鱼塘、河流、养蜂场使用，避免污染。

（3）应在温度较低时使用。

（4）棉花上每季最多使用 2 次，安全间隔期 21d。

（5）应贮藏在儿童接触不到的通风、凉爽的地方，并加锁保管。

# 高效氯氟氰菊酯

$C_{23}H_{19}ClF_3NO_3$，449.9，91465-08-6

**化学名称**　本品是一个混合物，含等量的 (S)-α-氰基-3-苯氧基苄基-(Z)-(1R,3R)-3-(2-氯-3,3,3-三氟丙烯基)-2,2-二甲基环丙烷羧酸酯，(R)-α-氰基-3-苯氧基苄基-(Z)-(1S,3S)-3-(2-氯-3,3,3-三氟丙烯基)-2,2-二甲基环丙烷羧酸酯

**其他名称**　功夫、γ-三氟氯氰菊酯、Icon、Karate、Warrior、Cyhalosun、Phoenix、SFK、Demand、Hallmark、Impasse、Kung Fu、Matador、Scimitar、Aakash、JudoDo、Katron、Pyrister、Tornado

**理化性质**　无色固体（工业品为深棕色或深绿色含固体黏稠物）。熔点 49.2℃（工业品为 47.5～48.5℃）。水中溶解度 0.005mg/L（pH=6.5，20℃）；其他溶剂中溶解度（20℃）：在丙酮、甲醇、甲苯、正己烷、乙酸乙酯中溶解度均大于 500g/L。

**毒性**　急性经口 $LD_{50}$（mg/kg）：雄大鼠 79，雌大鼠 56；大鼠急性经皮 $LD_{50}$（24h）632～696mg/kg。对兔皮肤无刺激，对兔眼睛有一定的刺激作用，对狗皮肤无致敏作用。

**作用特点**　高效氯氟氰菊酯作用于昆虫神经系统，通过钠离子通道作用破坏神经元功能，杀死害虫。具有触杀和胃毒作用，无内吸作用，能够快速击倒害虫，持效期长。能消灭传播疾病的媒介害虫和各种卫生害虫。

**适宜作物**　棉花、果树、蔬菜、茶树、烟草、马铃薯、观赏植物等。

**防除对象**　蔬菜害虫如菜青虫、蚜虫、美洲斑潜蝇、斜纹夜蛾、甜菜夜蛾、甘蓝夜蛾、温室白粉虱等；棉花害虫如棉铃虫、棉红铃虫、金刚钻、棉盲蝽等；果树害虫如桃小食心虫、柑橘潜叶蛾、苹果蠹蛾、小卷叶蛾、梨小食心虫、桃蛀螟以及叶螨等；茶树害虫如茶小绿叶蝉、茶尺蠖、茶毛虫、刺蛾、茶细蛾、茶蚜、茶橙瘿螨等；油料及经济作物害虫如烟青虫、烟蚜、大豆食心虫、豆天蛾、造桥虫、豆荚螟等。

**应用技术**　以 25g/L 高效氯氟氰菊酯乳油、2.5％高效氯氟氰菊酯乳油为例。

（1）防治蔬菜害虫

① 菜青虫　用 25g/L 高效氯氟氰菊酯乳油 7.5～15g/hm² 兑水均匀喷雾，或用 2.5％高效氯氟氰菊酯乳油 7.5～15g/hm² 兑水均匀喷雾。

② 蚜虫　用 25g/L 高效氯氟氰菊酯乳油 5.625～7.5g/hm² 兑水均匀喷雾。

③ 美洲斑潜蝇　2.5％高效氯氟氰菊酯乳油 15～18.75g/hm² 兑水均匀喷雾。

（2）防治棉花害虫　棉铃虫，用 25g/L 高效氯氟氰菊酯乳油 15～22.5g/hm² 兑水均匀喷雾。

（3）防治果树害虫　桃小食心虫，用 25g/L 高效氯氟氰菊酯乳油 6.25～8.33mg/kg 兑水均匀喷雾，或用 2.5％高效氯氟氰菊酯乳油 5～6.3mg/kg 兑水均匀喷雾。

（4）防治油料及经济作物害虫　烟青虫，用 25g/L 高效氯氟氰菊酯乳油 7.5～9.375g/hm² 兑水均匀喷雾。

（5）防治茶树害虫　茶小绿叶蝉，用 2.5％高效氯氟氰菊酯乳油 15～30g/hm² 兑水均匀喷雾。

**注意事项**

（1）在防治棉铃虫时连续使用本品易产生耐药性，要注意与其他作用机制不同的农药交替或轮换使用。

（2）不能在桑园、鱼塘、河流、养蜂场使用，避免污染。

（3）不能与碱性物质混用，以免分解失效。

## 四氟醚菊酯（tetramethylfluthrin）

$C_{17}H_{20}F_4O_3$，348.0

**化学名称** 2，2，3，3-四甲基环丙烷羧酸-2，3，5，6-四氟-4-甲氧甲基苄基酯

**其他名称** 优士菊酯

**理化性质** 工业品为淡黄色透明液体，沸点为 110℃（0.1mPa），熔点为 10℃，相对密度 $d_4^{28}$ 为 1.5072，难溶于水，易溶于有机溶剂。在中性、弱酸性介质中稳定，但遇强酸和强碱能分解，对紫外线敏感。

**毒性** 属中等毒性，大鼠急性经口 $LD_{50}$＜500mg/kg。

**作用特点** 四氟醚菊酯是通过破坏轴突离子通道而影响神经功能的神经毒剂。该产品是吸入和触杀型杀虫剂，也用作驱避剂，是速效杀虫剂。

**防除对象** 卫生害虫如蚊子、苍蝇、蟑螂等。

**应用技术** 以四氟醚菊酯 0.03％蚊香、0.72％电热蚊香液、60mg/片驱蚊片、0.05％气雾剂为例。防治卫生害虫。

① 蚊　a. 含四氟醚菊酯 0.03％的蚊香，点燃毒杀。b. 电热加温含四氟醚菊酯 0.72％的电热蚊香液毒杀。c. 利用含四氟醚菊酯 60mg/片的驱蚊片，趋避毒杀。

② 蚊、蝇、蜚蠊　用含四氟醚菊酯 0.05％、氯菊酯 0.28％的混合气雾剂，喷雾防治。

# 第五章
# 生物杀虫剂

## 苏云金芽孢杆菌

**拉丁文名称**　*Bacillus thuringiensis*

**其他名称**　敌宝、包杀敌、快来顺、B. t、Dipel、Ecotech-Bio

**适宜作物**　大豆、水稻、十字花科蔬菜、玉米、烟草、棉花、枣树、茶树、林木等。

**防除对象**　经济作物害虫及线虫如玉米螟、烟青虫、孢囊线虫等；茶树害虫如茶毛虫、茶尺蠖等；蔬菜害虫如菜青虫、小菜蛾、斜纹夜蛾、甜菜夜蛾等；水稻害虫如二化螟、三化螟、稻纵卷叶蛾等；棉花害虫如棉铃虫等；果树害虫如枣尺蠖等；林木害虫如松毛虫等。

**应用技术**　以 4000IU/mg 苏云金杆菌悬浮种衣剂、16000IU/mg 苏云金杆菌可湿性粉剂、2000IU/mg 苏云金杆菌悬浮剂、3.2% 苏云金杆菌可湿性粉剂、15000IU/mg 苏云金杆菌水分散粒剂、100 亿活芽孢/g 苏云金杆菌可湿性粉剂、$1.6 \times 10^4$ IU/mg 苏云金杆菌可湿性粉剂、4000IU/mg 苏云金杆菌粉剂为例。

（1）防治经济作物害虫及线虫

① 玉米螟　用 800～16000IU/mg 苏云金杆菌可湿性粉剂 1500～3000g/hm² 加细沙灌心。

② 烟青虫　用 16000IU/mg 苏云金杆菌可湿性粉剂 1500～

3000g/hm² 兑水均匀喷雾。

③ 孢囊线虫　用4000IU/mg苏云金杆菌悬浮种衣剂1∶（60～80）（药种比）为种子包衣。

（2）防治茶树害虫

① 茶毛虫　a. 用2000IU/mg苏云金杆菌和$1×10^4$PIB/$\mu$L茶毛虫核型多角体病毒复配的悬浮剂50～100mL/亩兑水均匀喷雾。b. 用16000IU/mg苏云金杆菌可湿性粉剂400～800倍液喷雾。

② 茶尺蠖　用2000IU/$\mu$L苏云金杆菌和$1×10^4$PIB/$\mu$L茶尺蠖核型多角体病毒复配的悬浮剂1500～2250g/hm²兑水均匀喷雾。

（3）防治蔬菜害虫

① 菜青虫　a. 用16000IU/mg苏云金杆菌和$1×10^4$PIB/mg菜青虫颗粒体病毒复配的可湿性粉剂750～1125g/hm²兑水均匀喷雾。b. 用3.2%苏云金杆菌可湿性粉剂1000～2000倍液喷雾。c. 用15000IU/mg苏云金杆菌水分散粒剂375～750g/hm²兑水均匀喷雾。d. 用45%的杀虫单和1%的苏云金杆菌复配的可湿性粉剂207～414g/hm²兑水均匀喷雾。

② 小菜蛾　a. 用8000～16000IU/mg苏云金杆菌可湿性粉剂1500～2250g/hm²兑水均匀喷雾。b. 用4000IU/mg苏云金杆菌和0.5%甲氨基阿维菌素苯甲酸盐复配的悬浮剂450～600g/hm²兑水均匀喷雾。c. 用100亿活芽孢/g苏云金杆菌和0.1%阿维菌素复配的可湿性粉剂1125～1500g/hm²兑水均匀喷雾。d. 用8000IU/$\mu$L苏云杆菌悬浮剂1125～2250mL/hm²兑水均匀喷雾。e. 用3.2%苏云金杆菌可湿性粉剂1000～2000倍液喷雾。f. 用15000IU/mg苏云金杆菌水分散粒剂375～750g/hm²兑水均匀喷雾。g. 用45%的杀虫单和1%的苏云金杆菌复配的可湿性粉剂207～414g/hm²兑水均匀喷雾。

③ 斜纹夜蛾　用15000IU/mg苏云金杆菌水分散粒剂375～750g/hm²兑水均匀喷雾。

④ 甜菜夜蛾　a. 用16000IU/mg苏云金杆菌和$1×10^4$PIB/mg甜菜夜蛾核型多角体病毒复配的可湿性粉剂1125～1500g/hm²兑水均匀喷雾。b. 用2000IU/$\mu$L苏云金杆菌悬浮剂和$1×10^7$PIB/

mL 苜蓿银纹夜蛾核型多角体病毒复配的悬浮剂 1125～1500mL/hm² 兑水均匀喷雾。c. 用 2.0％苏云金杆菌和 1.6％虫酰肼复配的可湿性粉剂 43.2～54g/hm² 兑水均匀喷雾。d. 用 50 亿活孢子/g 苏云金杆菌和 1.5％氟铃脲复配的可湿性粉剂 1200～1800g/hm² 兑水均匀喷雾。

（4）防治水稻害虫

① 二化螟 a. 用 100 亿活芽孢/g 苏云金杆菌和 46％杀虫单复配的可湿性粉剂 750～900g/hm² 兑水均匀喷雾。b. 用 0.5％苏云金杆菌和 62.6％杀虫单复配的可湿性粉剂 437.25～662.55g/hm² 兑水均匀喷雾。

② 三化螟 用 100 亿活芽孢/g 苏云金杆菌和 51％杀虫单复配的可湿性粉剂 750～1125g/hm² 兑水均匀喷雾。

③ 稻纵卷叶螟 a. 用 8000～16000IU/mg 苏云金杆菌可湿性粉剂 3000～4500g/hm² 兑水均匀喷雾。b. 用 45％的杀虫单和 1％的苏云金杆菌复配的可湿性粉剂 241.5～345g/hm² 兑水均匀喷雾。

（5）防治果树害虫 枣尺蠖，用 8000～16000IU/mg 苏云金杆菌可湿性粉剂 600～800 倍液喷雾。

（6）防治林木害虫 松毛虫。

① 用 8000～16000IU/mg 苏云金杆菌可湿性粉剂 600～800 倍液喷雾。

② 用 1.6×10⁴IU/mg 苏云金杆菌和 1×10⁴PIB/mg 松毛虫质型多角体病毒复配的可湿性粉剂 1000～2000 倍液喷雾。

③ 用 4000IU/mg 苏云金杆菌粉剂 4500～6000g/hm² 兑水均匀喷雾。

（7）防治棉花害虫

① 棉铃虫 a. 用 16000IU/mg 苏云金杆菌可湿性粉剂 3000～4500g/hm² 兑水均匀喷雾。b. 用 2％苏云金杆菌和 9％灭多威复配的可湿性粉剂 82.5～99g/hm² 兑水均匀喷雾

② 二代棉铃虫 a. 用 16000IU/mg 苏云金杆菌可湿性粉剂 1500～2250g/hm² 兑水均匀喷雾。b. 用 8000IU/mg 苏云金杆菌可湿性粉剂 3000～4500g/hm² 兑水均匀喷雾。

# 苏云金杆菌以色列亚种

**拉丁文名称** *Bacillus thuringiensis* H-14

**其他名称** B.t.i

**应用技术** 以 1200ITU/mg 苏云金杆菌以色列亚种可湿性粉剂、1600ITU/mg 苏云金杆菌以色列亚种可湿性粉剂、200ITU/mg 苏云金杆菌以色列亚种大粒剂、600ITU/mg 苏云金杆菌以色列亚种悬浮剂为例。

防治卫生害虫——蚊幼虫。

① 用 1200ITU/mg 苏云金杆菌以色列亚种可湿性粉剂兑水均匀喷洒。

② 用 1600ITU/mg 苏云金杆菌以色列亚种可湿性粉剂 1～2g/m$^2$ 兑水均匀喷洒。

③ 室外幼蚊用 200ITU/mg 苏云金杆菌以色列亚种大粒剂 1～2g/m$^2$ 投放。

④ 用 600ITU/mg 苏云金杆菌以色列亚种悬浮剂 2～5mL/m$^2$ 水面喷洒。

⑤ 室外幼蚊用 1200ITU/mg 可湿性粉剂 0.5～1g/m$^2$ 兑水均匀喷洒。

# 球形芽孢杆菌

**拉丁文名称** *Bacillus sphearicus* H5a5b

**其他名称** C3-41 杀幼虫剂

**理化性质** 制剂外观：灰色-褐色悬浮液体；酸碱度：5.0～6.0；悬浮率≥80%。

**毒性** 急性 LD$_{50}$（mg/kg）：经口＞5000；经皮＞2000。

**作用特点** 本品系球形芽孢杆菌发酵配制而成，对人、畜、水生生物低毒，是一种高效、安全、选择性杀蚊的生物杀蚊幼剂。广泛用于杀灭各种滋生地中的库蚊、按蚊幼虫、伊蚊幼虫，中毒症状在取食 1h 后出现。强光照射可使稳定性下降，即使在弱碱性条件下也会被迅速破坏。

**防除对象** 库蚊、按蚊幼虫、伊蚊幼虫等。

**应用技术**　以 80ITU/mg 球形芽孢杆菌悬浮剂、100ITU/mg 球形芽孢杆菌悬浮剂为例。防治卫生害虫——蚊幼虫。用 80ITU/mg 球形芽孢杆菌悬浮剂或 100ITU/mg 球形芽孢杆菌悬浮剂 3mL/m² 均匀喷洒。

**注意事项**　本品为生物制剂，应避免阳光紫外线照射，贮存于干燥、阴凉通风处。

## 绿僵菌

**拉丁文名称**　*Metarhizium anisopliae*

**其他名称**　杀蝗绿僵菌、金龟子绿僵菌

**理化性质**　产品外观为灰绿色微粉，疏水、油分散性。活孢率≥90.0%，有效成分（绿僵菌孢子）≤5×10¹⁰ 孢子/g，含水量≤5.0%，孢子粒径≤60μm，感杂率≤0.01%。

**毒性**　急性 $LD_{50}$（mg/kg）：经口＞2000，经皮＞2000。

**作用特点**　该产品产生作用的是绿僵菌分生孢子，萌发后可以侵入昆虫表皮，以触杀方式侵染寄主致死，环境条件适宜时，在寄主体内增殖产孢，绿僵菌可以再次侵染流行，实现蝗灾的控制。

**适宜作物**　大白菜、椰树、苹果树、草地等。

**防除对象**　果树害虫如椰心叶甲、桃小食心虫等；草地害虫如蝗虫等；蔬菜害虫如甜菜夜蛾等；卫生害虫如蜚蠊等；滩涂害虫如蝗虫等。

**应用技术**　以 25 亿孢子/g 金龟子绿僵菌可湿性粉剂、100 亿孢子/g 金龟子绿僵菌油悬浮剂、5 亿孢子/g 金龟子绿僵菌饵剂为例。

（1）防治果树害虫

① 椰心叶甲　用 25 亿孢子/g 金龟子绿僵菌可湿性粉剂 375～500 亿孢子/株兑水均匀喷雾。

② 桃小食心虫　用 100 亿孢子/g 金龟子绿僵菌可湿性粉剂 3000～4000 倍液喷雾。

（2）防治草地害虫　蝗虫，用 100 亿孢子/g 金龟子绿僵菌可湿性粉剂 20～30g/亩兑水均匀喷雾。

（3）防治蔬菜害虫　甜菜夜蛾，用 100 亿孢子/g 金龟子绿僵

菌油悬浮剂 20～33g/亩兑水均匀喷雾。

（4）防治滩涂害虫　蝗虫。

① 用 25 亿孢子/g 金龟子绿僵菌可湿性粉剂 22500～30000 亿孢子/hm² 兑水均匀喷雾。

② 用 100 亿孢子/g 金龟子绿僵菌油悬浮剂 250～500g/hm² 超低容量喷雾。

（5）防治卫生害虫　蜚蠊，用 5 亿孢子/g 金龟子绿僵菌饵剂制成杀蟑饵剂投放于蜚蠊出没处。

## 球孢白僵菌

**拉丁文名称**　*Beauveria bassiana*

**其他名称**　Beauverial

**理化性质**　外观为土灰色条状。

**毒性**　急性 $LD_{50}$（mg/kg）：经口＞5000，经皮＞2000。

**适宜作物**　花生、水稻、小白菜、竹子、棉花、茶树、林木等。

**防除对象**　林木害虫如光肩星天牛、美国白蛾、松毛虫、松褐天牛、杨小舟蛾等；棉花害虫如斜纹夜蛾等；茶树害虫如茶小绿叶蝉等；竹子害虫如竹蝗等；水稻害虫如稻纵卷叶螟等；蔬菜害虫如小菜蛾等；地下害虫如蛴螬等。

**应用技术**　以 2 亿孢子/cm² 球孢白僵菌、150 亿个孢子/g 球孢白僵菌可湿性粉剂、400 亿孢子/g 球孢白僵菌水分散粒剂、400 亿孢子/g 球孢白僵菌可湿性粉剂、300 亿孢子/g 球孢白僵菌可分散油悬浮剂为例。

（1）防治林木害虫

① 松褐天牛　用 2 亿孢子/cm² 球孢白僵菌制成挂条，2～3 条/15 株。

② 松毛虫　用 150 亿孢子/g 球孢白僵菌可湿性粉剂 3000～3900g／hm² 兑水均匀喷雾。

③ 光肩星天牛　a. 用 2 亿孢子/cm² 球孢白僵菌制成挂条，2～3 条/15 株。b. 用 400 亿孢子/g 球孢白僵菌可湿性粉剂 1500～2500 倍液喷雾（防治成虫），产卵孔（排泄孔）注射（防治幼虫）。

④ 美国白蛾、杨小舟蛾、松毛虫　用 400 亿孢子/g 球孢白僵菌可湿性粉剂 1500～2500 倍液均匀喷雾。

（2）防治棉花害虫　斜纹夜蛾，用 400 亿孢子/g 球孢白僵菌可湿性粉剂 375～450 g/hm² 兑水均匀喷雾。

（3）防治茶树害虫　茶小绿叶蝉，用 400 亿孢子/g 球孢白僵菌可湿性粉剂 375～450g/hm² 兑水均匀喷雾。

（4）防治竹子害虫　竹蝗，用 400 亿孢子/g 球孢白僵菌可湿性粉剂 1500～2500 倍液均匀喷雾。

（5）防治蔬菜害虫　小菜蛾，用 400 亿孢子/g 球孢白僵菌水分散粒剂 390～525 g/hm² 兑水均匀喷雾。

（6）防治水稻害虫　稻纵卷叶螟。

① 用 400 亿孢子/g 球孢白僵菌水分散粒剂 390～525g/hm² 兑水均匀喷雾。

② 用 300 亿孢子/g 球孢白僵菌可分散油悬浮剂 500～700mL/hm² 兑水均匀喷雾。

（7）防治地下害虫　蛴螬，用 150 亿孢子/g 球孢白僵菌可湿性粉剂 3750～4500 g/hm² 拌毒土撒施。

**注意事项**

（1）本产品对人畜安全，但应避免儿童误食。

（2）箱口一旦开启，应尽快用完，以免影响孢子活力；产品存放于低温阴凉处，避免阳光直射。

## 阿维菌素（abamectin）

Bla：$C_{48}H_{72}O_{14}$　Blb：$C_{47}H_{70}O_{14}$，Bla：873.09　Blb：859.06，71751-41-2

**其他名称** 螨虫素、齐螨素、害极灭、杀虫丁

**理化性质** 原药精粉为白色或黄色结晶（含 B1a 80%，B1b＜20%），蒸气压＜200nPa，熔点 150～155℃。21℃时溶解度：水 7.8μg/L、丙酮 100g/L、甲苯 350g/L、异丙醇 70g/L、氯仿 25g/L。常温下不易分解。在 25℃，pH=5～9 的溶液中无分解现象。在通常贮存条件下稳定，对热稳定，对光、强酸、强碱不稳定。

**毒性** 原药急性 $LD_{50}$（mg/kg）：野鸭经口 84.6，北美鹑经口＞2000；兔经皮＞2000。被土壤微生物迅速降解，无生物富集。

**作用特点** 阿维菌素干扰昆虫的神经生理活动，刺激释放 γ-氨基丁酸，而 γ-氨基丁酸对节肢动物的神经传导有抑制作用，螨类和昆虫与药剂接触后即出现麻痹症状，不活动不取食，2～4d 后死亡。它是一种大环内酯双糖类化合物。是从土壤微生物中分离的天然产物，对昆虫和螨类具有触杀和胃毒作用并有微弱的熏蒸作用，无内吸作用，但对叶片有很强的渗透作用，可杀死表皮下的害虫，且残效期长。不杀卵，因不引起昆虫迅速脱水，所以它的致死作用较慢。对捕食性和寄生性天敌虽有直接杀伤作用，但因于植物表面残留少，因此对益虫的损伤小。

**适宜作物** 蔬菜、果树、水稻、棉花、花卉等。

**防除对象** 果树害虫如红蜘蛛、桔小实蝇、潜叶蛾、梨木虱、锈壁虱、二斑叶螨、梨小食心虫等；水稻害虫如稻纵卷叶螟等；蔬菜害虫如瓜实蝇、小菜蛾、美洲斑潜蝇、菜青虫等；棉花害虫如棉铃虫、红蜘蛛等；花卉害虫如红蜘蛛等。

**应用技术** 以 1.8% 阿维菌素乳油、10% 阿维菌素悬浮剂、5% 阿维菌素水乳剂、0.5% 阿维菌素可湿性粉剂、0.1% 阿维菌素饵剂为例。

（1）防治果树害虫

① 红蜘蛛　用 10% 阿维菌素悬浮剂 10.5～16.5g/hm² 兑水均匀喷雾。

② 潜叶蛾　用 1.8% 阿维菌素乳油 4.5～9mg/kg 兑水均匀喷雾。

③ 桔小实蝇　用 0.1% 阿维菌素饵剂 2.7～4.05g/hm²，稀释 2～3

倍后装入诱集罐，每罐装稀释液 54mL，10 个诱集罐/亩进行诱杀。

（2）防治水稻害虫　稻纵卷叶螟，用 5％阿维菌素水乳剂 6.75～8.25g/hm² 兑水均匀喷雾。

（3）防治蔬菜害虫　小菜蛾。

① 用 1.8％阿维菌素乳油 9～13.5g/hm² 兑水均匀喷雾。

② 用 0.5％阿维菌素可湿性粉剂 8.1～10.8g/hm² 兑水均匀喷雾。

（4）防治棉花害虫　红蜘蛛，用 1.8％阿维菌素乳油 8.1～10.8g/hm² 兑水均匀喷雾。

（5）防治花卉害虫　　红蜘蛛，用 1.8％阿维菌素乳油 5.4～10.8g/hm² 兑水均匀喷雾。

**注意事项**

（1）施药时要有防护措施，戴好口罩等。

（2）对鱼类高毒，应避免污染水源和池塘等。

（3）对蜜蜂有毒，不要在开花期使用。

（4）最后一次施药距收获期 20d。

### 甲氨基阿维菌素苯甲酸盐（emamectin benzoate）

R=Me 或 Et

Bla：$C_{49}H_{75}NO_{13} \cdot C_7H_6O_2$　　Blb：$C_{48}H_{73}NO_{13} \cdot C_7H_6O_2$，

Bla：1008.26　Blb：994.23，137512-74-4

**化学名称**　4′-表-甲氨基-4′-脱氧阿维菌素苯甲酸盐

**其他名称**　甲维盐

**理化性质**　外观为白色或淡黄色结晶粉末，熔点 141～146℃；稳定性：在通常贮存条件下本品稳定，对紫外光不稳定。溶于丙酮、甲苯，微溶于水，不溶于己烷。

**作用特点**　甲维盐阻碍害虫运动神经信息传递而使虫体麻痹死

亡。甲维盐具有高效、广谱、残效期长的特点，为优良的杀虫、杀螨剂。作用方式以胃毒作用为主，兼有触杀作用，对作物无内吸性能，但有效深入施用作物表皮组织，因而具有较长残效期。对防治螨类、鳞翅目、鞘翅目及半翅目害虫有极高活性，且不与其他农作物产生交叉，在土壤中易降解无残留，不污染环境，在常规剂量范围内对有益昆虫及天敌、人、畜安全，可与大部分农药混用。

**适宜作物**　蔬菜、棉花等。

**防除对象**　蔬菜害虫如甜菜夜蛾、小菜蛾等；棉花害虫如棉铃虫等。

**应用技术**　以1％甲维盐乳油、1.5％甲维盐乳油、2％甲维盐乳油、5％甲维盐水分散粒剂为例。

（1）防治蔬菜害虫

① 小菜蛾　用1％甲维盐乳油2.25～3g/hm² 兑水均匀喷雾。

② 甜菜夜蛾　a. 用1.5％甲维盐乳油2.25～3.75g/hm² 兑水均匀喷雾。b. 用5％甲维盐水分散粒剂2.25～3.75g/hm² 兑水均匀喷雾。

（2）防治棉花害虫　棉铃虫，用2％甲维盐乳油9.675～12.9g/hm² 兑水均匀喷雾。

**注意事项**

（1）施药时要有防护措施，戴好口罩等。

（2）对鱼高毒，应避免污染水源和池塘等。

（3）对蜜蜂有毒，不要在开花期使用。

## 茶尺蠖核型多角体病毒（EONPV）

**其他名称**　尺蠖清

**毒性**　属于高度特异性病毒杀虫剂，对哺乳动物无毒，对植物没有任何药害。

**作用特点**　茶尺蠖核型多角体病毒进入茶尺蠖幼虫的脂肪体细胞和肠细胞核，病毒复制致使茶尺蠖染病死亡，再通过横向传染使种群不断引发流行病，并通过纵向传染杀蛹和卵，从而有效控制茶尺蠖的为害，抑制其蔓延。

**适宜作物**　茶树。

**防除对象**　茶尺蠖。

**应用技术**　以 $1 \times 10^7$ PIB/mL 茶尺蠖核型多角体病毒悬浮剂、$1 \times 10^4$ PIB/$\mu$L 茶尺蠖核型多角体病毒悬浮剂为例。防治茶树害虫——茶尺蠖，用 $1 \times 10^7$ PIB/mL 茶尺蠖核型多角体病毒和苏云金杆菌 2000IU/$\mu$L 复配的悬浮剂 $1500 \sim 2250$mL/ hm$^2$ 兑水均匀喷雾。

## 茶毛虫核型多角体病毒

### (*Euproctis pseudoconspersa* nucleopolyhedogsis virus)

**理化性质**　在扫描电镜下大多为不规则的多面体，有似三角形、四角形、多角形等形状。表面光滑，少数有些皱褶，多角体大小不一，直径为 $1.1 \sim 2.1 \mu$m，多数为 $1.8 \mu$m。电镜下茶毛虫病毒粒子为杆状，大小约为 120nm$\times$340nm。茶毛虫多角体不溶于水、酒精、氯仿、丙酮、乙醚、二甲苯，但易溶于碱性溶液。

**毒性**　大鼠急性 $LD_{50}$（mg/kg）：经口（雌/雄）$>5000$，经皮（雌/雄）$>5000$。

**作用特点**　茶毛虫核型多角体病毒属病原微生物，它可直接作用于茶毛虫的脂肪体和中肠细胞核，并迅速复制导致幼虫死亡，还可在茶园害虫种群中引发流行病，从而长期有效地控制茶毛虫为害，但防治对象单一，对其他害虫无效。

**适宜作物**　茶树。

**防除对象**　茶毛虫。

**应用技术**　以 10000PIB/$\mu$L 茶毛虫核型多角体病毒悬浮剂为例。防治茶树害虫——茶毛虫，用 10000PIB/$\mu$L 茶毛虫核型多角体病毒和 2000IU/$\mu$L 苏云金杆菌复配的悬浮剂 $50 \sim 100 \mu$L/亩兑水均匀喷雾。

## 甘蓝夜蛾核型多角体病毒 (*Mamestra brassicae* multiple NPV)

**理化性质**　外观为白色固体，熔点 $238 \sim 240$℃，在水中溶解度为 $1 \sim 2$mg/L，相对密度 1.65。

**毒性**　急性 $LD_{50}$（mg/kg）：经口$>2000$，经皮$>2000$。

**作用特点**　病毒被幼虫摄食后，包涵体在寄主的高碱性中肠内溶解，释放出包有衣壳蛋白的病毒粒子，穿过围食膜并侵入中肠细胞。在细胞核内脱衣壳，然后进行增殖。最初产生未包埋的病毒粒子，加速幼虫死亡，最终大量的包涵体被释放到环境中。

**适宜作物**　甘蓝。

**防除对象**　小菜蛾。

**应用技术**　以 $20 \times 10^8$ PIB/$\mu$L 甘蓝夜蛾核型多角体病毒悬浮剂为例。防治蔬菜害虫——小菜蛾，用 $20 \times 10^8$ PIB/$\mu$L 甘蓝夜蛾核型多角体病毒悬浮剂 $1350 \sim 1800$mL/hm$^2$ 兑水均匀喷雾。

## 甜菜夜蛾核型多角体病毒

### (*Laphygma exigua* nuclear polyhedrosis virus)

**理化性质**　外观：灰白色。沸点：$100℃$。熔点：$160 \sim 180℃$（炭化）。稳定性：$25℃$以下贮藏二年生物活性稳定。

**毒性**　急性 LD$_{50}$（mg/kg）：经口 $>5000$，经皮 $>2000$。

**作用特点**　甜菜夜蛾核型多角体病毒属于高度特异性微生物病毒杀虫剂，起胃毒作用。病毒被幼虫摄食后，包涵体在寄主中肠内溶解，释放出包有衣壳蛋白的病毒粒子，进入寄主血淋巴并增殖，最终导致幼虫死亡，表皮破裂，大量的包涵体被释放到环境中。感病幼虫通常在 $5 \sim 10$ d 后死亡。

**适宜作物**　十字花科蔬菜。

**防除对象**　甜菜夜蛾。

**应用技术**　以 $5 \times 10^8$ PIB/g 甜菜夜蛾核型多角体病毒悬浮剂、$30 \times 10^8$ PIB/mg 甜菜夜蛾核型多角体病毒悬浮剂、$300 \times 10^8$ PIB/g 甜菜夜蛾核型多角体病毒水分散粒剂、$1 \times 10^4$ PIB/mg 甜菜夜蛾核型多角体病毒可湿性粉剂为例。防治蔬菜害虫——甜菜夜蛾。

① 用 $5 \times 10^8$ PIB/g 甜菜夜蛾核型多角体病毒悬浮剂 $120 \sim 160$mL/hm$^2$ 兑水均匀喷雾。

② 用 $30 \times 10^8$ PIB/mg 甜菜夜蛾核型多角体病毒悬浮剂 $300 \sim 450$g/hm$^2$ 兑水均匀喷雾。

③ 用 $300 \times 10^8$ PIB/g 甜菜夜蛾核型多角体病毒水分散粒剂 $30 \sim 75$g/hm$^2$ 兑水均匀喷雾。

④ 用 $1 \times 10^4$ PIB/mg 甜菜夜蛾核型多角体病毒和苏云金杆菌 16000IU/mg 复配的可湿性粉剂 1125～1500g/hm² 兑水均匀喷雾。

**注意事项**

(1) 桑园及养蚕场所不得使用。

(2) 不能同化学杀菌剂混用。

(3) 应储藏于干燥阴凉通风处。

(4) 质量保证期二年。

### 斜纹夜蛾核型多角体病毒 (*Spodoptera litura* NPV)

**理化性质** 病毒为杆状，伸长部分包围在透明的蛋白孢子体内。原药为黄褐色到棕色粉末，不溶于水。

**作用特点** 小菜蛾感染后 4 d 停止进食，5～10 d 后死亡。可用于防治作物上的甜菜夜蛾。

**适宜作物** 十字花科蔬菜。

**防除对象** 斜纹夜蛾。

**应用技术** 以 $10 \times 10^8$ PIB/g 斜纹夜蛾核型多角体病毒可湿性粉剂、200 亿 PIB/g 斜纹夜蛾核型多角体病毒水分散粒剂、$1 \times 10^7$ PIB/mg 斜纹夜蛾核型多角体病毒悬浮剂为例。防治蔬菜害虫——斜纹夜蛾。

① 用 $10 \times 10^8$ PIB/g 斜纹夜蛾核型多角体病毒可湿性粉剂 600～750g/hm² 兑水均匀喷雾。

② 用 $200 \times 10^8$ PIB/g 斜纹夜蛾核型多角体病毒水分散粒剂 45～60g/hm² 兑水均匀喷雾。

③ 用 $1 \times 10^7$ PIB/mg 斜纹夜蛾核型多角体病毒与 3% 高效氯氰菊酯复配的悬浮剂 1125～1500mg/hm² 兑水均匀喷雾。

### 苜蓿银纹夜蛾核型多角体病毒 (*Autographa californica* NPV)

**其他名称** 奥绿一号

**理化性质** 制剂外观为橘黄色可流动悬浮液体，pH＝6.0～7.0。

**毒性** 急性 $LD_{50}$ （mg/kg）：经口＞5000，经皮＞4000。

**作用特点** 触杀。该药为一种新型昆虫病毒杀虫剂。杀虫谱广，对危害蔬菜等农作物鳞翅目害虫有较好的防治效果，具有低毒、药效持久、对害虫不易产生抗性等特点，是生产无公害蔬菜的生物农药。

**适宜作物**　十字花科蔬菜。

**防除对象**　甜菜夜蛾。

**应用技术**　以 $10×10^8$ PIB/mL 苜蓿银纹夜蛾核型多角体病毒悬浮剂、$1×10^7$ PIB/mL 苜蓿银纹夜蛾核型多角体病毒悬浮剂为例。防治蔬菜害虫——甜菜夜蛾。

① 用 $10×10^8$ PIB/mg 苜蓿银纹夜蛾核型多角体病毒悬浮剂 $1500～2250$mL/hm$^2$ 兑水均匀喷雾。

② 用 $1×10^7$ PIB/mL 苜蓿银纹夜蛾核型多角体病毒和 $2000$IU/μL 苏云金杆菌复配的悬浮剂 $1125～1500$mL/hm$^2$ 兑水均匀喷雾。

**注意事项**　本品不能与酸碱性物质混合存放。

## 菜青虫颗粒体病毒 (*Pieris rapae* granulosis virus)

**作用特点**　菜青虫颗粒体病毒经害虫摄食后直接作用于害虫幼虫的脂肪体和中肠细胞核，并迅速复制，导致幼虫染病死亡。菜青虫感染颗粒体后，体色由青绿色逐渐变为黄绿色，最后变成黄白色，体节肿胀，食欲不振，最后停食死亡。死虫体壁常流出白色无臭液体，在叶上常是倒吊或呈"V"字形悬吊，也有贴附在叶片上的。该病毒通过病虫粪便及死虫感染其他健康虫，导致大量害虫死亡。该病毒专化性强，只对靶标害虫有效，不影响害虫的天敌，不污染环境，持效期长。

**适宜作物**　十字花科蔬菜。

**防除对象**　菜青虫。

**应用技术**　以 $1×10^4$ PIB/mg 菜青虫颗粒体病毒可湿性粉剂、$1000×10^4$ PIB/mL 菜青虫颗粒体病毒悬浮剂为例。防治蔬菜害虫——菜青虫。

① 用 $1×10^4$ PIB/mg 菜青虫颗粒体病毒和 $16000$IU/mg 苏云金杆菌复配的可湿性粉剂 $750～1125$g/hm$^2$ 兑水均匀喷雾。

② 用 $1000×10^4$ PIB/mL 菜青虫颗粒体病毒和 $0.2\%$ 苏云金杆

菌复配的悬浮剂 3000～3600mL/hm² 兑水均匀喷雾。

### 小菜蛾颗粒体病毒（*Plutella xylostella granulosis virus*）

**其他名称**　环业二号

**理化性质**　外观为均匀疏松粉末，制剂密度为 2.6～2.7g/cm³，pH＝6～10，54℃保存 14d 活性降低率不小于 80％。

**毒性**　急性 $LD_{50}$（mg/kg）：经口 3174.7，经皮＞5000。

**作用特点**　小菜蛾颗粒体病毒感染小菜蛾后在其中肠溶解，进入细胞核中复制、繁殖、感染细胞，使害虫代谢失常，48 h 后可大量死亡。可长期造成施药地块的病毒水平传染和次代传染，对幼虫及成虫均有很强防效。对化学农药、B.t 已产生抗性的小菜蛾具有明显的防治效果，对天敌安全。

**适宜作物**　十字花科蔬菜。

**防除对象**　小菜蛾。

**应用技术**　以 300×10⁸OB/mL 小菜蛾颗粒体病毒悬浮剂为例。防治蔬菜害虫——小菜蛾，用 300×10⁸OB/mL 小菜蛾颗粒体病毒悬浮剂 375～450 mL/hm² 兑水均匀喷雾。

**注意事项**　不可与杀菌剂混用。

### 松毛虫质型多角体病毒
### (*Dendrolimus punctatus cytoplasmic polyhedrosis virus*)

**毒性**　急性 $LD_{50}$（mg/kg）：经口＞500，经皮＞5000。

**作用特点**　松毛虫质型多角体病毒是我国重大森林害虫松毛虫的致病原，对松毛虫有良好的控制效果。防治松毛虫，其最大的优点是对宿主专一性较强，对松毛虫天敌无直接杀伤作用，能较长时间存在于松毛虫种群内，并进行垂直传递，持续感染，使松毛虫种群数量长期保持在较低的水平。松毛虫质型多角体病毒主要感染昆虫中肠上皮细胞。

**适宜作物**　松树。

**防除对象**　松毛虫。

**应用技术**　以 1×10⁴PIB/mg 松毛虫质型多角体病毒可湿性粉剂、1×10⁸PIB/卡松毛虫质型多角体病毒杀虫卡为例。防治森林害虫——松毛虫。

① 用 $1 \times 10^4$ PIB/mg 松毛虫质型多角体病毒和 $1.6 \times 10^4$ IU/mg 苏云金杆菌复配的可湿性粉剂 $1000 \sim 1200$ 倍液喷雾。

② 用 $1 \times 10^8$ PIB/卡松毛虫质型多角体病毒和 1500 头/卡松毛虫赤眼蜂制成杀虫卡 $75 \sim 120$ 卡/hm$^2$ 悬挂使用。

**注意事项**

（1）盛卵期使用。

（2）不能与光谱化学杀虫剂同时使用。

## 乙基多杀菌素（spinetoram）

**其他名称**　乙基多杀菌素-J、乙基多杀菌素-L 、spinetoram-J、spinetoram-L、XDE-175-J、XDE-175-L

**理化性质**　乙基多杀菌素-J（22.5℃）外观为白色粉末。乙基多杀菌素-L（22.9℃）外观为白色至黄色晶体，带苦杏仁味。密度：XDE-175-J，（$1.1495 \pm 0.0015$）g/cm$^3$，（$19.5 \pm 0.4$）℃；XDE-175-L，（$1.1807 \pm 0.0167$）g/cm$^3$，（$20.1 \pm 0.6$）℃。熔点：XDE-175-J，143.4℃；XDE-175-L，70.8℃。分解温度：XDE-175-J，497.8℃；XDE-175-L，290.7℃。溶解度（$20 \sim 25$℃）：水中，XDE-175-J，10.0mg/L，XDE-175-L，31.9mg/L；在甲醇、丙酮、乙酸乙酯、1,2-二氯乙烷、二甲苯中＞250mg/L。在 pH5～7 缓冲溶液中乙基多杀菌素-J 和乙基多杀菌素-L 都稳定，但在 pH＝9 的缓冲溶液中乙基多杀菌素-L 的半衰期为 154d，降解为 N-脱甲基多杀菌素-L。光解。

**毒性**　大鼠急性 LD$_{50}$（mg/kg）：经口＞5000（雌/雄），经皮＞5000（雌/雄）。每日允许摄入量：$0.008 \sim 0.06$mg/kg 体重。

**作用特点**　乙基多杀菌素由乙基多杀菌素-J 和乙基多杀菌素-L 两种组分组成，作用于昆虫的神经系统，对小菜蛾、甜菜夜蛾、潜叶蝇、蓟马、斜纹夜蛾、豆荚螟有好的防治效果。

**适宜作物**　甘蓝、茄子等。

**防除对象**　蔬菜害虫如甜菜夜蛾、小菜蛾、蓟马等。

**应用技术**　以 60g/L 乙基多杀菌素悬浮剂为例，防治蔬菜害虫。

①甜菜夜蛾　用 60g/L 乙基多杀菌素悬浮剂 18～36g/hm² 兑水均匀喷雾。

②小菜蛾　用 60g/L 乙基多杀菌素悬浮剂 18～36g/hm² 兑水均匀喷雾。

③蓟马　用 60g/L 乙基多杀菌素悬浮剂 18～36g/hm² 兑水均匀喷雾。

## 烟碱（nicotine）

$C_{10}H_{14}N_2$，162.23，54-11-5

**化学名称**　（S）-3-（1-甲基-2-吡咯烷基）吡啶

**其他名称**　蚜克、尼古丁

**理化性质**　无色液体，见光和空气中很快变深色，熔点 -80℃，沸点 246～247℃，蒸气压 5.65Pa（25℃），相对密度 1.01（20℃）。60℃ 以下与水混溶，形成水合物。与乙醚、乙醇混溶，迅速溶于大多数有机溶剂，暴露于空气中颜色变深，发黏，与酸形成盐，$pK_b$：$pK_{b1}$ 为 6.16，$pK_{b2}$ 为 10.96；旋光度 -161.55°。

**毒性**　急性 $LD_{50}$（mg/kg）：经口 56～60，经皮（兔）>50。对蜜蜂有忌避作用。

**作用特点**　烟碱对害虫有胃毒、触杀、熏蒸作用，并有杀卵作用。其主要作用机理是麻痹昆虫神经，其蒸气可从虫体任何部分侵入体内而发挥毒杀作用，能够引起昆虫颤抖、痉挛、麻痹，通常 1h 内死亡。烟碱为受体激动剂，低浓度时刺激受体，使突触后膜产生去极化、虫体表现出兴奋；高浓度时对受体脱敏性抑制，神经冲动传导受阻，但神经膜仍保持去极化，虫体表现麻痹。烟碱易挥发，故残效期短。

**适宜作物**　甘蓝、柑橘树、烟草、林木等。

**防除对象**　蔬菜害虫如菜青虫、蚜虫等；果树害虫如矢尖蚧等；经济作物害虫如烟青虫等；林木害虫如美国白蛾等。

**应用技术**　以 0.7% 烟碱乳油、0.45% 烟碱水剂、3.4% 烟碱水乳剂、0.1% 烟碱乳油、10% 烟碱乳油、3% 烟碱微囊悬浮剂为例。

（1）防治蔬菜害虫

① 菜青虫　用 0.7% 烟碱乳油和 0.5% 苦参碱复配的乳油 7.2～9g/hm$^2$ 兑水均匀喷雾。

② 蚜虫　a. 用 3.4% 烟碱水乳剂和 0.6% 氯氰菊酯复配的水乳剂 60～120 g/hm$^2$ 兑水均匀喷雾。b. 用 0.1% 烟碱乳油和 0.5% 苦参碱复配的乳油 5.4～10.8 g/hm$^2$ 兑水均匀喷雾。

（2）防治果树害虫　矢尖蚧，用 0.45% 烟碱水剂和 0.05% 苦参碱复配的水剂 5～10mg/kg 兑水均匀喷雾。

（3）防治经济作物害虫　烟青虫，用 10% 烟碱乳油 75～112.5 g/hm$^2$ 兑水均匀喷雾。

（4）防治林木害虫　美国白蛾，用 3% 烟碱微囊悬浮剂和 0.6% 苦参碱复配的悬浮剂 12～36 mg/kg 兑水均匀喷雾。

**中毒症状**　早期中毒为流涎、恶心、呕吐和腹泻，剂量高时迅速出现循环衰竭，呼吸困难，紫绀和意识丧失。

**急救治疗**　用清水或盐水彻底冲洗。如丧失意识，开始时可吞服活性炭，清洗肠胃。禁服吐根糖浆。无解毒剂，对症治疗。

**注意事项**

（1）烟碱易挥发，烟草粉必须密闭存放，配成的药液应立即使用。

（2）由于烟碱对人高毒，所以配药或施药时都应注意防护措施。

**禁用情况**　新西兰，美国（1971 年）。

## 除虫菊素（pyrethrins）

（+）反式菊酸　　　　　（+）反式菊二酸

**有效成分**　除虫菊素的活性组分是（＋）-反式菊酸和（＋）-反式菊二酸与三种光学活性的环戊烯醇酮形成的六种酯（Ⅰ和Ⅱ各

三个）；其对应名称和含量为：除虫菊素Ⅰ38%，除虫菊素Ⅱ30%，瓜叶除虫菊素Ⅰ9%，瓜叶除虫菊素Ⅱ13%，茉莉除虫菊素Ⅰ5%，茉莉除虫菊素Ⅱ5%。

**理化性质**　为天然除虫菊的提取物，内含除虫菊酯、瓜菊酯和茉莉菊酯。浅黄色油状黏稠物，蒸气压极低，水中几乎不溶。易溶于有机溶剂，如醇类、氯化烃类。增效剂有稳定作用。

**毒性**　每日允许摄入量为 0.04mg/kg 体重。急性 $LD_{50}$（mg/kg）：经口 2370，经皮＞5000。对鱼高毒，$LC_{50}$（96h，mg/L，静态试验）：银大马哈鱼 39，水渠鲶鱼 114；$LC_{50}$（μg/L）：蓝鳃太阳鱼 10，虹鳟鱼 5.2。对蜜蜂高毒，有忌避作用，$LD_{50}$ 22ng/蜂（经口），130～290ng/蜂（接触）。

**作用特点**　除虫菊素兼有驱避、击倒和毒杀作用，触杀活性强，可麻痹昆虫的神经，在数分钟内有效。昆虫中毒后引起呕吐、下痢、身体前后蠕动，继而麻痹死亡。相对低毒、用量少、低残留。由于除虫菊素为多组分混合物，不易诱使昆虫产生抗性，抗性发展慢。

**适宜作物**　十字花科蔬菜等。

**防除对象**　蔬菜害虫如蚜虫等；卫生害虫如蚊、蝇、蜚蠊、跳蚤等。

**应用技术**　以 5%除虫菊素乳油、1.5%除虫菊素水乳剂、0.6%除虫菊素气雾剂、1.8%除虫菊素热雾剂、0.2%除虫菊素气雾剂、0.9%除虫菊素气雾剂、40mg/片除虫菊素为例。

（1）防治蔬菜害虫　蚜虫。

① 用 5%除虫菊素乳油 22.5～37.5 $g/hm^2$ 兑水均匀喷雾。

② 用 1.5%除虫菊素水乳剂 27～40.5 $g/hm^2$ 兑水均匀喷雾。

③ 用 1.5%除虫菊素水乳剂 18～36$g/hm^2$ 兑水均匀喷雾。

（2）防治卫生害虫

① 蚊、蝇、蜚蠊　用 0.2%或 0.6%或 0.9%除虫菊素气雾剂喷雾。

② 蚊、蝇、蜚蠊、跳蚤　用 1.8%除虫菊素热雾剂 3mL/$m^3$ 热雾机喷雾。

③ 蚊 a. 用 1.5％除虫菊素水乳剂稀释 20 倍喷雾。b. 用 40mg/片除虫菊素电蚊香片加热。

④ 跳蚤 用 1.5％除虫菊素水乳剂 5.625 mg/m³ 兑水均匀喷雾。

⑤ 蝇 用 1.5％除虫菊素水乳剂 1.125 mg/m³ 兑水均匀喷雾。

**中毒症状** 属神经毒剂，接触部位皮肤感到刺痛，尤其在口、鼻周围但无红斑。很少引起全身性中毒。接触量大时会引起头痛、头昏、恶心、呕吐、双手颤抖，全身抽搐或惊厥、昏迷、休克。

**急救治疗**

（1）无特殊解毒剂，可对症治疗。

（2）大量吞服时可洗胃。

（3）不能催吐 。

**注意事项**

（1）不能与碱性农药混用。

（2）太阳光和紫外光加速分解。

（3）对蜜蜂、家蚕、鱼类、蛙类有毒，对鸟类安全。

# 印楝素 （azadirachtin）

$C_{35}H_{44}O_{16}$，720.71，11141-17-6

**理化性质** 原药外观为深棕色半固体状，相对密度 1.1～1.3，易溶于甲醇、乙醇、乙醚、丙酮，微溶于水、乙酸乙酯。制剂外观为棕色均相液体，相对密度 0.9～0.98，pH＝4.5～7.5。

**毒性** 急性 $LD_{50}$ （mg/kg）：经口 ＞1780 （雄），＞2150 （雌）；经皮＞2150 （雌）。

**作用特点** 该药是从印棟树中提取的植物性杀虫剂，具有拒食、忌避、内吸和抑制生长 发育作用。主要作用于昆虫的内分泌系统，降低蜕皮激素的释放量；也可以直接破坏表皮结构或阻止表皮几丁质的形成，或干扰呼吸代谢，影响生殖系统发育等。对环境、人畜、天敌比较安全，对害虫不易产生耐药性。

**适宜作物** 茶树、十字花科蔬菜、柑橘树。

**防除对象** 茶树害虫如茶毛虫等；柑橘树害虫如潜叶蛾等；十字花科蔬菜如小菜蛾、菜青虫、斜纹夜蛾等。

**应用技术** 以 0.3％印棟素乳油、0.7％印棟素乳油、0.6％印棟素乳油、0.5％印棟素乳油为例。

（1）防治茶树害虫 茶毛虫，用 0.3％印棟素乳油 5.4～6.75 g/hm² 兑水均匀喷雾。

（2）防治柑橘树害虫 潜叶蛾，用 0.3％印棟素乳油 5～7.5 g/hm² 兑水均匀喷雾。

（3）防治蔬菜害虫

① 小菜蛾 a. 用 0.3％印棟素乳油 2.7～4.05 g/hm² 兑水均匀喷雾。b. 用 0.3％印棟素和 0.5％阿维菌素复配的乳油 4.8～7.2 g/hm² 兑水均匀喷雾。c. 用 0.3％印棟素乳油 13.5～22.5g/hm² 兑水均匀喷雾。d. 用 0.7％印棟素乳油 6.3～8.4g/hm² 兑水均匀喷雾。e. 用 0.5％印棟素乳油 9.375～11.25g/hm² 兑水均匀喷雾。f. 用 0.6％印棟素乳油 9～18g/hm² 兑水均匀喷雾。g. 用 0.6％印棟素和 0.4％苦参碱复配的乳油 9～12 g/hm² 兑水均匀喷雾。

② 菜青虫 a. 用 0.3％印棟素乳油 4.05～6.3 g/hm² 兑水均匀喷雾。b. 用 0.7％印棟素乳油 4.2～6.3 g/hm² 兑水均匀喷雾。

③ 斜纹夜蛾 用 0.6％印棟素乳油 9～18 g/hm² 兑水均匀喷雾。

**注意事项**

（1）本品为生物农药，药效较慢，但持效期长不要随意加大施药量。

（2）不能与碱性农药混用。

（3）应避光保存。

# 苦皮藤素（celastrus angulatus）

**化学名称**　$\beta$-二氢沉香呋喃多元酯

**理化性质**　原药外观为深褐色均质液体。熔点 214～216℃。溶解度：不溶于水，易溶于芳烃、乙酸乙酯等中等极性溶剂，能溶于甲醇等极性溶剂，在非极性溶剂中溶解度较小。稳定性：在中性或酸性介质中稳定，强碱性条件下易分解。制剂外观为棕黑色液体，相对密度：1.20，闪点＞150℃。

**毒性**　急性 $LD_{50}$（mg/kg）：经口＞2000，经皮＞2000。

**作用特点**　该药属植物源农药，它是以苦皮藤根皮为原料，经有机溶剂（苯）提取后，将提取物、助剂和溶剂以适当比例混合而成的杀虫剂。作用机理独特，主要作用于昆虫消化道组织，破坏其消化系统正常功能，导致昆虫进食困难，饥饿而死。该药不易产生抗性和交互抗性。

**适宜作物**　十字花科蔬菜。

**防除对象**　菜青虫。

**应用技术**　以 1% 苦皮藤素乳油为例。防治蔬菜害虫——菜青虫，用 1% 苦皮藤素乳油 7.5～10.5 $g/hm^2$ 兑水均匀喷雾。

**注意事项**

（1）本品不宜与碱性农药混用。

（2）可根据害虫发生情况，适当增加用药量。

（3）在害虫发生初期，虫龄较小时用药，效果更佳。

# 苦参碱（matrine）

$C_{15}H_{24}ON_2$，248.36，519-02-8

**理化性质**　深褐色液体，酸碱度≤1.0（以 $H_2SO_4$ 计）。热贮存在（54±2）℃，14d 分解率 ≤5.0%，（0±1）℃冰水溶液放置 1h 无结晶、无分层。不可与碱性物质混用。

**毒性** 急性 $LD_{50}$（mg/kg）：经口>10000，经皮>10000。

**作用特点** 为天然植物性农药。害虫一旦接触药剂，即麻痹神经中枢，继而使虫体蛋白凝固，堵死虫体气孔，使虫体窒息死亡。对人畜低毒，杀虫广谱，具有触杀、胃毒作用，对多种作物上的菜青虫、蚜虫、红蜘蛛等害虫均有较好的防效。

**适宜作物** 松树、十字花科蔬菜、柑橘树、水稻、梨树、苹果树、辣椒、黄瓜、林木等。

**防除对象** 蔬菜害虫如菜青虫、蚜虫等；林木害虫如松毛虫、美国白蛾等；果树害虫如矢尖蚧、红蜘蛛等；各种病害如马铃薯晚疫病、黄瓜霜霉病、梨树黑星病、辣椒病毒病、水稻条纹叶枯病等。

**应用技术** 以0.5%苦参碱可溶液剂、0.3%苦参碱水剂、0.5%苦参碱水剂、1%苦参碱水剂、1.3%苦参碱水剂、0.3%苦参碱水乳剂、0.6%苦参碱微囊悬浮剂为例。

（1）防治林木害虫

① 松毛虫 用1%苦参碱水剂6.67～10mg/kg兑水均匀喷雾。

② 美国白蛾 a. 用0.5%苦参碱水剂2.5～5mg/kg兑水均匀喷雾。b. 用0.6%苦参碱微囊悬浮剂和3%烟碱复配的悬浮剂12～36mg/kg兑水均匀喷雾。

（2）防治蔬菜害虫

① 蚜虫 用1.3%苦参碱水剂6.34～7.8 g/hm² 兑水均匀喷雾。

② 菜青虫 a. 用0.5%苦参碱可溶液剂3.75～4.5 g/hm² 兑水均匀喷雾。b. 用0.3%苦参碱水剂4.5～6.75 g/hm² 兑水均匀喷雾。c. 用1.3%苦参碱水剂4.5～6.75 g/hm² 兑水均匀喷雾。d. 用0.5%苦参碱可溶液剂和0.7%烟碱复配的乳油7.2～9 g/hm² 兑水均匀喷雾。e. 用1%苦参碱可溶液剂15～18 g/hm² 兑水均匀喷雾。f. 用2%苦参碱水剂4.5～6g/hm² 兑水均匀喷雾。

（3）防治果树害虫

① 矢尖蚧 用0.5%苦参碱水剂和0.45%烟碱复配的水剂5～10mg/kg兑水均匀喷雾。

② 红蜘蛛  用0.3%苦参碱水剂7.5～22.5 g/hm² 兑水均匀喷雾。

**注意事项**

（1）贮存在避光、阴凉、通风处。

（2）严禁与碱性农药混用。如作物用过化学农药，5d 后方可施用此药，以防酸碱中和影响药效。

## 藜芦碱 （vertrine）

$C_{32}H_{49}NO_9$，673.8，8051-02-3

**其他名称**  西代丁，藜芦定，绿藜芦碱，塞凡丁，四伐丁，藜芦碱Ⅰ，藜芦订

**理化性质**  扁平针状结晶，熔点213℃（分解），微溶于水，1g溶于约15mL乙醇或乙醚。

**毒性**  急性 $LD_{50}$（mg/kg）：经口20000，经皮5000。

**作用特点**  藜芦碱是以中草药为主要原料经乙醇萃取的植物农药，具有触杀和胃毒作用。其杀虫机制为药剂经虫体表皮或吸食进入消化系统，造成局部刺激，引起反射性虫体兴奋，继之抑制虫体感觉神经末梢，经传导抑制中枢神经而致害虫死亡。对人畜安全、低毒、低污染。药效期长达10d以上。主要用于大田农作物、果林蔬菜病虫害的防治。

**适宜作物**  棉花、甘蓝等。

**防除对象**  棉花害虫如棉铃虫、蚜虫等；蔬菜害虫如菜青虫等。

**应用技术**  以0.5%藜芦碱可溶液剂为例。

（1）防治棉花害虫

① 棉铃虫  用0.5%藜芦碱可溶液剂5.625～7.5 g/hm² 兑水均匀喷雾。

② 蚜虫　用0.5%藜芦碱可溶液剂5.625～7.5 g/hm² 兑水均匀喷雾。

（2）防治蔬菜害虫　菜青虫，用0.5%藜芦碱可溶液剂5.625～7.5 g/hm² 兑水均匀喷雾。

**中毒症状**　结膜和黏膜有轻度充血。

**急救治疗**　用鞣酸或活性炭混悬液洗胃，静脉滴注葡萄糖液，肌内注射阿托品等，对症治疗。

**注意事项**

（1）可与有机磷、菊酯类混用，但须现配现用。

（2）应放置于阴凉、干燥、通风处保存。

（3）对蜜蜂、家蚕、鱼类有毒，使用时需注意。

## 蛇床子素　（cnidiadin）

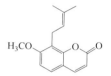

$C_{15}H_{16}O_3$，244.29，484-12-8

**化学名称**　7-甲氧基-8-(3′-甲基-2′-丁烯基)-1-二氢苯并吡喃酮-2

**理化性质**　熔点83～84℃；沸点145～150℃。不溶于水和冷石油醚，易溶于丙酮、甲醇、乙醇、三氯甲烷、醋酸。稳定性：在普通贮存条件下稳定，在pH=5～9溶液中无分解现象。

**毒性**　急性$LD_{50}$（mg/kg）：经口3687，经皮2000。

**作用特点**　蛇床子素作用方式以触杀作用为主，胃毒作用为辅，药液通过体表吸收进入昆虫体内，作用于其神经系统，导致害虫肌肉非功能性收缩，最终衰竭而死。

**适宜作物**　水稻、十字花科蔬菜、茶树、黄瓜等。

**防除对象**　蔬菜害虫如菜青虫等；茶树害虫如茶尺蠖等。

**应用技术**　以2%蛇床子素乳油、0.4%蛇床子素乳油、1%蛇床子素水乳剂为例。

（1）防治蔬菜害虫　菜青虫，用0.4%蛇床子素乳油4.8～7.2 g/hm² 兑水均匀喷雾。

（2）防治茶树害虫　　茶尺蠖，用 0.4% 蛇床子素乳油 6～7.2 g/hm² 兑水均匀喷雾。

## 狼毒素（neochamaejasmin）

$C_{30}H_{22}O_{10}$，542.5，90411-13-5

**化学名称**　（3,3'-双-4H-1-苯并吡喃)-4,4'-二酮-2,2',3,3'-四氢-5,5',7,7'-四羟基-2,2'-双(4-羟基苯基)

**理化性质**　原药外观为黄色结晶粉末，熔点 278℃，溶于甲醇、乙醇，不溶于三氯甲烷、甲苯。制剂外观为棕褐色、半透明、黏稠状、无霉变、无结块固体。

**毒性**　大鼠急性 $LD_{50}$（mg/kg）：经口＞5000，经皮＞5000。

**作用特点**　属黄酮类化合物，物质具有旋光性，且多为左旋体。作用于虫体细胞，渗入细胞核抑制破坏新陈代谢系统，使受体能量传递失调、紊乱，导致死亡。

**适宜作物**　十字花科蔬菜。

**防除对象**　菜青虫。

**应用技术**　以 1.6% 狼毒素水乳剂为例。防治蔬菜害虫——菜青虫，用 1.6% 狼毒素水乳剂 12～24 g/hm² 兑水均匀喷雾。

**注意事项**　不能与碱性农药相混。

## 桉油精（eucalyptol）

$C_{10}H_{18}O$，154.24，470-82-6

**化学名称**　1,3,3-三甲基-2-氧双环［2.2.2］辛烷。

**其他名称**　桉树脑、桉叶素、桉树醇、桉树精、蚊菌清

**理化性质**　不溶于水，易溶于乙醇、氯仿、乙醚、冰醋酸、油等有机溶剂。

**毒性**　急性 $LD_{50}$（mg/kg）：经口 3160，经皮 2000。

**作用特点**　是一种新型植物源杀虫剂，以触杀作用为主要特点，具有高效、低毒等特点。其有效成分能直接抑制昆虫体内乙酰胆碱酯酶的合成，阻碍神经系统的传导，干扰虫体水分的代谢而导致死亡。

**适宜作物**　十字花科蔬菜。

**防除对象**　蚜虫。

**应用技术**　防治蔬菜害虫如蚜虫，可用 5％桉油精可溶剂 $52.5{\sim}75$ g/hm$^2$ 兑水均匀喷雾。

**注意事项**　本品不能与碱性农药混用。

## 第六章
# 其他类杀虫剂

## 吡虫啉 (imidacloprid)

$C_9H_{10}ClN_5O_2$，255.7，105827-78-9

**化学名称**　1-(6-氯-3-吡啶甲基)-N-硝基亚咪唑烷-2-基胺

**其他名称**　咪蚜胺、吡虫灵、蚜虱净、扑虱蚜、大功臣、灭虫精、一遍净、益达胺、比丹、高巧、康福多、一扫净、Admire、Confidor、Gaucho、NTN 33893

**理化性质**　纯品吡虫啉为白色结晶，熔点143.8℃。溶解性（20℃，g/L）：水0.51，甲苯0.5～1，甲醇10，二氯甲烷50～100，乙腈20～50，丙酮20～50。

**毒性**　吡虫啉原药急性$LD_{50}$（mg/kg）：大白鼠经口681（雄）、825（雌）；经皮＞2000。对兔眼睛和皮肤无刺激性。对动物无致畸、致突变、致癌作用。

**作用特点**　吡虫啉为硝基亚甲基类内吸杀虫剂，是烟酸乙酰胆碱酯酶受体的作用体，干扰害虫运动神经系统使化学信号传递失灵，使其麻痹死亡。吡虫啉具有内吸、触杀、胃毒多重药效，对人、畜、植物和天敌安全。本品为高效、广谱、低毒、低残留杀虫剂，与目前常见神经毒性杀虫剂作用机制不同，因此与有机磷、氨基甲酸酯和拟除虫菊酯类杀虫剂无交互抗性。吡虫啉速效性好，残留期可达 25d 左右。药效和温度呈正相关，温度高，杀虫效果好。主要用于防治刺吸式口器害虫及其抗性品系。

**适宜作物**　蔬菜、水稻、小麦、玉米、棉花、烟草、果树、茶树等。

**防除对象**　蔬菜害虫如蚜虫、白粉虱、蓟马等；水稻害虫如稻飞虱、稻水象甲、稻蓟马、稻瘿蚊等；小麦害虫如蚜虫等；杂粮害虫如蚜虫等；棉花害虫如棉蚜等；果树害虫如柑橘潜夜蛾、蚜虫、梨木虱等；茶树害虫如茶小绿叶蝉等。

**应用技术**　以 10％吡虫啉可湿性粉剂、70％吡虫啉拌种剂为例。

（1）防治蔬菜害虫　蚜虫，用 10％吡虫啉可湿性粉剂 4000～6000 倍液均匀喷雾。

（2）防治水稻害虫　稻飞虱。

① 在水稻苗床或本田中，低龄若虫发生高峰期施药，用 10％吡虫啉可湿性粉剂 750～1500g/hm² 兑水 900～1125kg 均匀喷雾。

② 防治苗床稻飞虱，每 1kg 稻种用 70％吡虫啉拌种剂 8～10g 拌种，可兼治稻蓟马。

（3）防治小麦害虫　蚜虫，在小麦穗蚜发生初盛期施药，用 10％吡虫啉可湿性粉剂 600～1050g/hm² 兑水 900～1125kg 均匀喷雾．

（4）防治棉花害虫　棉蚜，用 70％吡虫啉拌种剂进行种子处理。具体方法是：每 100kg 棉种用 70％吡虫啉拌种剂 500～714g，兑水 1.5～2kg，将药剂调成糊状，再将种子倒入，搅拌均匀，要求所有的种子均沾上药剂。如果种子太湿，可在户外晾干后播种。

**混用**　在推荐剂量下使用安全，能和多数农药或肥料混用。

**注意事项**

（1）不能与碱性农药混用。

（2）使用时不能污染养蜂、养蚕场所及相关水源。

（3）勿让儿童接触本品，不能与食品、饲料存放一起。

**相关复配剂及应用**

（1）吡·马

**有效成分**　吡虫啉（imidacloprid）和马拉硫磷（malathion）。

**防治技术**　具有胃毒、触杀及较好的内吸作用。为乙酰胆碱酯酶受体的作用体，干扰害虫神经系统使化学信号传递失灵导致死亡。制剂主要为 6％可湿性粉剂。主要用于防治十字花科蔬菜蚜虫，可用 6％可湿性粉剂 45～63g/hm² 兑水均匀喷雾。

**注意事项**

① 该药对天敌毒性低。

② 能和多数农药或肥料混用。

③不能用于防治线虫和螨类。

（2）吡·唑磷

**有效成分**　吡虫啉（imidacloprid）和三唑磷（triazophos）。

**作用特点**　具有强烈的触杀和胃毒作用，无内吸作用。制剂主要为 20％、21％、25％、30％乳油。

**注意事项**　本品高毒。

（3）吡·辛

**有效成分**　吡虫啉（imidacloprid）和辛硫磷（phoxim）。

**曾用商品名**　绿透、满顿、金迪乐、蚜丁零。

**作用特点**　内吸性杀虫剂，用于防治刺吸式口器害虫。是烟酸乙酰胆碱酯酶受体的作用体，干扰害虫神经系统导致其死亡。

**常用剂型**　22 ％、25％、30％ 乳油。

**应用技术**

① 十字花科蔬菜蚜虫　25％乳油 56.25～93.75g/hm² 兑水均匀喷雾。

② 花生蛴螬　22％乳油 1485～1980g/hm²，撒毒土。

③ 棉花蚜虫　30％乳油 67.5～90g/hm² 兑水均匀喷雾。

**注意事项**　不能用于防治线虫和螨类。

（4）吡·单

**有效成分**　吡虫啉（imidacloprid）和杀虫单（monosultap）。

**曾用商品名**　比单灵。

**作用特点**　具有内吸、触杀、胃毒和一定的熏蒸作用。是烟酸乙酰胆碱酯酶受体的作用体，干扰害虫的神经系统，导致化学信号传递失灵而使其死亡。

**主要剂型** 33％、35％、42％、44％、46％、48％、50％、58％、60％、62％、70％、75％、80％可湿性粉剂。

**应用技术** 二化螟、三化螟、稻纵卷叶螟、稻飞虱，用35％可湿性粉剂450～700g/hm² 兑水均匀喷雾。

**注意事项**

① 不能用于防治线虫和螨类。

② 本品对家蚕有高毒，使用时应注意。

③ 严禁在茄科、菊科等蔬菜以及梨树、桃树、棉花上使用。

④ 作物收获前14d禁用。

（5）吡·杀双

**有效成分** 吡虫啉（imidacloprid）和杀虫双（bisultap）。

**作用特点** 是烟酸乙酰胆碱酯酶受体的作用体，干扰害虫的神经系统，使化学信号传递失灵而导致害虫死亡。主要用于防治刺吸式口器害虫。

**主要剂型** 14.5％微乳剂。

**应用技术** 稻飞虱、稻纵卷叶螟，用14.5％微乳剂326.25～435g/hm² 兑水均匀喷雾。

**注意事项**

① 不能用于防治线虫和螨类。

② 在推荐剂量下使用安全，能和多数农药混用。

（6）吡·毒

**有效成分** 吡虫啉（imidacloprid）和毒死蜱（chlorpyrifos）。

**曾用商品名** 拂光、千祥、四打、比本胜、切虫。

**主要剂型** 13％、22％乳油。

**作用特点** 具有触杀、胃毒和内吸作用，为胆碱酯酶抑制剂。

**应用技术**

① 棉花蚜虫 13％乳油97.5～136.5g/hm² 兑水均匀喷雾。

② 柑橘白粉虱 22％乳油100～110μg/kg 兑水均匀喷雾。

③ 稻飞虱 22％乳油132～165g/hm² 兑水均匀喷雾。

**注意事项**

① 为保护蜜蜂，请避开花期使用。

② 不能与碱性物质混用。

③ 本品对烟草敏感。

（7）吡虫·噻嗪酮

**有效成分** 吡虫啉（imidacloprid）和噻嗪酮（buprofezin）。

**作用特点** 具有胃毒、触杀和内吸多种方式协同作用。抑制昆虫几丁质合成和新陈代谢，使害虫脱皮畸形或翅畸形而缓慢死亡。

**主要剂型** 10%、16%、18%、20%、22%可湿性粉剂，18%、25%悬浮剂，50%水分散粒剂，10%、11.5%乳油。

**应用技术**

① 稻飞虱 18%悬浮剂 81～94.5g/hm² 兑水均匀喷雾。

② 茶小绿叶蝉 10%乳油 90～120g/hm² 兑水均匀喷雾。

**注意事项**

① 安全间隔期为 14d。

② 不能与碱性物质混用。

③ 对鱼类、家蚕、蜜蜂高毒，使用时需注意。

# 啶虫脒（acetamiprid）

$C_{10}H_{11}ClN_4$，222.68，160430-64-8

**化学名称** $N$-(6-氯-3-吡啶甲基)-$N'$-氰基-$N$-甲基乙脒

**其他名称** 吡虫清、乙虫脒、啶虫咪、力杀死、蚜克净、鼎克毕达、乐百农、绿园、莫比朗、楠宝、搬蚜、喷平、蚜跑、津丰、顽击、蓝喜、响亮、锐高 1 号、蓝旺、全刺、千锤、庄喜、万鑫、刺心、蒙托亚、爱打、高贵、淀猛、胜券、Mosplan、NI 25

**理化性质** 纯品啶虫脒为白色结晶，熔点 101～103.5℃。溶解性（20℃）：水 4.2g/L；易溶于丙酮、甲醇、乙醇、二氯甲烷、氯仿、乙腈、四氢呋喃等有机溶剂。

**毒性** 啶虫脒原药急性 $LD_{50}$（mg/kg）：大白鼠经口 217

（雄）、146（雌），小鼠经口 198（雄）、184（雌）；大白鼠经皮
>2000。

**作用特点**　啶虫脒主要作用于害虫的乙酰胆碱酯酶，破坏害虫的运动神经系统而使其死亡。啶虫脒为一种新型拟烟碱类的高效性广谱杀虫剂，对害虫兼具触杀和胃毒作用，并且有较强的渗透作用。对害虫作用迅速，残效期长，适用于防治半翅目害虫，对天敌杀伤力小。由于作用机制独特，能防治对拟除虫菊酯类、有机磷类、氨基甲酸酯类等产生抗性的害虫。

**适宜作物**　适用于蔬菜、水稻、小麦、棉花、烟草、果树等。

**防除对象**　蔬菜害虫如蚜虫、白粉虱、小菜蛾、菜青虫等；水稻害虫如稻飞虱等；小麦害虫如蚜虫；棉花害虫如棉蚜等；果树害虫如柑橘潜叶蛾、蚜虫等。

**应用技术**　以 3%啶虫脒乳油、20%啶虫脒可湿性粉剂为例。

（1）防治蔬菜害虫　蚜虫。在蚜虫发生初盛期施药，用 3%啶虫脒乳油 600～750mL/hm²，加水稀释后均匀喷雾，药效可持续 15d 以上，可兼治初龄小菜蛾幼虫。

（2）防治果树害虫　蚜虫，在蚜虫发生初盛期施药，用 3%啶虫脒乳油 2000～2500 倍液均匀喷雾，速效性好，耐雨水冲刷，持效期 20d 以上。

（3）防治水稻害虫　稻飞虱，低龄若虫发生期用药，不仅内吸性强、活性高，而且作用速度快、持效期长。以 20%啶虫脒可湿性粉稀释 2000～4000 倍均匀喷雾。

**注意事项**

（1）本品在黄瓜上的安全间隔期为 8d。

（2）本品不能与碱性农药混用。

（3）施药时穿戴防护服、手套、口罩等，施药期间不可吃东西和饮水，施药后及时洗手洗脸。

（4）应均匀喷雾至植株各部位，为避免产生耐药性，尽可能与其他杀虫剂交替使用。

（5）对鱼、蜂、蚕毒性大，施药时远离水产养殖区，避免对周围蜂群的影响。蜜源作物花期、蚕室和桑园禁用，禁止在河塘中清

洗施药用具。

# 噻虫嗪（thiamethoxam）

$C_8H_{10}ClN_5O_3S$，291.71，153719-23-4

**化学名称**  3-(2-氯-1,3-噻唑-5-基甲基)-5-甲基-1,3,5-噁二嗪-4-亚基(硝基) 胺

**其他名称**  阿克泰、快胜、Actara、Adage、Cruiser

**理化性质**  纯品噻虫嗪为白色结晶粉末，熔点139.1℃。溶解性 (20℃)：易溶于丙酮、甲醇、乙醇、二氯甲烷、氯仿、乙腈、四氢呋喃等有机溶剂。

**毒性**  噻虫嗪原药急性 $LD_{50}$ （mg/kg）：大鼠经口1563，大白鼠经皮＞2000。对兔眼睛和皮肤无刺激性。

**作用特点**  噻虫嗪与吡虫啉相似，可选择性抑制昆虫中枢神经系统烟酸乙酰胆碱酯酶受体，进而阻断昆虫中枢神经系统的正常传导，造成害虫出现麻痹死亡，属新一代杀虫剂。在 pH 为 2～12 的条件下稳定，对人、畜低毒，对眼睛和皮肤无刺激性。对害虫具有良好的胃毒和触杀作用，其作用机理完全不同于现有的杀虫剂，也没有交互抗性问题，并具有强内吸传导性。植物叶片吸收药剂后可迅速传导到各个部位，害虫吸食药剂后，活动被迅速抑制，停止取食，并逐渐死亡。对具有刺吸式口器害虫有特效，对多种咀嚼式口器害虫也有很好的防效，具有高效、单位面积用药量低等特点，持效期可达 30d 左右。

**适宜作物**  水稻、甜菜、油菜、马铃薯、棉花、果树、花生、向日葵、大豆、烟草和柑橘等。

**防除对象**  有效防治鳞翅目、鞘翅目、缨翅目害虫。如各种蚜虫、叶蝉、粉虱、飞虱等。

**应用技术**  以 25％噻虫嗪水分散粒剂为例。

（1）防治水稻害虫  稻飞虱，每亩用 25％噻虫嗪水分散粒剂

1.6～3.2g（有效成分0.4～0.8g），在若虫发生初盛期进行喷雾，每亩喷液量30～40L，直接喷在叶面上，可迅速传导到水稻全株。

（2）防治果树害虫

① 苹果蚜虫　用25%噻虫嗪水分散粒剂5000～10000倍液，或每100L水兑25%噻虫嗪水分散粒剂10～20mL（有效浓度25～50mg/L），或每亩用25%噻虫嗪水分散粒剂5～10g（有效成分1.25～2.5g）进行叶面喷雾。

② 梨木虱　a.每100L水兑25%噻虫嗪水分散粒剂10mL（有效浓度25mg/L）进行喷雾。b.每亩果园用25%噻虫嗪水分散粒剂6g（有效成分1.5g）进行喷雾。c.用25%噻虫嗪水分散粒剂10000倍液均匀喷雾。

③ 柑橘潜叶蛾　a.用25%噻虫嗪水分散粒剂3000～4000倍液。b.每100L水兑25%噻虫嗪水分散粒剂25～33mL（有效浓度62.5～83.3mg/L）兑水均匀喷雾。c.每亩用25%噻虫嗪水分散粒剂15g（有效成分3.75g）兑水均匀喷雾。

（3）防治蔬菜害虫　瓜类白粉虱，用25%噻虫嗪水分散粒剂2500～5000倍，或每亩用10～20g（有效成分2.5～5g）兑水均匀喷雾。

（4）防治棉花害虫　蓟马，每亩用25%噻虫嗪水分散粒剂13～26g（有效成分3.25～6.5g）兑水均匀喷雾。

**注意事项**

（1）避免在低于－10℃和高于35℃贮存。

（2）对蜜蜂有毒。

（3）害虫停止取食后，死亡速度较慢，通常在施药后2～3d出现死虫高峰期。

（4）对抗性蚜虫、飞虱等害虫防效特别好。

（5）勿让儿童接触本品。不能与食品、饲料存放一起。

**相关复配制剂及应用**　噻虫·高氯氟。

**有效成分**　噻虫嗪＋高效氯氟菊酯。

**作用特点**　具有触杀和胃毒作用，可防治刺吸式和咀嚼式口器害虫，而且有利于延缓抗性发展。兼具噻虫嗪和高效氯氰菊酯特性。

**剂型** 22%微囊悬浮剂。

**应用技术**

① 菜青虫、蚜虫、白粉虱 用 22%微囊悬浮剂 18.53～37.05g/hm² 兑水均匀喷雾。

② 茶尺蠖、茶小绿叶蝉 用 22%微囊悬浮剂 14.82～22.23g/hm² 兑水均匀喷雾。

③ 棉铃虫、棉蚜 用 22%微囊悬浮剂 18.53～37.05g/hm² 兑水均匀喷雾。

④ 烟草害虫蚜虫、烟青虫 用 22%微囊悬浮剂 18.53～37.05g/hm² 兑水均匀喷雾。

⑤ 大豆害虫蚜虫、造桥虫 用 22%微囊悬浮剂 14.82～22.23g/hm² 兑水均匀喷雾。

**注意事项**

① 不能与碱性物质混用。

② 对鱼类、家蚕、蜜蜂高毒。

③ 建议与其他类型杀虫剂混用，以延迟抗性产生。

## 噻虫胺 （clothianidin）

$C_6H_8ClN_5O_2S$，249.7，210880-92-5

**化学名称** (*E*)-1-(2-氯-1,3-噻唑-5-基甲基)-3-甲基-2-硝基胍

**其他名称** frusuing、Dantostu、可尼丁

**理化性质** 相对密度 1.61（20℃），熔点 176.8℃。溶解度：水 0.327g/L，丙酮 15.2g/L，甲醇 6.26g/L，乙酸乙酯 2.03g/L，二氯甲烷 1.32g/L，二甲苯 0.0128g/L。

**毒性** 大鼠急性经口 $LD_{50}$＞5000mg/kg（雌、雄）。急性经皮 $LD_{50}$＞2000mg/kg（雌、雄）。对兔皮肤无刺激性，对兔眼睛轻度刺激。

**作用特点** 噻虫胺结合位于神经后突触的烟碱乙酰胆碱受体，

属新型烟碱类杀虫剂，具有内吸性、触杀和胃毒作用，是一种高活性的广谱杀虫剂。适用于叶面喷雾、土壤处理作用。经室内对白粉虱的毒力测定和对番茄烟粉虱的田间药效试验表明，具有较高活性和较好防治效果。表现出较好的速效性，持效期在 7d 左右。

**适宜作物**　蔬菜、水稻、玉米、棉花、果树、茶树、观赏植物等。

**防除对象**　主要用于水稻、蔬菜、果树及其他作物上防治粉虱、蚜虫、叶蝉、蓟马、飞虱、小地老虎、金针虫、蛴螬、种蝇等半翅目、鞘翅目、双翅目和鳞翅目类害虫。

**应用技术**　以 50% 噻虫胺水分散粒剂为例。防治蔬菜害虫——番茄烟粉虱，于发生初期开始喷雾，用 35% 噻虫胺水分散粒剂 $45\sim60g/hm^2$ 兑水均匀喷雾。每生长季最多喷药 3 次，间隔期为 7d。

**注意事项**

（1）对蜜蜂接触高毒，经口剧毒，具有极高风险性。使用时应注意，蜜源作物花期禁用，施药期间密切关注对附近蜂群的影响。

（2）对家蚕剧毒，具极高风险性。蚕室及桑园附近禁用。每季最多使用 3 次，安全间隔期为 7d。

（3）禁止在河塘等水域中清洗施药器具。

（4）勿让儿童接触本品。不能与食品、饲料存放一起。

<h2 align="center">噻嗪酮（buprofezin）</h2>

$C_{16}H_{23}N_3OS$，305.4，69327-76-0

**化学名称**　2-叔丁基亚氨基-3-异丙基-5-苯基-3,4,5,6-四氢-2$H$-1,3,5-噻二嗪-4-酮

**其他名称**　稻虱灵、扑虱灵、优乐得、捕虫净、稻虱净、扑杀灵、布芬净、丁丙嗪、Applaud、Aproad、PP 618、NNI 750

**理化性质**　纯品噻嗪酮为白色晶体，熔点 104.5～105.5℃。溶解性（25℃，g/L）：丙酮 240，苯 327，乙醇 80，氯仿 520，己烷 20，水 0.0009。

**毒性**　噻嗪酮原药急性 $LD_{50}$（mg/kg）：大鼠经口 2198（雄）、2355（雌），小鼠经口 10000；大鼠经皮＞5000。对兔眼睛和皮肤有极轻微刺激性。以 0.9～1.12mg/（kg·d）剂量饲喂大鼠两年，未发现异常现象；对动物无致畸、致突变、致癌作用。

**作用特点**　噻嗪酮抑制昆虫几丁质合成和干扰新陈代谢，致使若虫蜕皮畸形而缓慢死亡，是一种抑制昆虫生长发育的新型选择性杀虫剂。本品触杀作用强，也有胃毒作用。一般施药第 3～7 天才能看出效果，对成虫没有直接杀伤力，但可缩短其寿命，减少产卵量，并且产出的多是不育卵，幼虫即使孵化也很快死亡。对半翅目的飞虱、叶蝉、粉虱及介壳虫类害虫有良好防治效果，药效期长达 30d 以上。对天敌较安全，综合效应好。

**适宜作物**　水稻、果树、茶树等。

**防治对象**　水稻害虫如褐飞虱、叶蝉类、褐飞虱等；果树害虫如柑橘矢尖蚧等；茶树害虫如茶小绿叶蝉等。

**应用技术**　以 25% 噻嗪酮可湿性粉剂为例。

（1）防治水稻害虫

① 叶蝉类　在主害代低龄若虫始盛期喷药 1 次，用 25% 噻嗪酮可湿性粉剂 300～450g/hm²（有效成分 75～1125g）兑水 75～150kg，低容量喷雾，或兑水 600～750kg 常量喷雾，重点喷植株中下部。

② 褐飞虱　在主要发生世代及其前一代，在卵孵盛期至低龄若虫盛发期，用 25% 噻嗪酮可湿性粉剂 300～450g/hm²，兑水在害虫主要活动为害部位（稻株中下部）各进行 1 次均匀喷雾，能有效控制为害。在褐飞虱主害代若虫高峰始期施药还可兼治白背飞虱、叶蝉，效果可达 81%～100%。

（2）防治果树害虫　柑橘矢尖蚧，于若虫盛孵期喷药 1～2 次，两次喷药间隔 15d 左右，喷雾浓度以 25% 噻嗪酮可湿性粉剂 1500～2000 倍液均匀喷雾，或每 100L 水加 25% 噻嗪酮可湿性粉剂50～67g（有效浓度125～166mg/L）均匀喷雾。

（3）防治茶树害虫　茶小绿叶蝉，于6～7月若虫高峰前期或春茶采摘后，用25％噻嗪酮可湿性粉剂750～1500倍液均匀喷雾，或每100L水加25％噻嗪酮可湿性粉剂67～133g（有效浓度166～333mg/L）均匀喷雾，间隔10～15d喷第二次。亦可将25％噻嗪酮可湿性粉剂1500～2000倍液均匀喷雾，或每100L水加25％噻嗪酮可湿性粉剂50～67g（有效浓度125～166mg/L）与来福灵（5EC）8000倍液（有效浓度6.2mg/L）混用。喷雾时应先喷茶园四周，然后喷中间。

（4）防治蔬菜害虫　温室黄瓜、番茄等蔬菜的白粉虱，在低龄若虫盛发期，用25％噻嗪酮可湿性粉剂2000～2500倍液（有效浓度100～125mg/kg）均匀喷雾，具有良好的防治效果，并可兼治茶黄螨等。

**注意事项**

（1）噻嗪酮应兑水稀释后均匀喷洒，不可用毒土法使用。

（2）药液不宜直接接触白菜、萝卜，否则将出现褐斑及绿叶白化等药害。

（3）日本推荐的最大残留限量（MRL）糙米为0.3mg/kg。

（4）密封后存于阴凉干燥处，避免阳光直接照射。

（5）勿让儿童接触本品，加锁保存。不能与食品、饲料存放一起。

**相关复配制剂及应用**

（1）噻嗪·杀扑磷

**有效成分**　噻嗪酮（buprofezin）＋杀扑磷（methidathion）。

**作用特点**　具有触杀、胃毒和渗透作用。兼具噻嗪酮和杀扑磷特性。

**主要剂型**　20％、28％乳油，20％可湿性粉剂。

**应用技术**　柑橘树矢尖介，用10％乳油250～333.3mg/kg兑水均匀喷雾。

**注意事项**

①在柑橘树上使用安全间隔期是35d，每季最多使用1次。

② 不能与碱性物质混用。

③ 对水生动物、蜜蜂、鱼类、家蚕高毒，使用时需注意。

（2）噻嗪•异丙威

**有效成分** 噻嗪酮（buprofezin）＋异丙威（isoprocarb）。

**作用特点** 具有触杀和胃毒作用。对成虫没有直接杀伤力，但具有可缩短其寿命、减少产卵量等作用。抑制昆虫乙酰胆碱酯酶，抑制几丁质合成，干扰新陈代谢，致使害虫麻痹和畸形死亡。

**剂型** 22％、25％、50％、60％可湿性粉剂，25％、30％乳油。

**应用技术** 稻飞虱，用25％可湿性粉剂450～562.5g/hm² 兑水均匀喷雾，或30％乳油270～360g/hm² 兑水均匀喷雾。

**注意事项**

① 安全间隔期为21d，每季水稻最多使用2次。

② 不能与碱性物质混用。

③ 对水生动物、蜜蜂、鱼类、家蚕高毒，使用时需注意。

④ 建议与其他类型杀虫剂混用，以延迟抗性产生。

# 烯啶虫胺（nitenpyram）

$C_{11}H_{15}ClN_4O_2$，270.71，150824-47-8

**化学名称** $(E)$-$N$-(6-氯-3-吡啶甲基)-$N$-乙基-$N'$-甲基-2-硝基亚乙烯基二胺

**其他名称** Bestyuard、TI 304

**理化性质** 纯品烯啶虫胺为浅黄色结晶固体，熔点83～84℃。溶解性（20℃，g/L）：水840，氯仿700，丙酮290，二甲苯4.5。

**毒性** 烯啶虫胺原药急性 $LD_{50}$（mg/kg）：大鼠经口1680（雄）、1574（雌），小鼠经口867（雄）、1281（雌）；大鼠经皮＞2000。对兔眼睛和皮肤无刺激性。对动物无致畸、致突变、致癌作用。

**作用特点** 烯啶虫胺主要作用于昆虫神经对昆虫的轴状突触受

体具有神经阻断作用，与其他的新烟碱类化合物相似。烯啶虫胺是一种高效、广谱的新型烟碱类杀虫剂，具有很好的内吸和渗透作用，用量少、毒性低、对作物安全、无药害等优点，广泛应用于园艺和农业上防治半翅目害虫，持效期可达 14d 左右。

**适宜作物**　水稻、小麦、棉花、马铃薯、蔬菜、果树、茶树等。

**防除对象**　防治刺吸式口器害虫如稻飞虱、白粉虱、蚜虫、梨木虱、叶蝉、蓟马等。

**应用技术**　以 10％烯啶虫胺可溶性液剂、10％烯啶虫胺水剂为例。

（1）防治果树害虫　柑橘树蚜虫，用 10％可溶性液剂 4000～5000 倍液均匀喷雾。表现为较好的速效性和持效性，持效期可达 14d 左右，对作物安全。

（2）防治棉花害虫　棉蚜，每亩用 10％水剂 10～20mL 兑水50～60L 均匀喷雾。

**注意事项**

（1）安全间隔期为 7～14d，每个作物周期最多使用次数为4 次。

（2）本品对蜜蜂、鱼类、水生物、家蚕有毒，用药时需注意。

（3）本品不可与碱性物质混用。

（4）为延缓抗性，要与其他不同作用机制的药剂交替使用。

## 氟虫腈（fipronil）

$C_{12}H_1Cl_2F_6N_4OS$，437.2，120068-37-3

**化学名称**　5-氨基-1-(2,6-二氯-$\alpha$,$\alpha$,$\alpha$-三氟-对甲基苯)-4-三氟甲基亚磺酰基吡唑-3-腈

**其他名称**　氟苯唑、威灭、锐劲特、Regent、Combat F、MB 46030

**理化性质**　纯品氟虫腈为白色固体，熔点 $200.5\sim201$℃。溶解性（20℃，g/L）：丙酮546，二氯甲烷22.3，甲醇137.5，己烷和甲苯300，水0.0019。

**毒性**　氟虫腈原药急性 $LD_{50}$（mg/kg）：大鼠经口100、经皮 $>2000$。对兔眼睛和皮肤有极轻微刺激性。对动物无致畸、致突变、致癌作用。

**作用特点**　氟虫腈的杀虫机制在于阻断昆虫 $\gamma$-氨基丁酸和谷氨酸介导的氯离子通道，从而干扰中枢神经系统的正常功能而导致害虫死亡，是一种苯基吡啶类杀虫剂。氟虫腈杀虫谱广，对害虫以胃毒作用为主，兼有触杀和一定的内吸作用，因此对蚜虫、叶蝉、飞虱、鳞翅目幼虫、蝇类和鞘翅目等重要害虫有很高的杀虫活性，对作物无药害。该药剂可施于土壤，也可叶面喷雾。施于土壤能有效地防治玉米根叶甲、金针虫和地老虎。叶面喷洒时，对小菜蛾、菜粉蝶、稻蓟马等均有高水平防效，且持效期长。

**适宜作物**　蔬菜、水稻、甘蔗、棉花、烟草、马铃薯、甜菜、大豆、茶叶、苜蓿、高粱、玉米、果树、森林等。

**防除对象**　蔬菜害虫如小菜蛾等；水稻害虫如二化螟、三化螟、稻纵卷叶螟、稻蓟马、稻黑蝽、稻飞虱、稻象甲、稻蝗、稻瘿蚊等。

**应用技术**　以5%氟虫腈悬浮剂、种衣剂为例。

（1）防治蔬菜害虫　小菜蛾，在低龄幼虫期，每亩用5%的氟虫腈悬浮剂 $18\sim30$mL 兑水均匀喷雾，喷雾时要全面使药喷到植株的各个部位。

（2）防治水稻害虫

① 二化螟、稻蓟马、稻黑蝽、稻飞虱、稻象甲　每亩用5%氟虫腈悬浮剂 $30\sim40$mL 兑水均匀喷雾。

② 稻蝗　每亩用5%氟虫腈悬浮液 $10\sim20$mL 兑水均匀喷雾。

③ 水稻象甲　每亩用5%氟虫腈悬浮剂 $60\sim80$mL 兑水均匀喷雾。

④ 稻纵卷叶螟　每亩用5%氟虫腈悬浮剂 $60\sim80$mL 兑水均匀喷雾。

⑤ 三化螟　每亩用5％氟虫腈悬浮剂40～60mL兑水均匀喷雾。

⑥ 5％氟虫腈悬浮液可做种衣剂，用于水稻直播田、旱育秧田、常规秧田等　旱育秧田可防治稻瘿蚊，兼治稻蓟马、卷叶螟、稻飞虱、三化螟等前期害虫。秧田期主治稻蓟马、卷叶螟、稻飞虱等。

a. 用药剂量　杂交稻种子用5％氟虫腈悬浮剂16～32mL/kg，常规稻种子用4～8mL/kg，旱育秧种子用20～30mL/kg，直播稻种子用20～30mL/kg，抛秧田种子用10～15mL/kg。

b. 拌种方法　种子浸泡后，催芽至半粒种子长，与5％氟虫腈悬浮剂种衣剂拌匀，置阴凉处阴干4～6h即可播种。一般种子混25mL/kg药液可使种子充分着药。药液不足时，用少量水补足。

**注意事项**

（1）氟虫腈作为种衣剂使用时，勿使稻芽破损。

（2）原药对虾、蟹和蜜蜂毒性较高，饲养上述动物地区应慎用。

（3）土壤处理时应注意与土壤充分混匀，才能最大限度发挥低剂量的优点。

（4）施药后换洗被污染的衣服，妥善处理废弃包装物。

（5）勿让儿童接触本品，加锁保存。不能与食品、饲料存放一起。

## 茚虫威（indoxacarb）

$C_{22}H_{17}ClF_3N_3O_7$，527.83，144171-61-9；173584-44-6

**化学名称**　7-氯-2,3,4a,5-四氢-2-[甲氧基羰基(4-三氟甲氧基苯基)氨基甲酰基]茚并[1,2-e][1,3,4-]噁二嗪-4a-羧酸甲酯

**其他名称**　安打、全垒打、安美

**理化性质**　纯品茚虫威（DPX-JW062）为白色结晶，熔点 140～141℃。溶解性（20℃，g/L）：甲醇 0.39，乙腈 76，丙酮 140。在碱性介质中分解速度加快。

**毒性**　茚虫威（DPX-JW062）原药急性 $LD_{50}$（mg/kg）：大鼠经口＞5000，经皮＞2000。对兔眼睛和皮肤无刺激性。对动物无致畸、致突变、致癌作用。

**作用特点**　茚虫威杀虫机理独特，主要用于阻断昆虫神经细胞钠离子通道，使神经细胞失去活性。茚虫威具有触杀和胃毒作用，对各龄期幼虫都有效，与其他杀虫剂不存在交互抗性。药剂通过接触和取食进入昆虫体内，0～4h 内昆虫即停止取食，随即被麻痹，昆虫的协调能力会下降（可导致幼虫从作物上落下），一般在药后 24～60h 内死亡。对哺乳动物、家畜低毒，同时对环境中的非靶标生物等有益昆虫非常安全，在作物中残留低，用药后第 2 天即可采收，尤其是对多次采收的作物如蔬菜类也很适合。

**适宜作物**　蔬菜、棉花等。

**防除对象**　蔬菜害虫如甜菜夜蛾、小菜蛾、菜青虫、斜纹夜蛾、甘蓝夜蛾等；棉花如棉铃虫、叶蝉、金刚钻等；果树害虫如卷叶蛾类、苹果蠹蛾。

**应用技术**　以 30％茚虫威水分散粒剂、15％茚虫威悬浮剂为例。

（1）防治蔬菜害虫

① 小菜蛾、菜青虫　在 2～3 龄幼虫期施药。a. 每亩用 30％茚虫威水分散粒剂 4.4～8.8g 兑水均匀喷雾。b. 用 15％茚虫威悬浮剂 8.8～13.3mL 兑水均匀喷雾。

② 甜菜夜蛾　a. 低龄幼虫期，每亩用 30％茚虫威水分散粒剂 4.4～8.8g 兑水均匀喷雾。b. 用 15％茚虫威悬浮剂 8.8～17.6mL 兑水均匀喷雾。根据害虫危害的严重程度，可连续施药 2～3 次，每次间隔 5～7d。清晨、傍晚施药效果更佳。

（2）防治棉花害虫　棉铃虫。

① 每亩用 30％茚虫威水分散粒剂 6.6～8.8g 兑水均匀喷雾。

② 15％茚虫威悬浮剂 8.8～17.6mL 兑水均匀喷雾。依棉铃虫

危害的轻重，每次间隔 5～7d，连续施药 2～3 次。

混用　以茚虫威和哒嗪硫磷作为活性成分的农药制剂，其中茚虫威与哒嗪硫磷的质量比为 1：（1～50）。本发明的杀虫剂可配制加工成水乳剂、微乳剂、悬浮剂、可湿性粉剂等，茚虫威与哒嗪硫磷的重量之和是制剂总重量的 20%～60%。由于将茚虫威与哒嗪硫磷杀虫剂增效组合，可以防治水稻、蔬菜、棉花、茶树等重要农业作物上的害虫，其增效作用明显，具有用量低、杀虫谱广、药效好、使用安全以及对人畜和天敌无伤害作用等特点，可克服和延缓害虫耐药性的产生，尤其适用于水稻、蔬菜和果树等重要农作物和经济作物害虫的防治。其生产成本低，具有明显的经济效益和环保效益。

**注意事项**

（1）施用茚虫威后，害虫从接触到药液或食用含有药液的叶片到其死亡会有一段时间，但害虫此时已停止对作物取食和危害。

（2）茚虫威需与不同作用机理的杀虫剂交替使用，每季作物上建议使用不超过 3 次，以避免抗性的产生。

（3）药液配制时，应先配置成母液，再加入药桶中，并应充分搅拌。配制好的药液要及时喷施，避免长久放置。

（4）应使用足够的喷液量，以确保作物叶片的正反面能被均匀喷施。

## 吡蚜酮 （pymetrozine）

$C_{10}H_{11}N_5O$，217.23，123312-89-0

**化学名称**　（$E$）-4,5-二氢-6-甲基-4-(3-吡啶亚甲基胺)-1,2,4-三嗪-3(2$H$) 酮

**其他名称**　吡嗪酮、飞电、Chese、Plenum、Fulfill、Endeavor、Chin-Yung

**理化性质**　纯品吡蚜酮为无色结晶，熔点 217℃。溶解性

（20℃，g/L）：水 0.29，乙醇 2.25。

**毒性** 吡蚜酮原药急性 $LD_{50}$（mg/kg）：大鼠经口＞5000，经皮＞2000。对兔眼睛和皮肤无刺激性。对动物无致畸、致突变、致癌作用。

**作用特点** 吡蚜酮作用于害虫体内血液中胺［5-羟色胺（血管收缩素），血清素］信号传递途径，从而导致类似神经中毒的反应，取食行为的神经中枢被抑制，通过影响流体吸收的神经中枢调节而干扰正常的取食活动。吡蚜酮选择性极佳，对某些重要天敌或益虫，如棉铃虫的天敌七星瓢虫、普通草蛉、叶蝉及飞虱科的天敌蜘蛛等益虫几乎无害。吡蚜酮具有优良的内吸活性，叶面试验表明，其内吸活性（$LC_{50}$）是抗蚜威的 2～3 倍，是氯氰菊酯的 140 倍以上。可以防治抗有机磷和氨基甲酸酯类杀虫剂的桃蚜等抗性品系害虫。

**适宜作物** 蔬菜、小麦、水稻、棉花、果树、观赏植物等。

**防除对象** 水稻害虫如稻飞虱等；小麦害虫如蚜虫等；蔬菜害虫如蚜虫等；茶树害虫如茶小绿叶蝉等。

**应用技术** 以 25％吡蚜酮可湿性粉剂、50％吡蚜酮水分散粒剂为例。

（1）防治水稻害虫 稻飞虱，用 25％吡蚜酮可湿性粉剂 75～90g/hm² 兑水均匀喷雾，或用 50％吡蚜酮水分散粒剂 90～120g/hm² 兑水均匀喷雾。

（2）防治小麦害虫 麦蚜，用 25％吡蚜酮可湿性粉剂 75～90g/hm² 兑水均匀喷雾。

（3）防治蔬菜害虫 蚜虫，用 50％吡蚜酮水分散粒剂 52.5～112.5g/hm² 兑水均匀喷雾。

（4）防治茶树害虫 茶小绿叶蝉，用 50％吡蚜酮水分散粒剂 10～200mg/kg 兑水均匀喷雾。

（5）防治观赏植物害虫 观赏菊花蚜虫，用 50％吡蚜酮水分散粒剂 150～225g/hm² 兑水均匀喷雾。

**注意事项**

（1）在水稻上安全间隔期为 7d，每季最多使用 3 次。

（2）悬浮剂施药时应注意清洗药袋，不能与碱性农药混用。

（3）远离水产养殖区施药，禁止在河塘等水体中清洗施药器具。

（4）使用本品时应穿戴防护服避免吸入药液，施药时不可吃东西和饮水。施药后应及时洗手、洗脸。

（5）建议与其他不同作用机制的杀虫剂轮换使用。

（6）勿让儿童接触本品，加锁保存。不能与食品、饲料存放一起。

**相关复配制剂及应用**　吡蚜·噻嗪酮。

**有效成分**　吡蚜酮（pymetrozine）和噻嗪酮（buprofezin）。

**作用特点**　兼具吡蚜酮和噻嗪酮的特性。

**剂型**　25％悬浮剂，25％可湿性粉剂，50％水分散粒剂。

**应用技术**　稻飞虱，用25％可湿性粉剂75～90g/hm² 兑水均匀喷雾，或用25％悬浮剂112.5～150g/hm² 兑水均匀喷雾，或用50％水分散粒剂97.5～150g/hm² 兑水均匀喷雾。

**注意事项**

（1）本品在水稻上使用的安全间隔期14d，每季最多使用3次。

（2）不能与碱性物质混用。

（3）在规定剂量内使用，本品对鱼类、家蚕、蜜蜂等有益生物影响为低风险，禁止在河塘等水域内清洗施药器械。

（4）建议与其他作用机制不同的杀虫剂轮换使用，以延缓抗性的产生。

# 蚊蝇醚 （pyriproxyfen）

$C_{20}H_{29}NO_3$，331.5，95737-68-1

**化学名称**　4-苯氧基苯基-(RS)-2-(2-吡啶氧基) 丙基醚

**其他名称**　丙基醚、吡丙醚、Sumilarv、S-9318、S-31183

**理化性质**　纯品蚊蝇醚为白色结晶，熔点 45～47℃。溶解性

（20℃）：二甲苯 50％，己烷 40％，甲醇 20％。

**毒性** 蚊蝇醚原药急性 $LD_{50}$ （mg/kg）：大鼠经口＞5000，经皮＞2000。

**作用特点** 蚊蝇醚是一种保幼激素类型的几丁质合成抑制剂，具有强烈杀卵作用，还具有内吸性转移活性，可以影响隐藏在叶片背后的幼虫。对昆虫的抑制作用表现在影响昆虫的蜕皮和繁殖。对于蚊蝇类卫生害虫，在其幼虫后期 4 龄期较为敏感的阶段低剂量即可导致化蛹阶段死亡，抑制成虫羽化，其持效期长，可达一个月以上。对半翅目、双翅目、鳞翅目、缨翅目害虫具有高效，用药量少、持效期长、对作物安全、对鱼低毒、对生态环境影响小等特点。

**适宜作物** 果树等。

**防除对象** 果树害虫如柑橘吹绵蚧等；卫生害虫如蚊、蝇等。

**应用技术** 以 0.5％蚊蝇醚颗粒剂、10％蚊蝇醚乳油为例。

（1）防治卫生害虫 蚊、蝇，可直接投入污水塘中或散布于蚊蝇孳生的地表面，蚊幼虫用 0.5％蚊蝇醚颗粒剂 $100mg/m^2$，家蝇幼虫 $100\sim200mg/m^2$。

（2）防治果树害虫 柑橘吹绵蚧，用 10％蚊蝇醚乳油兑水稀释 $1000\sim1500$ 倍液均匀喷雾。

**注意事项**

（1）本品对鱼和其他水生生物有毒，避免污染池塘、河流等水域。

（2）密闭存放于通风、阴凉处，避免阳光直射，远离火源。

（3）避免接触眼睛、皮肤，施药时佩戴手套，施药完毕后用肥皂彻底清洗。

（4）勿让儿童接触本品，加锁保存。不能与食品、饲料存放一起。

## 灭蝇胺 （cyromazine）

$C_6H_{10}N_6$，166.2，66215-27-8

**化学名称** N-环丙基-1,3,5-三嗪-2,4,6-三胺

**其他名称** 环丙氨腈、蝇得净、环丙胺嗪、赛诺吗嗪、潜克、灭蝇宝、谋道、潜闪、川生、驱蝇、网蛆、Armor、Bereazin、Trigard、Larvadex、Neoprox、Vetrazine、CGA 72662

**理化性质** 纯品为白色结晶。熔点220～222℃，在20℃、pH=7.5时水中溶解度为11000mg/L。pH=5～9时，水解不明显。

**毒性** 原药对大鼠急性经口 $LD_{50}$ 3387mg/kg，急性吸入 $LC_{50} > 2720mg/m^3$（4h）。对兔皮肤有轻微刺激作用，对眼睛无刺激性。虹鳟鱼和鲤鱼 $LC_{50} > 100mg/L$；蓝腮鱼和鲶鱼 $LC_{50} > 90mg/L$。对鸟类实际无毒，短尾白鹌鹑 $LD_{50}$ 为1785mg/kg，野鸭 $LD_{50} > 2510mg/kg$。

**作用特点** 灭蝇胺有强内吸传导作用，是一种新型1,3,5-三嗪类昆虫生长调节剂，对蝇类幼虫有特效，可诱使幼虫和蛹在形态上发生畸变，成虫羽化不全或畸变。对害虫的触杀、胃毒及内吸渗透作用强。

**适宜作物** 蔬菜等。

**防除对象** 蔬菜害虫如斑潜蝇、韭蛆等；卫生害虫如蚊、蝇等。

**应用技术** 以50%灭蝇胺可湿性粉剂为例。

（1）防治蔬菜害虫 黄瓜、茄子、四季豆、叶菜类上的美洲斑潜蝇等多种潜叶蝇，用50%的灭蝇胺5000倍液均匀喷雾。

（2）防治卫生害虫 蚊、蝇，将50%灭蝇胺可湿性粉剂20g兑水5kg，可喷20m² 面积或40m 长度，或加15kg水在蚊、蝇滋生处浇灌，14d后再施药一次。处理鸡、猪、牛等养殖场、积水池、发酵废物池、垃圾处理场，杀灭蚊、蝇效果极佳。

**注意事项**

（1）本品对幼虫防效好，对成蝇效果较差，要掌握在初发期使用，保证喷雾质量。

（2）斑潜蝇的防治适期以低龄幼虫始发期为好，如果卵孵化不整齐，用药时间可适当提前，7～10d后再次喷药。

（3）喷药务必均匀周到。

（4）本品不能与强酸性物质混合使用。

（5）勿让儿童接触本品，加锁保存。不能与食品、饲料存放一起。

# 氯虫苯甲酰胺 （chlorantraniliprole）

$C_{18}H_{14}BrCl_2N_5O_2$ ，501，500008-45-7

**化学名称** 3-溴-$N$-4-氯-2-甲基-6-［（甲氨基甲酰基）苯］-1-（3-氯吡啶-2-基)-1-氢-吡唑-5-甲酰胺

**其他名称** 氯虫酰胺、康宽

**理化性质** 纯品外观为白色结晶，熔点 208～210℃，分解温度 330℃。溶解度 （20～25℃，mg/L）：水 1.023、丙酮 3.446、甲醇 1.714、乙腈 0.711、乙酸乙酯 1.144。

**毒性** 大鼠急性经口 $LD_{50}$＞2000mg/kg （雌，雄），大鼠急性经皮 $LD_{50}$＞2000mg/kg （雌，雄）。对兔眼睛轻微刺激，对兔皮肤没有刺激。Ames 试验呈阴性。

**作用特点** 氯虫苯甲酰胺属邻甲酰氨基苯甲酰胺类杀虫剂，主要是激活兰尼碱受体，释放平滑肌和横纹肌细胞内储存的钙离子，引起肌肉调节衰弱，麻痹，直至最后害虫死亡。氯虫苯甲酰胺有效成分表现出对哺乳动物和害虫兰尼碱受体极显著的选择性差异，大大提高了对哺乳动物和其他脊椎动物的安全性。

**适宜作物** 果树、水稻、玉米、甘蔗、蔬菜等。

**防除对象** 果树害虫如金纹细蛾、桃小食心虫等；水稻害虫如稻纵卷叶螟、二化螟、三化螟、大螟、稻水象甲等；玉米害虫如玉米螟、小地老虎等；油料及经济作物害虫如小地老虎、蔗螟等；蔬菜害虫如甜菜夜蛾、小菜蛾等。

**应用技术** 以 0.4％氯虫苯甲酰胺颗粒剂、200g/L 氯虫苯甲酰胺悬浮剂、5％氯虫苯甲酰胺悬浮剂、35％氯虫苯甲酰胺水分散粒剂为例。

（1）防治果树害虫

① 金纹细蛾 用氯虫苯甲酰胺 35％水分散粒剂 $14\sim20mg/kg$ 兑水均匀喷雾。

② 桃小食心虫 用氯虫苯甲酰胺 35％水分散粒剂 $35\sim50mg/kg$ 兑水均匀喷雾。

（2）防治水稻害虫 稻纵卷叶螟、二化螟、三化螟、大螟、稻水象甲。

① 用氯虫苯甲酰胺 0.4％颗粒剂 $36\sim42g/hm^2$，均匀撒施。

② 用氯虫苯甲酰胺 $200g/L$ 悬浮剂 $15\sim30g/hm^2$ 兑水均匀喷雾。

（3）防治油料及经济作物害虫

① 玉米螟 用氯虫苯甲酰胺 $200g/L$ 悬浮剂 $9\sim15g/hm^2$ 兑水均匀喷雾。

② 小地老虎 用氯虫苯甲酰胺 $200g/L$ 悬浮剂 $10\sim30g/hm^2$ 兑水均匀喷雾。

③ 蔗螟 用氯虫苯甲酰胺 $200g/L$ 悬浮剂 $45\sim60g/hm^2$ 兑水均匀喷雾。

（4）防治蔬菜害虫

① 甜菜夜蛾 用氯虫苯甲酰胺 5％悬浮剂 $22.5\sim41.25g/hm^2$ 兑水均匀喷雾。

② 小菜蛾 用氯虫苯甲酰胺 5％悬浮剂 $22.5\sim41.25g/hm^2$ 兑水均匀喷雾。

## 唑虫酰胺（tolfenpxrad）

$C_{21}H_{22}ClN_2O_2$，383.9，129558-76-5

**化学名称** $N$-[4-（4-甲基苯氧基）苄基]-1-甲基-3-乙基-4-氯-5-吡唑甲酰胺

**理化性质**　纯品为类白色固体粉末，密度（25℃）1.18g/cm³。溶解度（25℃）：水 0.037mg/L，正己烷 7.41g/L，甲苯 366g/L，甲醇 59.6g/L。

**毒性**　该药剂目前登记制剂为15%乳油。制剂急性毒性大鼠经口 $LD_{50}$（mg/kg）：102（雄）、83（雌）；小鼠经口 $LD_{50}$（mg/kg）：104（雄）、108（雌）。急性经皮毒性相对较低，对大鼠、小鼠 $LD_{50}$ 均大于 2000mg/kg。对兔眼睛和皮肤有中等程度刺激作用。

**作用特点**　唑虫酰胺主要作用机制是阻止昆虫的氧化磷酸化作用。该药杀虫谱广，还具有杀卵、抑食、抑制产卵及杀菌作用。对各种鳞翅目、半翅目、鞘翅目、膜翅目、双翅目害虫及螨类具有较高的防治效果，该药还具有良好的速效性，一经处理，害虫马上死亡。

**适宜作物**　蔬菜、果树、花卉、茶树等。

**防除对象**　蔬菜害虫如小菜蛾、蓟马等。

**应用技术**　以15%唑虫酰胺乳油为例，防治蔬菜害虫。

① 小菜蛾　15%唑虫酰胺乳油 450～750g/亩或 30～50g/hm² 兑水均匀喷雾。由于小菜蛾易产生抗药性，应与其他杀虫剂轮换使用。

② 茄子蓟马　15%唑虫酰胺乳油为 750～1200g/亩喷雾。于害虫卵孵化盛期至低龄若虫发生期间施药，该药有较好的速效性，持效期较长，可达 10d 左右。根据害虫发生严重程度，每次施药间隔在 7～15d 之间。

**注意事项**

（1）对鱼剧毒，对鸟、蜜蜂、家蚕高毒。蜜源作物花期、桑园附近禁用。不得在河塘等水域清洗施药器具。

（2）勿让儿童接触本品，加锁保存。不能与食品、饲料存放一起。

## 氟啶虫酰胺（flonicamid）

$C_9H_6F_3N_3O$，229.16，158062-67-0

**化学名称**　$N$-氰甲基-4-(三氟甲基) 烟酰胺

**其他名称**　氟烟酰胺，Teppeki，Ulala，Carbine

**理化性质**　本品为白色无味固体粉末，熔点 $157.5℃$，蒸气压（$20℃$）$2.55 \times 10^{-6}$ Pa。溶解度（g/L，$20℃$）：水 5.2、丙酮 157.1、甲醇 89.0。对热稳定。制剂为 $10\%$ 水分散粒剂。

**毒性**　每日允许摄入量 $0.073mg/kg$ 体重，急性经口 $LD_{50}$ 大鼠（雌/雄）$884mg/kg/1768mg/kg$，急性经皮 $LD_{50}$ 大鼠（雌/雄）$>5000mg/kg$。

**作用特点**　氟啶虫酰胺除具有触杀和胃毒作用，还具有很好的神经毒剂和快速拒食作用。该药剂通过阻碍害虫吮吸作用而致效。害虫摄入药剂后很快停止吮吸，最后饥饿而死。氟啶虫酰胺是一种新型低毒吡啶酰胺类昆虫生长调节剂类杀虫剂，生物活性剂对各种刺吸式口器害虫有效，并具有良好的渗透作用，它可从根部向茎部、叶部渗透，但由叶部向茎、根部渗透作用相对较弱。对人、畜、环境有极高的安全性，同时对其他杀虫剂具抗性的害虫有效。

**适宜作物**　果树、蔬菜等。

**防除对象**　果树、蔬菜蚜虫等。

**应用技术**　以 $10\%$ 氟啶虫酰胺水分散粒剂为例。

（1）防治果树害虫　蚜虫，用 $10\%$ 氟啶虫酰胺水分散粒剂 $20\sim40mg/kg$ 兑水均匀喷雾。

（2）防治蔬菜害虫　蚜虫，用 $10\%$ 氟啶虫酰胺水分散粒剂 $45\sim75g/hm^2$ 兑水均匀喷雾。

## 溴氰虫酰胺（cyantraniliprole）

$C_{19}H_{14}BrClN_6O_2$，473.7105；736994-63-1

**化学名称**　3-溴-1-(3-氯-2-吡啶基)-N-[4-氰基-2-甲基-6-[(甲基氨基)羟基]苯基]-1H-吡唑-5-甲酰胺

**其他名称**　氰虫酰胺。

**理化性质**　外观为白色粉末，密度 $1.387g/cm^3$，熔点 $168\sim173℃$，不易挥发。水中溶解度 $0\sim20mg/L$；$(20\pm0.5)℃$时其他溶剂中的溶解度：$(2.383\pm0.172)$ g/L（甲醇）、$(5.965\pm0.29)$ g/L（丙酮）、$(0.576\pm0.05)$ g/L（甲苯）、$(5.338\pm0.395)$ g/L（二氯甲烷）、$(1.728\pm0.315)$ g/L（乙腈）。

**毒性**　急性经口 $LD_{50}$ 大鼠（雌/雄）$>2000mg/kg$，急性经皮 $LD_{50}$ 大鼠（雌/雄）$>2000mg/kg$。

**作用特点**　溴氰虫酰胺通过激活靶标害虫的鱼尼丁受体而防治害虫。鱼尼丁受体的激活可释放平滑肌和横纹肌细胞内储存的钙离子，结果导致损害肌肉运动调节、麻痹，最终害虫死亡。该药表现出对哺乳动物和害虫鱼尼丁受体极显著的选择性差异，大大提高了对哺乳动物、其他脊椎动物以及其他天敌的安全性。

**适宜作物**　蔬菜等。

**防除对象**　蔬菜害虫如美洲斑潜蝇、蓟马、甜菜夜蛾、黄条跳甲、蚜虫、小菜蛾、斜纹夜蛾、菜青虫等。

**应用技术**　以 10%溴氰虫酰胺可分散油悬浮剂为例，防治蔬菜害虫。

① 美洲斑潜蝇　用 10%溴氰虫酰胺可分散油悬浮剂 $21\sim36g/hm^2$ 兑水均匀喷雾。

② 蓟马　用 10%溴氰虫酰胺可分散油悬浮剂 $27\sim36g/hm^2$ 兑水均匀喷雾。

③ 甜菜夜蛾　用 10%溴氰虫酰胺可分散油悬浮剂 $15\sim27g/hm^2$ 兑水均匀喷雾。

④ 黄条跳甲　用 10%溴氰虫酰胺可分散油悬浮剂 $36\sim42g/hm^2$ 兑水均匀喷雾。

⑤ 蚜虫　用 10%溴氰虫酰胺可分散油悬浮剂 $45\sim60g/hm^2$ 兑水均匀喷雾。

⑥ 小菜蛾、斜纹夜蛾、菜青虫　用 10%溴氰虫酰胺可分散油

悬浮剂 15～21g/hm$^2$ 兑水均匀喷雾。

# 乙虫腈 （ethiprole）

$C_{13}H_9Cl_2F_3N_4OS$，397.2，181587-01-9

**化学名称** 5-氨基-1-（2,6-二氯-对三氟甲基苯基）-4-乙基亚磺（硫）酰基吡唑-3-腈基

**理化性质** 原药纯品为浅黄色晶体粉末，无特别气味。制剂为具有芳香味浅褐色液体。密度（20℃）为 1.57g/mL。

**毒性** 每日允许摄入量 0.0085mg/kg 体重，急性经口 LD$_{50}$ 大鼠（雌/雄）>5000mg/kg，急性经皮 LD$_{50}$ 大鼠（雌/雄）>5000mg/kg。

**作用特点** 乙虫腈是新型吡唑类杀虫剂，杀虫谱广，通过 $\gamma$-氨基丁酸（GABA）干扰氯离子通道，从而破坏中枢神经系统（CNS）正常活动使昆虫致死。该药对昆虫 GABA 氯通道的束缚比对脊椎动物更加紧密，因而具有很高的选择毒性。它的作用机制不同于拟虫菊酯、有机磷、氨基甲酸酯等主要杀虫剂家族，与多种现存杀虫剂无交互性，因此，它是抗性治理的理想后备品种，可与其他化学家族的农药混配、交替使用。

**适宜作物** 水稻等。

**防除对象** 水稻害虫如稻飞虱等。

**应用技术** 以乙虫腈 100g/L 悬浮剂、9.7％乙虫腈悬浮剂为例。防治水稻害虫——稻飞虱。

① 用乙虫腈 100g/L 悬浮剂 45～60g/hm$^2$ 兑水均匀喷雾。

② 用乙虫腈 9.7％悬浮剂 45～60g/hm$^2$ 兑水均匀喷雾。

# 烯啶虫胺 （nitenpyram）

$C_{11}H_{15}ClN_4O_2$，270.71，150824-47-8

**化学名称** (E)-N-(6-氯-3-吡啶甲基)-N-乙基-N′-甲基-2-硝基亚乙烯基二胺

**其他名称** Bestyuard、TI 304

**理化性质** 纯品烯啶虫胺为浅黄色结晶固体，熔点 83～84℃。溶解性（20℃，g/L）：水 840，氯仿 700，丙酮 290，二甲苯 4.5。

**毒性** 烯啶虫胺原药急性 $LD_{50}$（mg/kg）：大鼠经口 1680（雄）、1574（雌），小鼠经口 867（雄）、1281（雌）；大鼠经皮＞2000。对兔眼睛和皮肤无刺激性。对动物无致畸、致突变、致癌作用。

**作用特点** 烯啶虫胺属烟酰亚胺类杀虫剂，主要作用于昆虫神经系统，抑制乙酰胆碱酯酶活性。具有触杀和胃毒作用，内吸性和渗透性强。烯啶虫胺具有低毒、低残留、高效、残效期长、无交互抗性和对作物无药害、使用安全等优点。既可用于茎叶处理，也可进行土壤处理，广泛用于水稻、果树、蔬菜和茶叶，防治多种害虫。

**适宜作物** 棉花、水稻、蔬菜、果树等。

**防除对象** 棉花害虫如蚜虫等；水稻害虫如稻飞虱等；蔬菜害虫如蚜虫等；果树害虫如蚜虫等。

**应用技术** 以 10%、20%烯啶虫胺水剂、20%烯啶虫胺水分散粒剂、25%烯啶虫胺可溶性粉剂、50%烯啶虫胺可溶性粉剂、20%烯啶虫胺可湿性粉剂为例。

（1）防治棉花害虫 蚜虫。

① 用 10%烯啶虫胺水剂 15～30g/hm² 兑水均匀喷雾。

② 用 20%烯啶虫胺水分散粒剂 15～30g/hm² 兑水均匀喷雾。

③ 用 25%烯啶虫胺可溶性粉剂 15～30g/hm² 兑水均匀喷雾。

（2）防治水稻害虫 稻飞虱。

① 用 20%烯啶虫胺水剂 60～90g/hm² 兑水均匀喷雾。

② 用 50%烯啶虫胺可溶性粉剂 60～90g/hm² 兑水均匀喷雾。

③ 用 50%烯啶虫胺可溶性粉剂 15～30g/hm² 兑水均匀喷雾。

（3）防治蔬菜害虫 蚜虫，用 20%烯啶虫胺可湿性粉剂 18～24g/hm² 兑水均匀喷雾。

（4）防治果树害虫 蚜虫，用烯啶虫胺 50%可溶性粉剂 20～

25mg/kg 兑水均匀喷雾。

**注意事项**  贮、运时，严防潮湿和日晒。

## 氟啶脲（chlorfluazuron）

$C_{20}H_9Cl_3F_5N_3O_3$，540.8，71422-67-8

**化学名称**  1-［3,5-二氯-4-（3-氯-5-三氟甲基-2-吡啶氧基）苯基］-3-（2,6-二氟苯甲酰基）脲

**其他名称**  定虫隆、定虫脲、克福隆、控幼脲、抑太保、Atabron 5E、Jupiter

**理化性质**  纯品氟啶脲为白色结晶固体，熔点232～233.5℃。溶解性（20℃，g/L）：环己酮110，二甲苯3，丙酮52.1，甲醇2.5，乙醇2.0，难溶于水。原药为黄棕色结晶。

**毒性**  氟啶脲原药急性 $LD_{50}$（mg/kg）：大、小鼠经口＞5000，大鼠经皮1000。以50mg/（kg·d）剂量饲喂大鼠两年，未发现异常现象。对动物无致畸、致突变、致癌作用。

**作用特点**  氟啶脲抑制几丁质合成，阻碍昆虫正常蜕皮，使卵的孵化、幼虫蜕皮及蛹发育畸形，成虫羽化受阻。具有胃毒、触杀作用。药效高，但作用速度较慢，对鳞翅目、鞘翅目、直翅目、膜翅目、双翅目等害虫活性高，但对蚜虫、叶蝉、飞虱无效。

**适宜作物**  棉花、蔬菜、果树、林木等。

**防除对象**  蔬菜害虫如小菜蛾、菜青虫、粉虱等；棉花害虫如棉叶螨、棉铃虫、棉红铃虫等；果树害虫如柑橘潜叶蛾、叶螨等。

**应用技术**  以 5%氟啶脲乳油、10%氟啶脲水分散粒剂、0.1%氟啶脲浓饵剂为例。

（1）防治蔬菜害虫

① 小菜蛾、菜青虫  a. 在低龄幼虫期施药，用 5%氟啶脲乳油 1000～2000 倍液均匀喷雾。b. 用 10%氟啶脲水分散粒剂 30～60g/hm² 兑水均匀喷雾。

② 粉虱　在若虫盛发期施药，用 5% 氟啶脲乳油 500～1000 倍液均匀喷雾。

（2）防治棉花害虫

① 棉叶螨　在若螨发生期施药，用 5% 氟啶脲乳油 750～1125mL/hm² 兑水稀释后均匀喷雾。

② 棉铃虫、棉红铃虫　在卵孵盛期施药，用 5% 氟啶脲乳油 1125～1500mL/hm² 兑水稀释后均匀喷雾。

（3）防治果树害虫

① 柑橘潜叶蛾　新梢盛发期施药，用 5% 氟啶脲乳油 1500～2000 倍液均匀喷雾，隔 5～7d 再用 1 次，共 2～3 次。

② 各种叶螨　用 5% 氟啶脲乳油稀释 1000～2000 倍均匀喷雾，可兼治各种木虱、桃小食心虫和尺蠖。

（4）防治白蚁　用 0.1% 氟啶脲浓饵剂，用水稀释 3～4 倍投放于白蚁出没处。

**注意事项**

（1）本剂是阻碍幼虫蜕皮致使其死亡的药剂，从施药至害虫死亡需 3～5d，使用时需在低龄幼虫期进行。

（2）本剂无内吸传导作用，施药必须均匀周到。

（3）本品对蜜蜂、鱼类等水生生物、家蚕有毒，施药期间应避免对周围蜂群的影响、蜜源作物花期、蚕室和桑园附近禁用。应远离水产养殖区施药，禁止在河塘等水体中清洗施药器具。

（4）棉花和甘蓝每季作物使用不超过 3 次，柑橘不超过 2 次。安全间隔期棉花和柑橘均为 21d，甘蓝 7d。

（5）本品药效表现较慢，用药适期应比一般有机磷类、拟除虫菊酯类杀虫剂提早 3d 左右。宜在幼、若虫（螨）盛发期用药。

（6）库房通风低温干燥；与食品原料分开贮运。

# 杀铃脲 （triflumuron）

$C_{15}H_{10}ClF_3N_2O_2$，358.7，64628-44-0

**化学名称** 1-(2-氯苯甲酰基)-3-(4-三氟甲氧基苯基）脲

**其他名称** 杀虫隆、杀虫脲、氟幼脲、氟幼灵、战果、先安

**理化性质** 纯品杀铃脲为白色结晶固体，熔点 195.1℃。溶解性（20℃，g/L）：二氯甲烷 20～50，甲苯 2～5，异丙醇 1～2。

**毒性** 杀铃脲原药急性 $LD_{50}$（mg/kg）：大鼠经口＞5000，经皮＞5000。以 20mg/kg 剂量饲喂大鼠 90d，未发现异常现象。对动物无致畸、致突变、致癌作用。

**作用特点** 杀铃脲是一种昆虫几丁质合成抑制剂，它是苯甲酰脲类的昆虫生长调节剂，对昆虫主要起胃毒作用，有一定的触杀作用，但无内吸作用，有良好的杀卵作用。抑制昆虫几丁质合成，使幼虫蜕皮时不能形成新表皮，或虫体畸形而死亡。杀铃脲对绝大多数动物和人类无毒害作用，且能被微生物所分解，成为当前调节剂类农药的主要品种。

**适宜作物** 玉米、棉花、森林、大豆、果树等。

**防除对象** 蔬菜害虫如菜青虫、小菜蛾等；小麦害虫如黏虫等；果树害虫如金纹细蛾、卷叶蛾、桃潜叶蛾、枣尺蠖等。

**应用技术** 以 20％杀铃脲悬浮剂、5％杀铃脲悬浮剂、25％杀铃脲悬浮剂为例。

（1）防治果树害虫

① 桃潜叶蛾 当发现桃叶有潜叶蛾为害时，及时检查幼虫发育进度，当 80％幼虫进入化蛹期后，间隔一周后喷药，用 20％杀铃脲悬浮剂 8000 倍液均匀喷雾。

② 金纹细蛾 用金纹细蛾性诱剂测报成虫发生高峰期，在发生高峰期过后 3d，用 20％杀铃脲悬浮剂 8000 倍液均匀喷雾，防治第 1 代或第 2 代卵及初孵幼虫，间隔一个月后再喷一次，全年基本不会造成危害。可兼治苹小卷叶蛾、桃小食心虫等鳞翅目害虫。

（2）防治棉花害虫 棉铃虫。

① 在棉铃虫卵孵盛期施药，常量喷雾每亩用 25％杀铃脲悬浮剂 20～35g 兑水 50～75kg 均匀喷雾。

② 低容量喷雾，每亩用 5％杀铃脲悬浮剂 60～80g，用 25％悬

浮剂 12～16g 兑水 10kg。

**混用** 因杀铃脲速效性较差，作用慢，因此若棉铃虫大发生时，应加大用量或与速效性杀虫剂混用。

**注意事项**

（1）本品贮存有沉淀现象，需摇匀后使用，不影响药效。

（2）为高效药剂，可同菊酯类农药混合使用，施药比例为 2∶1。

（3）不能与碱性农药混用。

（4）本品对虾、蟹幼体有害，对成体无害。

（5）库房通风低温干燥；与食品原料分开贮运。

## 灭幼脲 （chlorbenzuron）

$C_{14}H_{10}Cl_2N_2O_2$，308.9，57160-47-1

**化学名称** 1-邻氯苯甲酰基-3-(4-氯苯基) 脲

**其他名称** 苏脲一号、灭幼脲三号、一氯苯隆、扑蛾丹、蛾杀灵、劲杀幼、Mieyouniao

**理化性质** 原药为白色结晶，熔点 199～210℃；在丙酮中溶解度 10mg/L，可溶于 N，N-二甲基甲酰胺和吡啶等有机溶剂，不溶于水。遇碱或遇酸易分解，通常条件下贮藏较稳定，对光、热也稳定。

**毒性** 原药对大鼠急性经口 $LD_{50} > 20000mg/kg$，对兔眼睛和皮肤无明显刺激作用。大鼠经口无作用剂量为每天 125mg/kg。动物试验未见致畸、致癌、致突变作用。动物体内无积累作用。对鱼类、鸟类、天敌、蜜蜂安全。

**作用特点** 灭幼脲属苯甲酰脲类昆虫几丁质合成抑制剂，为昆虫激素类杀虫剂，通过抑制昆虫表皮几丁质合成酶和尿核苷辅酶的活性来抑制昆虫几丁质合成，从而导致昆虫不能正常蜕皮而死亡。灭幼脲属低毒杀虫剂，主要表现为胃毒作用。灭幼脲影响卵的呼吸代谢及胚胎发育过程中的 DNA 和蛋白质代谢，使卵内幼虫缺乏几丁质而不能孵化或孵化后随即死亡；在幼虫期施用，使害虫新表皮形成受阻，延缓发育，或缺乏硬度，不能正常蜕皮而导致死亡或形成畸形蛹死亡。对变态昆虫，特别是鳞翅目幼虫表现为很好的杀虫活性。对益虫和蜜蜂等膜翅目昆虫和森林鸟类几乎无害，但对赤眼蜂有影响。

**适宜作物**　玉米、小麦、蔬菜、果树等。

**防除对象**　果树害虫如桃潜叶蛾、桃小食心虫、梨小食心、刺蛾、苹果舟蛾、卷叶蛾、梨木虱、柑橘木虱等；茶树害虫如茶黑毒蛾、茶尺蠖等；蔬菜害虫如菜青虫、甘蓝夜蛾、地蛆等；小麦害虫如黏虫等；卫生害虫如蝇蛆、蚊幼虫等。

**应用技术**　以 25％灭幼脲悬浮剂、20％灭幼脲胶悬剂为例。

（1）防治森林害虫

① 松树松毛虫　用 25％灭幼脲悬浮剂 112.5～150g/hm$^2$ 兑水均匀喷雾。

② 美国白蛾　用 25％灭幼脲悬浮剂 100～167mg/kg 兑水均匀喷雾。

（2）防治蔬菜害虫　菜青虫，用 25％灭幼脲悬浮剂 37.5～75g/hm$^2$ 兑水均匀喷雾。

（3）防治果树害虫　苹果金纹细蛾，用 25％灭幼脲悬浮剂 125～167mg/kg 兑水均匀喷雾。

**注意事项**

（1）此药在 2 龄前幼虫期进行防治效果最好，虫龄越大，防效越差。

（2）本药于施药 3～5d 后药效才明显，7d 左右出现死亡高峰。忌与速效性杀虫剂混配，使灭幼脲类药剂失去了应有的绿色、安全、环保作用和意义。

（3）灭幼脲悬浮剂有沉淀现象，使用时要先摇匀后加少量水稀释，再兑水至合适的浓度，搅匀后喷用。在喷药时一定要均匀。

（4）用过的容器应妥善处理，不可做他用，也不可随意丢弃。运输时轻拿轻放，严禁倒置。

（5）本品应贮存在阴凉、干燥、通风、防雨处，远离火源或热源，置于儿童触及不到之处，勿与食品、饮料、饲料、粮食等同贮同运。

**相关复配制剂及应用**　灭脲·吡虫啉。

**有效成分**　灭幼脲（imidacloprid）和吡虫啉（chlorbenzuron）。

**作用特点**　兼具灭幼脲和吡虫啉特性。

**主要剂型**　5%悬浮剂、25%可湿性粉剂。

**应用技术**　防治苹果树金纹细蛾、黄蚜，可用25%可湿性粉剂100~167mg/kg兑水均匀喷雾。

**注意事项**

① 本品安全间隔期21d，每季最多用2次。

② 不能与碱性物质混用。

③ 对鱼类、家蚕、蜜蜂高毒，使用时需注意。

## 除虫脲（diflubenzuron）

$C_{14}H_{10}ClF_2N_2O_2$，310.7，35367-38-5

**化学名称**　1-(4-氯苯基)-3-(2,6-二氟苯甲酰基)脲

**其他名称**　灭幼脲一号、敌灭灵、二氟隆、二氟脲、二氟阻甲脲、伏虫脲、Dimilin、Difluron、Largon

**理化性质**　纯品为白色晶体，熔点228℃。原药（有效成分含量95%）外观为白色至浅黄色结晶粉末，相对密度1.56，熔点210~230℃，25℃时蒸气压为$1.2×10^4$mPa，20℃时在水中溶解度为0.1mg/kg、丙酮中6.5g/L，易溶于极性溶剂如乙腈、二甲基亚砜，也可溶于一般溶剂如乙酸乙酯、二氯甲烷、乙醇。在非极性溶剂如乙醚、苯、石油醚等中很少溶解。遇碱易分解，对光比较稳定，对热也比较稳定。常温贮存也比较稳定。常温贮存稳定期至少两年。

**毒性**　原药对大鼠急性经口$LD_{50}>4640$mg/kg。兔急性经皮

$LD_{50} > 2000mg/kg$，急性吸入 $LC_{50} > 30mg/L$。对兔的眼睛和皮肤有轻度刺激作用。大鼠经口无作用剂量为每天 $125mg/kg$。在实验剂量内未见动物致畸、致突变作用。鹌鹑急性经口 $LD_{50} > 4640mg/kg$，鲑鱼 $LC_{50} > 0.3mg/L$（30d）。

**作用特点**　除虫脲为苯甲酰基苯基脲类除虫剂，通过抑制昆虫的几丁质合成酶的活性，从而抑制幼虫、卵、蛹表皮几丁质的合成，使昆虫不能正常蜕皮，虫体畸形而死亡。除虫脲主要作用方式是胃毒和触杀。害虫取食后造成积累性中毒，由于缺乏几丁质，幼虫不能形成新表皮，蜕皮困难，化蛹受阻；成虫难以羽化、产卵；卵不能正常发育，孵化的幼虫表皮缺乏硬度而死亡，从而影响害虫整个世代，这就是除虫脲的优点之所在。对甲壳类和家蚕有较大的毒性，对人畜和环境中其他生物安全，属低毒无公害农药。

**适宜作物**　蔬菜、棉花、果树、林木等。

**防除对象**　林木害虫如松毛虫、天幕毛虫、尺蠖、美国白蛾、毒蛾、金纹细蛾、桃小食心虫、潜叶蛾等；棉花害虫如棉铃虫等；蔬菜害虫如菜青虫、卷叶螟、夜蛾等。

**应用技术**　以25%除虫脲可湿性粉剂、5%除虫脲可湿性粉剂为例。

（1）防治林木害虫　松毛虫，用25%除虫脲可湿性粉剂40～60mg/kg 兑水均匀喷雾。

（2）防治果树害虫

① 柑橘潜叶蛾　用25%除虫脲可湿性粉剂62～125mg/kg 兑水均匀喷雾。

② 柑橘锈壁虱　用25%除虫脲可湿性粉剂62～83mg/kg 兑水均匀喷雾。

③ 金纹细蛾　用5%除虫脲可湿性粉剂125～250mg/kg 兑水均匀喷雾。

（3）防治小麦害虫　黏虫，用25%除虫脲可湿性粉剂22.5～75g/hm² 兑水均匀喷雾。

（4）防治蔬菜害虫

① 菜青虫　用25%除虫脲可湿性粉剂189～236g/hm² 兑水均

匀喷雾。

② 小菜蛾　用 25％除虫脲可湿性粉剂 120～150g/hm² 兑水均匀喷雾。

**注意事项**

（1）除虫脲属脱皮激素，不宜在害虫多、老龄期施药，应掌握在幼龄期施药效果最佳。

（2）悬浮剂贮运过程中会有少量分层，因此使用时应先将药液摇匀，以免影响药效。

（3）药液不要与碱性物接触，以防分解。

（4）蜜蜂和蚕对本剂敏感，因此养蜂区、蚕业区应谨慎使用，如果使用一定要采取保护措施。

（5）沉淀摇起，混匀后再配用。

（6）本剂对甲壳类（虾、蟹幼体）有害，应注意避免污染养殖水域。

（7）库房应通风、低温、干燥，与食品原料分开储运。

**相关复配制剂及应用**　除脲·辛硫磷。

**主要活性成分**　除虫脲，辛硫磷。

**作用特点**　具有触杀和胃毒作用。兼具除虫脲和辛硫磷作用。

**剂型**　20％乳油。

**应用技术**　菜青虫，用 20％乳油 90～150g/hm² 兑水均匀喷雾。

**注意事项**

① 在十字花科蔬菜上安全间隔期 7d，每季最多 2 次。

② 不能与碱性农药混用。

③ 对高粱、黄瓜、甜菜等敏感，需慎用。

④ 对蜜蜂、家蚕、鱼类高毒，使用时需注意。

## 氟虫脲 （flufenoxuron）

$C_{21}H_{11}ClF_6N_2O_3$，488.8，101463-69-8

**化学名称**　1-[4-(2-氯-α,α,α-三氟-对甲苯氧基)-2-氟苯基]-3-(2,6-二氟苯甲酰)脲

**其他名称**　氟虫隆、卡死克、Cascade

**理化性质**　纯品为白色晶体，熔点 $230 \sim 232$℃，蒸气压 $4.55 \times 10^{-12}$ Pa。在有机溶剂中的溶解度：丙酮 82g//L，二氯甲烷 24g/L，二甲苯 6g/L，己烷 0.023G/L。不溶于水。自然如光照射下，在水中半衰期 11d，对光稳定，对热稳定。

**毒性**　大鼠和小鼠急性 $LD_{50}$ （mg/kg）：＞3000 （经口），＞2000 （经皮）。大鼠急性吸入 $LC_{50}$＞5mg/L，静脉注射 $LD_{50}$＞1500mg/kg。对兔的眼睛和皮肤无刺激作用。大鼠和小鼠饲喂无作用量为 50mg/kg，狗为 100mg/kg。动物试验未发现致畸、致突变作用。鲑鱼 $LC_{50}$＞100mg/L。对家蚕毒性较大。

**作用特点**　氟虫脲为苯甲酰脲类昆虫生长调节剂，是几丁质合成抑制剂，使昆虫不能正常蜕皮或变态而死亡，成虫接触药剂后，产的卵即使孵化成幼虫也会很快死亡。具有触杀和胃毒作用，并有很好的叶面滞留性。对未成熟阶段的螨和害虫有高活性，可用于防治植食性螨类（刺瘿螨、短须螨、全爪螨、锈螨、红叶螨等），并有很好的持效作用，对捕食性螨和昆虫安全。

**适宜作物**　蔬菜、棉花、玉米、大豆、果树等。

**防除对象**　蔬菜害虫如小菜蛾、菜青虫等；果树害虫如苹果红蜘蛛、柑橘红蜘蛛、柑橘潜叶蛾、桃小食心虫等；棉花害虫如棉红蜘蛛、棉铃虫等。

**应用技术**　以 5％氟虫脲乳油为例。

（1）防治蔬菜害虫

① 小菜蛾　1～2 龄幼虫期施药，每亩用 5％氟虫脲乳油 25～50mL （有效成分 1.25～2.5g） 兑水 40～50L 均匀喷雾。

② 菜青虫　幼虫 2～3 龄期施药，每亩用 5％氟虫脲乳油 20～25mL （有效成分 1～1.25g） 兑水 40～50mL 均匀喷雾。

（2）防治果树害虫

① 苹果红蜘蛛　越冬代和第 1 代若螨集中发生期施药，苹果开花前后用 5％氟虫脲乳油 1000～2000 倍液 （有效浓度 25～

50mg/L）均匀喷雾。

②柑橘红蜘蛛　在卵孵化盛期施药，用5％氟虫脲乳油1000～2000倍液（有效浓度25～50mg/L）均匀喷雾。

③柑橘潜叶蛾　在新梢放出5d左右施药，用5％氟虫脲乳油1500～2000倍（有效浓度25～33mg/L）均匀喷雾。

④桃小食心虫　在卵孵化0.5％～1％施药，用5％氟虫脲乳油1000～2000倍（有效浓度25～50mg/L）均匀喷雾。

（3）防治棉花害虫

①棉红蜘蛛　若、成螨发生期，平均每叶2～3头螨时施药，每亩用5％氟虫脲乳油50～75mL（有效成分2.5～3.75g）兑水40～50L均匀喷雾。

②棉铃虫　在产卵盛期至卵孵化盛期施药，防治棉红铃虫二代、三代成虫在产卵高峰至卵孵化盛期施药，每亩用5％氟虫脲75～100mL（有效成分3.75～5g）兑水40～50L均匀喷雾。

**注意事项**

（1）一个生长季节最多只能用药2次。施药时间应较一般杀虫剂提前2～3d。对钻蛀性害虫宜在卵孵化盛期施药，对害螨宜在幼若螨盛期施药。

（2）苹果上应在收获前70d用药，柑橘上应在收获前50d用药。喷药时要均匀周到。

（3）不可与碱性农药，如波尔多液等混用，否则会减效。间隔使用时，先喷氟虫脲，10d后再喷波尔多液比较理想。

（4）对甲壳纲水生生物毒性较高，避免污染自然水源。

（5）库房应通风、低温、干燥，与食品原料分开贮运。

## 氟铃脲（hexaflumuron）

$C_{16}H_8Cl_2F_6N_2O_3$，461.1，86479-06-3

**化学名称**　1-[3,5-二氯-4-(1,1,2,2-四氟氧乙基)苯基]-3-(2,

6-二氟苯甲酰基）脲

**其他名称** 盖虫散、六伏隆、Consult、Trueno、hezafluron

**理化性质** 纯品为白色固体（工业品略显粉红色），熔点202～205℃。溶解性（20℃，g/L）：甲醇11.3，二甲苯5.2，难溶于水。在酸和碱性介质中煮沸会分解。

**毒性** 氟铃脲原药急性 $LD_{50}$（mg/kg）：大鼠经口＞5000，大鼠经皮＞2100，兔经皮＞5000。对动物无致畸、致突变、致癌作用。

**作用特点** 氟铃脲属苯甲酰脲杀虫剂，是几丁质合成抑制剂，具有很高的杀虫和杀卵活性。田间试验表明，氟铃脲在通过抑制蜕皮而杀死害虫的同时，还能抑制害虫吃食速度，故有较快的击倒力。

**适宜作物** 果树、棉花等。

**防除对象** 蔬菜害虫如小菜蛾等；棉花害虫如棉铃虫等；果树害虫如金纹细蛾、桃潜蛾、卷叶蛾、刺蛾、桃蛀螟、柑橘潜叶蛾、食心虫等。

**应用技术** 以5%氟铃脲乳油、4.5%氟铃脲悬浮剂为例。

（1）防治蔬菜害虫

① 小菜蛾 用5%氟铃脲乳油45～60g/hm² 兑水均匀喷雾。

② 甜菜夜蛾 用4.5%氟铃脲悬浮剂40.5～60.75g/hm² 兑水均匀喷雾。

（2）防治棉花害虫 棉铃虫，用5%氟铃脲乳油75～120g/hm² 兑水均匀喷雾。

**注意事项**

（1）对食叶害虫应在低龄幼虫期施药。钻蛀性害虫应在产卵盛期、卵孵化盛期施药。该药剂无内吸性和渗透性，喷药要均匀、周密。

（2）不能与碱性农药混用，但可与其他杀虫剂混合使用，其防治效果更好。

（3）对鱼类、家蚕毒性大，要特别小心。

（4）库房应通风、低温、干燥，与食品原料分开贮运。

**相关复配制剂及应用**　氟铃·辛硫磷。

**主要活性成分**　氟铃脲，辛硫磷。

**作用特点**　具有触杀和胃毒作用。兼具氟铃脲和辛硫磷特性。

**剂型**　20%、42%乳油。

**应用技术**

① 棉铃虫　20%乳油150～250g/hm² 兑水均匀喷雾。

② 小菜蛾　42%乳油504～693g/hm² 兑水均匀喷雾。

**注意事项**

① 本品见光易分解，使用时应注意。

② 不宜与碱性农药混用。

### 虫酰肼（tebufenozide）

$C_{22}H_{28}N_2O_2$，352.5，112410-23-8

**化学名称**　*N*-叔丁基-*N'*-(4-乙基苯甲酰基)-3,5-二甲基苯甲酰肼

**其他名称**　抑虫肼、米满、Conform、Mimic

**理化性质**　纯品虫酰肼为白色结晶固体，熔点191℃。溶解性（20℃）：微溶于普通有机溶剂，难溶于水。

**毒性**　虫酰肼原药急性 $LD_{50}$（mg/kg）：大鼠经口＞5000，经皮＞5000。对兔眼睛和皮肤无刺激性。对动物无致畸、致突变、致癌作用。

**作用特点**　虫酰肼能完全控制害虫的脱皮过程，是非甾族新型昆虫生长调节剂，是最新研发的昆虫激素类杀虫剂。在害虫尚未发育到脱皮期出现脱皮反应，导致不完全脱皮、拒食、全身失水，最终死亡。虫酰肼杀虫活性高，选择性强，对所有鳞翅目幼虫均有效，对抗性害虫如棉铃虫、菜青虫、小菜蛾、甜菜夜蛾等有特效，并有极强的杀卵活性，对非靶标生物更安全。虫酰肼对眼睛和皮肤无刺激性，对高等动物无致畸、致癌、致突变作用，对哺乳动物、

鸟类、天敌均十分安全。

**适宜作物** 蔬菜、棉花、马铃薯、大豆、烟草、果树、观赏作物等。

**防除对象** 果树害虫如苹果蠹蛾等；蔬菜害虫如甜菜夜蛾、斜纹夜蛾等；林木害虫如松毛虫等。

**应用技术** 以24％虫酰肼悬浮剂、20％虫酰肼悬浮剂为例。

（1）防治果树害虫 苹果蠹蛾，根据虫情测报，第1代开始发生时施药，用24％虫酰肼悬浮剂66.7g/hm²，常用1000～1500倍液均匀喷雾。如果虫量重，间隔14～21d后再喷1次。

（2）防治蔬菜害虫

① 甜菜夜蛾 成虫产卵盛期或卵孵化盛期施药。用24％虫酰肼悬浮剂60～100g/hm²兑水60～100kg，即稀释1000～1500倍液均匀喷雾。根据虫情决定喷药次数，持效期为10～14d。

② 斜纹夜蛾 用20％虫酰肼悬浮剂兑水稀释1000～2000倍液均匀喷雾。

（3）防治林木害虫 松毛虫，在松毛虫发生时，用24％虫酰肼悬浮剂1200～2400倍液，或每100L水加24％虫酰肼悬浮剂41.6～83mL均匀喷雾。

**注意事项**

（1）建议每年最多使用本品4次，安全间隔期14d。

（2）本品对鸟类无毒，对鱼和水生脊椎动物有毒，对蚕高毒，不要直接喷洒在水面，废液不要污染水源，在蚕、桑园地区禁止施用此药。

# 甲氧虫酰肼

## （Methoxyfenozide）

$C_{22}H_{28}N_2O_3$，368.47，161050-58-4

**化学名称** N-叔丁基-N′-(3-甲氧基-2-甲基苯甲酰基)-3,5-二甲基苯甲酰肼

**其他名称** Runner、Intrepid

**理化性质** 纯品甲氧虫酰肼为白色粉末，熔点 $202\sim205℃$。溶解性（20℃，g/L）：二甲基亚砜 110，环己酮 99，丙酮 90，难溶于水。

**毒性** 甲氧虫酰肼原药急性 $LD_{50}$（mg/kg）：大鼠经口＞5000，经皮＞2000。对兔眼睛有轻微刺激性，对兔皮肤无刺激性。对动物无致畸、致突变、致癌作用。

**作用特点** 甲氧虫酰肼为昆虫生长调节剂的一种，其有效成分甲氧虫酰肼属双酰肼类杀虫剂，为一种非固醇型结构的蜕皮激素，能使鳞翅目幼虫在成熟前提早进入蜕皮过程而又不能形成健康的新表皮，从而导致幼虫提早停止取食并最终死亡。本品对防治对象选择性强，只对鳞翅目幼虫有效。甲氧虫酰肼对环境较友善，对鱼类、虾、牡蛎和水蚤毒性中等，对皮肤、眼睛无刺激性，无致敏性，属低毒杀虫剂。

**适宜作物** 蔬菜、玉米、水稻、高粱、大豆、棉花、甜菜、果树、花卉、茶树等。

**防除对象** 水稻害虫如二化螟等；果树害虫如苹果蠹蛾、苹果食心虫等；蔬菜害虫如甜菜夜蛾、斜纹夜蛾等。

**应用技术** 以 24%甲氧虫酰肼悬浮剂、240g/L 甲氧虫酰肼悬浮剂为例。

（1）**防治水稻害虫** 二化螟，在以双季稻为主的地区，一代二化螟多发生在早稻秧田及移栽早、开始分蘖的本田禾苗上，是防治对象田。防止造成枯梢和枯心苗，一般在蚁螟孵化高峰前 $2\sim3d$ 施药。防治虫伤株、枯孕穗和白穗，一般在蚁螟孵化始盛期至高峰期施药。用 24%甲氧虫酰肼悬浮剂 $70\sim100g/hm^2$ 兑水均匀喷雾。

（2）**防治果树害虫**

① 苹果小卷叶蛾 用 240g/L 甲氧虫酰肼悬浮剂 $48\sim80mg/kg$ 兑水均匀喷雾。

② 苹果蠹蛾、苹小食心虫 在成虫开始产卵前或害虫蛀果前

施药，用 24％甲氧虫酰肼悬浮剂 12～16g/hm², 重发生区建议用最高推荐剂量，10～18d 后再喷 1 次。安全间隔期 14d。

（3）防治蔬菜害虫  甜菜夜蛾、斜纹夜蛾，在卵孵盛期和低龄幼虫期施药，用 240g/L 甲氧虫酰肼悬浮剂 36～72g/hm² 兑水均匀喷雾。

**混用**  本品能与多种杀虫剂、杀菌剂、生长调节剂、叶片肥等混用。混用前应先做预试。将预混的药剂按比例在容器中混合，用力摇匀后静置 15 分钟，若药液迅速沉淀而不能形成悬浮液，则表明混合液不相容，不能混合使用。

**注意事项**

（1）摇匀后使用，先用少量水稀释，待溶解后边搅拌边兑入适量水。喷雾务必均匀周到。

（2）施药时期掌握在卵孵化盛期或害虫发生初期。

（3）为防止抗药性产生，害虫多代重复发生时勿单一施此药，建议与其他作用机制不同的药剂交替使用。

（4）避免药液喷溅到眼睛和皮肤上，避免吸入药液气雾，施药时穿戴长袖衣裤及防水手套，施药结束后用肥皂彻底清洗。

（5）本品不适宜用灌根等任何浇灌方法。

（6）本品对水生生物有毒，禁止污染湖泊、水库、河流、池塘等水域。

## 呋喃虫酰肼 （fufenozide）

$C_{24}H_{30}N_2O_3$，394.5，467427-81-1

**化学名称**  *N*-（2,3-二氢-2,7-二甲基苯并呋喃-6-甲酰基)-*N'*-叔丁基-*N'*-(3,5-二甲基苯甲酰基）-肼

**理化性质**  白色粉末状固体；熔点 146.0～48.0℃；溶于有机溶剂，不溶于水。

**毒性**　呋喃虫酰肼原药对大鼠急性经口 $LD_{50} > 5000mg/kg$（雄，雌），大鼠急性经皮 $LD_{50} > 5000mg/kg$（雄，雌），属微毒类农药。Ames 试验无致基因突变作用。10％呋喃虫酰肼悬浮剂对鱼、蜜蜂、鸟均为低毒，对家蚕高毒；对蜜蜂低风险，对家蚕极高风险，桑园附近严禁使用。

**作用特点**　呋喃虫酰肼是双酰肼类昆虫生长调节剂，害虫取食后，很快出现不正常蜕皮反应，停止取食，提早蜕皮，但由于不正常蜕皮而无法完成蜕皮，导致幼虫脱水和饥饿而死亡。呋喃虫酰肼以胃毒作用为主，有一定的触杀作用，无内吸性。对哺乳动物和鸟类、鱼类、蜜蜂毒性极低，对环境友好。

**适宜作物**　蔬菜、甜菜、水稻等。

**防除对象**　蔬菜害虫如甜菜夜蛾、斜纹夜蛾、小菜蛾等；水稻害虫如稻纵卷叶螟、二化螟等。

**应用技术**　以 10％呋喃虫酰肼悬浮剂为例。

（1）防治蔬菜害虫　甜菜夜蛾、斜纹夜蛾，在幼虫 3 龄期前，用 10％呋喃虫酰肼悬浮剂 60～100mL/亩兑水 50～60kg 均匀喷雾。

（2）防治水稻害虫　稻纵卷叶螟，在卵孵盛期，用 10％呋喃虫酰肼悬浮剂 100～120mL/亩兑水 50～60kg 均匀喷雾。推荐使用剂量为 150～180g/hm² 。使用技术要点，在稻纵卷叶螟卵孵盛期至二龄幼虫前（初卷叶期）或卵孵化高峰后 2d 喷雾使用，喷雾一定要均匀。

**注意事项**

（1）该药对蚕高毒，作用速度慢，应较常规药剂提前 5～7d 使用，每季作物使用次数不要超过 2 次。

（2）高温期间注意做好安全用药的各项防护措施。

（3）为了提高防治效果，于傍晚用药。

## 抑食肼（RH-5849）

$C_{18}H_{20}N_2O_2$ ，296.4 ，112225-87-3

**化学名称** 2'-苯甲酰基-1'-叔丁基苯甲酰肼

**其他名称** 虫死净

**理化性质** 抑食肼工业品为白色粉末状固体，纯品为白色结晶，无臭味。熔点 174～176℃，蒸气压 0.24×10⁻³ Pa（25℃）。在环己酮中溶解度为 50g/L，水中溶解度 50mg/L，分配系数（正辛醇/水）212。常温下贮存稳定，在土壤中的半衰期为 27d（23℃）。在正常贮存条件下稳定。

**毒性** 抑食肼原药属中等毒性，大鼠急性 $LD_{50}$（mg/kg）：435（经口），500（经皮）。Ames 试验为阴性。对眼睛和皮肤无刺激。

**作用特点** 抑食肼是一种非甾类、具有蜕皮激素活性的昆虫生长调节剂，对鳞翅目、鞘翅目、双翅目幼虫具有抑制进食、加速蜕皮和减少产卵的作用。本品对害虫以胃毒作用为主，施药后 2～3d 见效，持效期长，无残留。对人、畜、禽、鱼毒性低，是一种可取代有机磷农药，特别是可以取代高毒农药甲胺磷的低毒、无残留、无公害的优良杀虫剂。

**适宜作物** 蔬菜、水稻、棉花、茶叶、果树等。

**防除对象** 蔬菜害虫如菜青虫、小菜蛾、甜菜夜蛾、菜青虫等；水稻害虫如黏虫、二化螟、三化螟等害虫；果树害虫如食心虫、红蜘蛛、蚜虫、潜叶蛾等；茶树害虫如茶尺蠖、茶毛虫、茶细蛾、茶小绿叶蝉等。

**应用技术** 以 20％抑食肼可湿性粉剂为例。

（1）防治蔬菜害虫

① 菜青虫、斜纹夜蛾 用 20％抑食肼悬浮剂 65～100mL 兑水 40～50kg 均匀喷雾。对低龄幼虫防治效果较好，且对作物无药害。

② 小菜蛾 于幼虫孵化高峰期至低龄幼虫盛发期，用抑食肼可湿性粉剂 80～125g/hm²，兑水 40～50kg，均匀喷雾。在幼虫盛发高峰期用药防治 7～10d 后，再喷药 1 次，以维持药效。

（2）防治水稻害虫

① 稻纵卷叶螟 在幼虫 1～2 高峰期施药，每亩用 20％抑食肼可湿性粉剂 20～40g 兑水 15～30kg 均匀喷雾。

② 水稻黏虫 在幼虫 3 龄幼虫前施药防治，施药量及施药方法同稻纵卷叶螟。

（3）防治果树害虫 食心虫、红蜘蛛、蚜虫、潜叶蛾，用 20％抑食肼可湿性粉剂稀释 2000 倍液均匀喷雾。

（4）防治茶树害虫 茶尺蠖、茶毛虫、茶细蛾、茶小绿叶蝉，用 20％抑食肼可湿性粉剂稀释 2000 倍液均匀喷雾。

**混用** 可与阿维菌素混配成 20％阿维菌素＋抑食肼可湿性粉剂用于防治十字花科蔬菜斜纹夜蛾。

**注意事项**

（1）施药时遵循常规农药使用规则，做好个人防护，戴手套，还要避免药液溅及眼睛和皮肤。

（2）该药作用缓慢，施药后 2～3d 后见效。应在害虫发生初期用药，以收到更好效果，且最好不要在雨天施药。

（3）该药剂持效期长，在蔬菜、水稻收获前 7～10d 内禁止施药。

（4）不可与碱性物质混用。

## 杀虫单 （monosultap）

$C_5H_{12}N_6NaS_4$，350.4，29547-00-0

**化学名称** 2-甲氨基-1-硫代磺酸钠基-3-硫代磺酸基丙烷

**其他名称** 虫丹、单钠盐、叼虫、杀螟克、丹妙、稻道顺、杀螟 2000、稻润、双锐、索螟、稻刑螟、扑螟瑞、庄胜、水陆全、科净、卡灭、苏星、螟蛙、卫农

**理化性质** 纯品为白色针状结晶，工业品为白色粉末或无定形粒状固体。有吸潮性，易溶于水，能溶于热甲醇和乙醇，难溶于丙酮、乙醚等有机溶剂。室温下对中性和微酸性介质稳定。原粉不能与铁器接触，包装密封后，应贮存于干燥避光处。

**毒性** 杀虫单原粉急性经口 $LD_{50}$（mg/kg）：小鼠 83（雄）、86（雌），大鼠 142（雄）、137（雌）。在 25％浓度范围内对家兔皮

肤无任何刺激反应，对家兔眼黏膜无刺激作用。对大、小鼠蓄积系数 $K > 5.3$，属于轻度蓄积。用 $^{35}S$ 标记的杀虫单以水溶液灌胃鹌鹑或以颗粒剂喂鸡，杀虫单在鸡、鸟体内各脏器均有分布，主要在肠道中分布甚少，均能迅速地随粪便排出体外，在脂肪中无蓄积。杀虫单对水生生物安全，无生物浓缩现象，对白鲢鱼 $LC_{50}$（48h）5.0mg/L。在土壤中的吸附性小，移动性能大。10mg/L 浓度对土壤微生物无明显抑制影响，100mg/L 有一定抑制影响。在植物体内降解较快，最大允许残留量 2.5mg/L。对鹌鹑急性经口 $LD_{50}$ 27.8mg/kg，对蚯蚓 $LD_{50}$ 12.7mg/L，对家蚕剧毒。

**作用特点** 杀虫单是人工合成的沙蚕毒素的类似物，进入昆虫体内迅速转化为沙蚕毒素或二氢沙蚕毒素。该药为乙酰胆碱竞争性抑制剂，具有较强的触杀、胃毒和内吸传导作用，对鳞翅目害虫的幼虫有较好的防治效果。杀虫单属仿生型农药，对天敌影响小，无抗性，无残毒，不污染环境，是目前综合治理虫害较理想的药剂。对鱼类低毒，但对蚕的毒性大。

**适宜作物** 蔬菜、水稻、甘蔗、果树、茶树等。

**防除对象** 水稻害虫如二化螟、三化螟、稻纵卷叶螟、稻叶蝉、稻飞虱、稻苞虫等；油料及经济作物害虫如甘蔗条螟、大螟、蓟马等；蔬菜害虫如菜青虫、小菜蛾、小地老虎、水生蔬菜螟虫等；果树害虫如柑橘潜叶蛾、葡萄钻心虫、蚜虫等；茶树害虫如茶小绿叶蝉等。

**应用技术** 以 80％杀虫单粉剂、90％杀虫单原粉为例。

（1）防治油料及经济作物害虫 甘蔗条螟。

① 在卵孵高峰期，用 80％杀虫单粉剂 525～600g/hm² 兑水 750kg，10d 后再用一次药。

② 用 90％杀虫单原粉 2.25～3kg/hm²，拌土 375～450kg 穴施，效果更佳。可兼职大螟及蓟马。每亩用 90％杀虫单原粉 160g，与根区施药，保持蔗田湿润以利药剂被吸收发挥，安全间隔期至少 28d。

（2）防治水稻害虫

① 三化螟 在卵孵高峰期，防治二化螟 1～2 龄高峰期，防治

稻纵卷叶螟、稻蓟马幼虫 2～3 龄期，用 80％杀虫单粉剂525g/hm²兑水 750kg，喷雾。

② 稻飞虱、叶蝉　宜加大剂量，增加防治次数，在若虫盛期，每亩用 90％杀虫单原粉 50～60g 兑水均匀喷雾，持效期 7～10d，隔 7～10d 再喷第二次。

（3）防治蔬菜害虫

① 菜青虫、小菜蛾　每亩用 80％杀虫单原粉 35～50g 兑水均匀喷雾。

② 水生蔬菜螟虫　用 80％杀虫单粉剂 525～600g/hm² 兑水 750kg，在幼虫低龄期用毒土法施药。

③ 小地老虎　用 80％杀虫单粉剂 70g 兑水 1kg，拌 10kg 玉米种子，2h 后播种。

（4）防治果树害虫

① 柑橘潜叶蛾　在夏、秋梢萌发后，用 80％杀虫单粉剂 2000 倍液均匀喷雾。

② 葡萄钻心虫　在葡萄开花前，用 80％杀虫单粉剂 2000 倍液均匀喷雾。

（5）防治茶树害虫　茶小绿叶蝉，在若虫期用 90％杀虫单原粉兑水 1000kg 均匀喷雾。

**注意事项**

（1）本品对家蚕剧毒，使用时应特别小心，防止污染桑叶及蚕具等。

（2）杀虫单对棉花、某些豆类敏感，不能在此类作物上使用。

（3）本品不能与强酸、强碱性物质混用。

（4）应存放于阴凉、干燥处。

# 杀虫双 （bisultap）

$C_5H_{11}O_6NNa_2S_4$，391.4，15263-53-3

**化学名称**　1，3-双硫代磺酸钠基-2-二甲氨基丙烷（二水合物）

**其他名称**  稻螟一施净、稻鲁宝、撒哈哈、稻顺星、螟诱、烈盛、民螟、地通、三通、变利、地虫化、螟变、喜相逢、稻玉螟、螟思特、歼螟、稻抛净、秋刀、蛙螟网、螟净杀、捷猛特、三螟枪

**理化性质**  纯品杀虫双为白色结晶，含有两个结晶水的熔点169～171℃（开始分解），不含结晶水的熔点142～143℃。有很强的吸湿性。溶解性（20℃）：水 1330g/L，能溶于甲醇、热乙醇，不溶于乙醚、苯、乙酸乙酯。水溶液显较强的碱性。常温下稳定，长时间见光以及遇强碱、强酸分解。

**毒性**  杀虫双原药急性 $LD_{50}$（mg/kg）：大白鼠经口 451（雄）、342（雌），大鼠经皮＞1000。对兔眼睛和皮肤无刺激性。以 250mg/(kg·d) 剂量饲喂大鼠 90d，未发现异常现象。对动物无致畸、致突变、致癌作用。

**作用特点**  杀虫双为沙蚕毒类杀虫剂，是一种神经毒剂，昆虫接触和取食药剂后表现出迟钝、行动缓慢、失去侵害作物的能力、停止发育、虫体软化、瘫痪直至死亡。杀虫双对害虫具有较强的触杀和胃毒作用，兼有一定的熏蒸作用。有很强的内吸作用，能被作物的叶、根等吸收和传导。

**适宜作物**  蔬菜、水稻、棉花、小麦、果树、茶树等。

**防除对象**  果树害虫如柑橘潜叶蛾等；蔬菜害虫如菜青虫、小菜蛾等；茶树害虫如茶尺蠖、茶细蛾、茶小绿叶蝉等；油料及经济作物害虫如苗期条螟、大螟等。

**应用技术**  以 18％杀虫双水剂、25％杀虫双水剂为例。

（1）防治果树害虫

① 柑橘潜叶蛾  在新梢长 2～3mm 即新梢萌发初期，或田间 50％嫩芽抽出时，用 18％杀虫双水剂 600～700 倍液均匀喷雾，隔 7d 左右再喷 1 次。

② 达摩凤蝶  在卵孵化盛期，用 25％杀虫双水剂 600 倍液均匀喷雾。

（2）防治蔬菜害虫

① 菜青虫、小菜蛾  在幼虫 2～3 龄盛期前，每亩用 25％杀虫双水剂 100～150mL 兑水均匀喷雾。防治小菜蛾，与 Bt. 混用效果

更好，每亩用 25％杀虫双水剂 150mL 加 Bt.200mL，兑水均匀喷雾。

② 茭白螟虫　在卵孵盛末期，每亩用 18％杀虫双水剂 150～250mL 兑水 50kg 均匀喷雾；或用 18％杀虫双水剂 500 倍液灌心。

（3）防治水稻害虫　二化螟，用 25％杀虫双水剂 675～810g/hm² 兑水均匀喷雾。

（4）防治茶树害虫　茶尺蠖、茶细蛾、茶小绿叶蝉，用 18％杀虫双水剂 500 倍液均匀喷雾。

（5）防治油料及经济作物害虫　甘蔗苗期条螟、大螟，每亩用 25％杀虫双水剂 200～250mL，兑水 250～300L 淋浇蔗苗，隔 7d 左右再施药 1 次。

**注意事项**

（1）在常用剂量下对作物安全。

（2）在夏季高温时有药害，使用时应小心。

（3）如不慎中毒，立即引吐，并用 1％～2％苏打水洗胃，用阿托品解毒。

（4）置于阴凉、干燥处，不与酸碱一起存放。

# 杀螟丹 （cartap）

$C_7H_{15}N_3O_2S_2$，237.3，15263-52-2

**化学名称**　1,3-双-(氨基甲酰硫基)-2-二甲氨基丙烷

**其他名称**　巴丹、培丹、克螟丹、派丹、粮丹、乐丹、沙蚕胺、卡塔普、克虫普、卡达普、农省星、螟奄、兴旺、稻宏远、卡泰丹、云力、双诛、巧予、盾清、Cartapp、Cartap-hydrochloride、Padan、Cardan、Sanvex、Thiobel

**理化性质**　纯品杀螟丹为白色结晶，熔点 179～181℃（开始分解）。溶解性（25℃）：水 200g/L，微溶于甲醇和乙醇，不溶于丙酮、氯仿和苯。在酸性介质中稳定，在中性和碱性溶液中水解，

稍有吸湿性，对铁等金属有腐蚀性；工业品为白色至微黄色粉末，有轻微臭味。

**毒性** 杀螟丹原药急性 $LD_{50}$（mg/kg）：大白鼠经口 325（雄）、345（雌），小鼠经皮＞1000。对兔眼睛和皮肤无刺激性。以 10mg/（kg·d）剂量饲喂大鼠两年，未发现异常现象。对动物无致畸、致突变、致癌作用。

**作用特点** 杀螟丹为沙蚕毒类杀虫剂，是一种神经毒剂，昆虫接触和取食药剂后表现出迟钝、行动缓慢、失去侵害作物的能力、停止发育、虫体软化、瘫痪、直至死亡。对害虫具有胃毒和触杀作用，也有一定的内吸性，并有杀卵作用，持效期长。对人、畜为中等毒性，对鱼类毒性大，对家蚕剧毒。

**适宜作物** 蔬菜、水稻、果树、茶树、甘蔗等。

**防除对象** 蔬菜害虫如菜青虫、小菜蛾幼虫、马铃薯瓢虫、茄二十八星瓢虫、黄条跳甲、葱蓟马、美洲斑潜蝇幼虫、番茄斑潜蝇幼虫、豌豆潜叶蝇幼虫、菜潜蝇幼虫、南瓜斜斑天牛、黄瓜天牛、黄守瓜、黑足黑守瓜、瓜蓟马、黄蓟马、双斑萤叶甲、黄斑长跗萤叶甲、菜叶蜂、红棕灰夜蛾、焰夜蛾、油菜蚤跳甲、蚜虫、螨等。

**应用技术** 以 50％杀螟丹可溶性粉剂、98％杀螟丹可溶性粉剂、2％杀螟丹粉剂为例。

（1）防治杂粮及经济作物害虫 马铃薯块茎蛾，用 50％杀螟丹可溶性粉剂 500～750 倍液均匀喷雾。

（2）防治蔬菜害虫

① 南瓜斜斑天牛、黄瓜天牛、黄守瓜、黑足黑守瓜 用 50％杀螟丹可溶性粉剂 1000 倍液均匀喷雾。

② 菜青虫、小菜蛾幼虫、马铃薯瓢虫、茄二十八星瓢虫、黄条跳甲、葱蓟马 a. 用 50％杀螟丹可溶性粉剂 1000～1500 倍液均匀喷雾。b. 防治小菜蛾幼虫还可用 98％可溶性粉剂 1500 倍液均匀喷雾。

③ 瓜蓟马、黄蓟马 用 50％杀螟丹可溶性粉剂 2000 倍液均匀喷雾。

④ 蚜虫、螨类 用 50％杀螟丹可溶性粉剂 2000～3000 倍液均

匀喷雾。

⑤ 美洲斑潜蝇、番茄斑潜蝇、豌豆潜叶蝇　用98％杀螟丹可溶性粉剂1500～2000倍液均匀喷雾。

⑥ 丝大蓟马、黄胸蓟马、色蓟马、印度裸蓟马、黄领麻纹灯蛾　用98％杀螟丹可溶性粉剂2000倍液均匀喷雾。

⑦ 黑缝油菜叶甲幼虫　用2％杀螟丹粉剂兑水喷施，用量为22.5～30kg/hm²。

⑧ 双斑萤叶甲、黄斑长跗萤叶甲、菜叶蜂幼虫、油菜蚤跳甲幼虫　用2％杀螟丹粉剂兑水喷施，用量为30kg/hm²。

⑨ 红棕灰夜蛾、焰夜蛾　用2％杀螟丹粉剂30kg/hm²与干细土225kg混匀，制成毒土，撒于株间。

**混用**

（1）用98％杀螟丹可溶性粉剂2000倍液与10％氯氰菊酯乳油1000倍液混配后喷施，可防治蔬菜跳虫。

（2）用99％杀螟丹原药1份与苏云金杆菌9份混配，然后兑水稀释为250倍液喷施，可防治小菜蛾幼虫。

**注意事项**

（1）在蔬菜收获前21d停用。高温季节，在十字花科蔬菜上慎用本剂，以避免药害。

（2）不宜在桑园或养蚕区使用本剂。

（3）置于阴凉、干燥处，不与酸碱一起存放。

## 杀虫环（thiocyclam）

$C_7H_{13}NO_4S_3$，271.4，31895-21-3

**化学名称**　$N,N$-二甲基-1,2,3-三硫杂己环-5-胺草酸盐

**其他名称**　易卫杀、多噻烷、虫噻烷、类巴丹、硫环杀、杀螟环、甲硫环、Evisect、Sulfoxane、Eviseke

**理化性质**　可溶性粉剂外观为白色或微黄色粉末，熔点125～128℃。23℃水中溶解度84g/L，在丙酮（500mg/L）、乙醚、乙醇

（1.9g/L）、二甲苯中的溶解度小于10g/L，甲醇中17g/L，不溶于煤油，能溶于苯、甲苯和松节油等溶剂。在正常条件下贮存稳定期至少2年。

**毒性**  雄性大鼠急性经口 $LD_{50}$ 为310mg/kg，雄性小鼠为373mg/kg。雄性大鼠急性经皮 $LD_{50}$ 为1000mg/kg，雄性大鼠急性吸入 $LC_{50}$＞4.5mg/L。对兔皮肤和眼睛有轻度刺激作用。大鼠90d饲喂试验剂量为100mg/kg，狗为75mg/kg。无致畸、致癌、致突变作用。鲤鱼 $LC_{50}$ 为1.03mg/L（96h）。蜜蜂经口 $LD_{50}$ 为11.9μg/只。对人、畜为中等毒性，对皮肤、眼有轻度刺激作用，对鱼类和蚕的毒性大。对害虫具有触杀和胃毒作用，也有一定的内吸、熏蒸和杀卵作用。对害虫的药效较迟缓，中毒轻者有时能复活，持效期短。

**作用特点**  杀虫环是沙蚕毒素类衍生物，属神经毒剂，其作用机制是占领乙酰胆碱受体，阻断神经突触传导，害虫中毒后表现为麻痹并直至死亡。杀虫环主要起触杀和胃毒作用，还具有一定的内吸、熏蒸和杀卵作用。杀虫谱广，对鳞翅目、鞘翅目、半翅目、缨翅目等害虫有效。但毒效表现较为迟缓，中毒轻的个体还有复活可能，与速效农药混用可提高击倒力。对害虫具有较强的胃毒作用、触杀作用和内吸作用，也有显著的杀卵作用。且防治效果稳定，即使在低温条件下也能保持较高的杀虫活性。对高等动物毒性中等，对鱼类等水生生物毒性中等至低毒，对蜜蜂、家蚕有毒，对天敌无不良影响。

**适宜作物**  蔬菜、水稻、玉米、果树、茶树等。

**防治对象**  水稻害虫如二化螟、三化螟、大螟、稻纵卷叶螟等；蔬菜害虫如菜青虫、小菜蛾、菜蚜等；果树害虫如柑橘潜叶蛾、苹果潜叶蛾、梨星毛虫等；油料及经济作物害虫如玉米螟、玉米蚜、马铃薯甲虫等；也可用于防治寄生线虫，如水稻白尖线虫，对一些作物的锈病和白穗也有一定的防治效果。

**应用技术**  以50%杀虫环可湿性粉剂、50%杀虫环乳油为例。

（1）防治水稻害虫

① 三化螟  a. 防治葳心苗，在卵化高峰前1～2d施药，防治

白穗应掌握在 5％～10％破口露时用药，每亩用 50％杀虫环可湿性粉剂 75g 兑水 900kg 均匀喷雾。b. 每亩用 50％杀虫环乳油 0.9～1L 兑水 900kg 均匀喷雾。同时施药期应注意保持 3cm 田水 3～5d，以有利药效的充分发挥。

② 稻纵卷叶螟  防治重点在水稻穗期，在幼虫 1～2 龄高峰期施药。一般年份用药 1 次，大发生年份用药 1～2 次，并提早第 1 次施药时间。a. 每亩用 50％杀虫环可湿性粉剂 45g 兑水 900kg 均匀喷雾。b. 每亩用 50％杀虫环乳油 0.9～1L 兑水 900kg 均匀喷雾。

③ 二化螟  防治鞘和枯心苗，一般年份在孵化高峰前后 3d 内；大发生年在孵化高峰前 2～3d 用药。防治虫伤株、枯孕穗和白穗，一般年份在蚁螟孵化始盛期至孵化高峰期用药；在大发生年份以两次用药为宜。每亩用可湿性粉剂 50％杀虫环可湿性粉剂 900g 兑水 9kg 均匀喷雾。

④ 稻蓟马  每亩用 50％杀虫环可溶性粉剂 750g 兑水 450～600kg 均匀喷雾。

（2）防治油料及经济作物害虫

① 玉米螟、玉米蚜  用 50％杀虫环可溶性粉剂 375g/hm² 兑水 600～750kg 于心叶期喷雾。也可用 25g 药粉兑适量水成母液，再与细砂 4～5kg 拌匀制成毒砂，以每株 1g 左右撒施于心叶内。或以 50 倍稀释液用毛笔涂于玉米果穗下一节的茎秆。

② 马铃薯甲虫  用 50％杀虫环可溶性粉剂 750g 兑水 600～750kg 均匀喷雾。

（3）防治蔬菜害虫  菜青虫、小菜蛾、甘蓝夜蛾、菜蚜、红蜘蛛，每亩用 50％杀虫环可溶性粉剂 750g 兑水 600～750kg 均匀喷雾。

（4）防治果树害虫

① 柑橘潜叶蛾  在柑橘新梢萌芽后，用 50％杀虫环可溶性粉剂 1500 倍液均匀喷雾。

② 梨星毛虫、桃蚜、苹果蚜、苹果红蜘蛛  用 50％杀虫环可溶性粉剂 2000 倍液均匀喷雾。

**注意事项**

（1）对家蚕毒性大，蚕桑地区使用应谨慎。

（2）棉花、苹果、豆类的某些品种对杀虫环表现敏感，不宜使用。

（3）水田施药后应注意避免让田水流入鱼塘，以防鱼类中毒。

（4）水稻使用 50% 杀虫环可湿性粉剂，其每次的最高用药量为 1500g/亩兑水均匀喷雾，全生育期内最多只能使用 3 次，其安全间隔期（末次施药距收获的天数）为 15d。

（5）药液接触皮肤后应立即用清水洗净。个别人皮肤过敏反应，容易引起皮肤丘疹发挥，但一般过几小时后会自行消失。

（6）不宜与铜制剂、碱性物质混用，以防药效下降。

（7）置于阴凉、干燥处，不与酸碱一起存放。

<h2 style="text-align:center">三氯杀虫酯（plifenate）</h2>

$C_{10}H_7Cl_5O_2$，336.3，21757-82-4

**化学名称**　2,2,2-三氯-1-(3,4-二氯苯基)乙基乙酸酯

**其他名称**　蚊蝇净、蚊蝇灵、半滴乙酯、Baygon MEB、benzetthazet、Penfenate、Acetofenate

**理化性质**　纯品为白色结晶。熔点 84.5℃（83.7℃），蒸气压 $1.5 \times 10^{-9}$ Pa（20℃）。20℃ 时溶解度：甲苯 > 60%，二氯甲烷 > 60%，环己酮 > 60%，异丙醇 < 1%，水中溶解度 0.005%。在中性和弱酸性介质中较稳定，遇碱分解。

**毒性**　急性经口 $LD_{50}$（mg/kg）：雄、雌大鼠 > 10000，雄、雌小鼠 > 2500，雄狗 > 1000，雄兔 > 2500。雄大鼠急性经皮 $LD_{50}$ > 1000mg/kg。雄大鼠急性吸入 $LC_{50}$ > 561mg/m³（4h），雄小鼠 > 567mg/m³（4h）。大鼠 3 个月喂养无作用剂量为 1000mg/kg。动物试验无致畸、致突变作用。鱼毒 $LC_{50}$ 为 1.52mg/L。

**作用特点**　三氯杀虫酯具有触杀和熏蒸作用，具有高效、低毒、对人畜安全等特点。主要用于防治卫生害虫，杀灭蚊蝇效力高，是比较理想的家庭用杀虫剂。

**防除对象**　家庭卫生害虫如蚊、蝇等。

**应用技术**　以 20％三氯杀虫酯乳油为例。防治卫生害虫——蚊、蝇，室内喷雾灭蚊蝇时，取 20％三氯杀虫酯乳油 10mL 兑水 190mL，稀释成 1％的溶液，按 0.4mL/m² 均匀喷雾，对成蚊持效期可达 25d 以上。还可用 20％乳油浸泡线绳挂于室内，家蝇在绳上停留后即会死亡，从而达到灭蝇的目的。

# 氰氟虫腙 （metaflumizone）

$C_{24}H_{16}F_6N_4O_2$，506.404，139968-49-3

**化学名称**　$(E+Z)$-[2-(4-氰基苯)-1-[3-(三氟甲基)苯]亚乙基]-$N$-[4-(三氟甲基)苯]-联氨羰草酰胺

**其他名称**　艾杀特、艾法迪

**理化性质**　原药外观为白色固体粉末，带芳香味。粒度：3.0μm 微粒 90％、0.5μm 微粒 10％、平均 1.2μm 微粒 50％。相对密度 1.08g/cm³（20℃），pH=6.48，冷、热贮存稳定（54℃）。

**毒性**　每日允许摄入量 0.12mg/kg 体重，急性经口 $LD_{50}$ 大鼠（雌/雄）＞ 5000mg/kg，急性经皮 $LD_{50}$ 大鼠（雌/雄）＞ 5000mg/kg。

**作用特点**　氰氟虫腙属于缩氨基脲类杀虫剂，主要是胃毒作用，带触杀作用，阻碍神经系统的钠路径引起神经麻痹。可用于防治鳞翅目和鞘翅目害虫，对哺乳动物和非靶标生物低风险。

**适宜作物**　蔬菜、水稻等。

**防除对象**　蔬菜害虫如甜菜夜蛾、小菜蛾等；水稻害虫如稻纵卷叶螟等。

**应用技术** 以22%氰氟虫腙悬浮剂为例。

（1）防治蔬菜害虫

① 甜菜夜蛾 用22%氰氟虫腙悬浮剂216～288g/hm² 兑水均匀喷雾。

② 小菜蛾 用22%氰氟虫腙悬浮剂252～288g/hm² 兑水均匀喷雾。

（2）防治水稻害虫 稻纵卷叶螟，用22%氰氟虫腙悬浮剂108～180g/hm² 兑水均匀喷雾。

# 螺虫乙酯（spirotetramat）

$C_{21}H_{27}NO_5$，217.23，203313-25-1

**化学名称** 4-(乙氧基羰基氧基)-8-甲氧基-3-(2,5-二甲苯基)-1-氮杂螺[4.5]-癸-3-烯-2-酮

**其他名称** 亩旺特

**理化性质** 原药外观为白色粉末，无特殊气味，制剂外观是具芳香味白色悬浮液。熔点142℃。溶解度（20℃）：水中33.4mg/L，正己烷中0.055mg/L，乙醇中44.0mg/L，甲苯中60mg/L，乙酸乙酯中67mg/L，丙酮中100～120mg/L，二甲基亚砜中200～300mg/L，二氯甲烷中＞600mg/L。分解温度235℃。稳定性较好。

**毒性** 每日允许摄入量0.132mg/kg体重，急性经口$LD_{50}$大鼠（雌/雄）＞2000mg/kg，急性经皮$LD_{50}$大鼠（雌/雄）＞2000mg/kg。

**作用特点** 螺虫乙酯是一种新型特效杀虫剂，杀虫谱广，持效期长。螺虫乙酯通过干扰昆虫的脂肪生物合成导致幼虫死亡，降低成虫繁殖能力。由于其独特机制，可有效地防治对现有杀虫剂产生抗性的害虫，同时可作为烟碱类杀虫剂抗性管理的重要品种。

**适宜作物**　蔬菜、果树等。

**防除对象**　蔬菜害虫如烟粉虱等；果树害虫如介壳虫等。

**应用技术**　以 22.4％螺虫乙酯悬浮剂为例。

（1）防治蔬菜害虫　烟粉虱，用 22.4％螺虫乙酯悬浮剂 72～108g/hm² 兑水均匀喷雾。

（2）防治果树害虫　介壳虫，用 22.4％螺虫乙酯悬浮剂 48～60mg/kg 兑水均匀喷雾。

# 第七章
# 杀螨剂

## 三氯杀螨醇 （dicofol）

$$\text{Cl}-\text{C}_6\text{H}_4-\underset{\underset{\text{CCl}_3}{|}}{\overset{\overset{\text{OH}}{|}}{\text{C}}}-\text{C}_6\text{H}_4-\text{Cl}$$

$C_{14}H_9Cl_5O$，370.5，115-32-2

**化学名称**　2,2,2-三氯-1,1-双(4-氯苯基) 乙醇

**其他名称**　凯尔生、大克螨、开乐散、螨净、Kelthane、Kelamite、Acarin、Mitigan、Akarin、Dikofag

**理化性质**　纯品为白色晶体，熔点 78.5～79.5℃，沸点 180℃/13.33Pa。溶解性（20℃）：不溶于水，溶于大多数脂肪族和芳香族有机溶剂中。遇碱水解成二氯二苯甲酮和氯仿，在酸性条件下稳定；工业品为深棕色高毒黏稠液体，有芳香味。

**毒性**　三氯杀螨醇原药急性 $LD_{50}$ （mg/kg）：大鼠经口 809±35 （雄）、684 （雌），兔经皮＞2000。以 300mg/（kg·d）剂量饲喂狗一年，未发现异常现象。对动物无致畸、致突变、致癌作用。

**作用特点**　三氯杀螨醇属有机氯杀螨剂，是一种神经毒剂，杀螨广谱、杀螨活性较高，对天敌和作物安全。对成、若螨和卵均有效。

**适宜作物**　棉花、果树、花卉等。

**防除对象**　螨类。

**应用技术**　以 20％三氯杀螨醇乳油为例。

（1）防治棉花螨类　叶螨 6 月底以前，在害螨扩散初期或成、若螨盛发期，用 20％三氯杀螨醇乳油 525～1125mL/hm² 兑水 1125kg 均匀喷雾。

（2）防治果树螨类

① 苹果叶螨　在苹果开花前后，幼、若螨盛发期，平均每叶有螨 3～4 头，7 月份以后平均每叶有螨 6～7 头时防治，用 20％三氯杀螨醇乳油 600～1000 倍液均匀喷雾，可兼治山楂叶螨。

② 柑橘全爪螨　在春梢大量抽发期及幼若螨盛发期施药，用 20％三氯杀螨醇乳油 800～1000 倍液均匀喷雾。

（3）防治花卉螨类　叶螨，用 20％三氯杀螨醇乳油 1000 倍液均匀喷雾。

**注意事项**

（1）三氯杀螨醇属有机氯农药，分解较慢、残留量较高，不宜用于茶叶、食用菌、蔬菜和中药材等作物上。

（2）三氯杀螨醇对红玉、旭等苹果品种易产生药害，注意安全使用。

（3）FAO/WHO 推荐每人每日允许摄入量（ADI）为 0.025mg/kg。

（4）本品不要与碱性物质混放和与碱性农药混配混用，以免分解。

（5）本品易燃，在运输、贮存过程中要注意防火。

（6）应贮存于阴凉、通风的库房，远离火种、热源，防止阳光直射，保持容器密封。配备相应品种和数量的消防器材，贮存区应备有泄漏应急处理设备和合适的收容材料。

## 三氯杀螨砜（tetradifon）

$C_{12}H_6Cl_4O_2S$，356.1，116-29-0

**化学名称**　4-氯苯基-2,4,5-三氯苯基砜

**其他名称**　涕滴恩、天地红、得脱螨、退得完、天地安、Di-phenylsulfon、Duphar、Tedion、Chlorodifon

**理化性质**　纯品为无色无味结晶，熔点 148～149℃。工业品为淡黄色结晶，熔点 144～148℃。溶解性（20℃）：在丙酮、醇类中溶解度较低，较易溶于芳烃、氯仿、二噁烷中。对酸碱、紫外线稳定。

**毒性**　三氯杀螨砜原药急性 $LD_{50}$（mg/kg）：大鼠经口 14700，兔经皮＞10000。以 500mg/kg 剂量饲喂大鼠 60d，未发现异常现象。对动物无致畸、致突变、致癌作用。

**作用特点**　三氯杀螨砜属神经毒剂，非内吸性，具长效、渗透植物组织的作用，除对成螨无效外，对卵及其他生长阶段均有抑制及触杀作用，也能使雌螨不育或导致卵不孵化。

**适宜作物**　棉花、果树、花卉等。

**防除对象**　螨类。

**应用技术**　以 20％三氯杀螨砜乳油为例。

（1）防治棉花螨类　棉红蜘蛛，在害螨发生初盛期，用 20％三氯杀螨砜乳油 750～1125mL/hm² 兑水均匀喷雾。对已产生抗性的红蜘蛛，用 20％三氯杀螨砜乳油 1125～1500mL/hm² 兑水均匀喷雾。

（2）防治果树螨类

① 苹果、山楂红蜘蛛　在开花前后，幼、若螨初盛期，平均每叶有螨 3～4 头时，7 月份以后平均每叶有螨 6～7 头时防治，用 20％三氯杀螨砜乳油 600～1000 倍液均匀喷雾。

② 柑橘红蜘蛛　在春梢大量抽发期及幼、若螨初盛期施药，用 20％三氯杀螨砜乳油 800～1000 倍液均匀喷雾。

（3）防治花卉螨类　红蜘蛛，应掌握在害螨发生初盛期，用 20％三氯杀螨砜乳油 1000～2000 倍液均匀喷雾。

**注意事项**

（1）不能用三氯杀螨砜杀冬卵。

（2）当红蜘蛛为害重，成螨数量多时，必须与其他药剂混用，

效果才好。

（3）该药对柑橘锈螨无效。

（4）应贮存于阴凉、通风的库房，远离火种、热源，防止阳光直射，保持容器密封。应与氧化剂、碱类分开存放，切忌混贮。配备相应品种和数量的消防器材，贮存区应备有泄漏应急处理设备和合适的收容材料。

## 双甲脒（amitraz）

$C_{19}H_{23}N_3$，293.4，33089-61-1

**化学名称**　$N$，$N$-双-（2，4-二甲苯基亚氨基甲基）甲胺

**其他名称**　螨克、兴星、阿米曲士、二甲脒、双虫眯、胺三氮螨、阿米德拉兹、果螨杀、杀伐螨、三亚螨、双二甲脒、梨星二号、Taktic、Mitac、Azaform、Danicut、Triatox、Triazid

**理化性质**　纯品双甲脒为白色单斜针状结晶，熔点 86～87℃。溶解性（20℃）：在丙酮和苯中可溶解 30%。在酸性介质中不稳定，在潮湿环境中长期存放会慢慢分解。

**毒性**　双甲脒原药急性 $LD_{50}$（mg/kg）：大白鼠经口 800，小白鼠经口 1600；兔经皮＞1600。以 50mg/kg 剂量饲喂大鼠两年，未发现异常现象。对动物无致畸、致突变、致癌作用。对蜜蜂、鸟类及天敌较安全。

**作用特点**　双甲脒系广谱杀螨剂，主要是抑制单胺氧化酶的活性。具有触杀、拒食、驱避作用，也有一定的内吸、熏蒸作用。

**适宜作物**　蔬菜、棉花、果树、茶树等。

**防除对象**　各种作物的害螨，对半翅目害虫也有较好的防效。

**应用技术**　以 20% 双甲脒乳油为例。

（1）防治果树害螨、害虫　苹果叶螨、柑橘红蜘蛛、柑橘锈螨、木虱，用 20% 双甲脒乳油 1000～1500 倍液均匀喷雾。

（2）防治茶树害螨

① 茶半跗线螨　用有效浓度 150～200mg/kg 药液均匀喷雾。

② 茶螨　用 20％双甲脒乳油 1000～1500 倍液均匀喷雾。

（3）防治蔬菜害螨

① 茄子、豆类红蜘蛛　用 20％双甲脒乳油 1000～2000 倍液均匀喷雾。

② 西瓜、冬瓜红蜘蛛　用 20％双甲脒乳油 2000～3000 倍液均匀喷雾。

（4）防治棉花害螨、害虫　红蜘蛛，用 20％双甲脒乳油 1000～2000 倍液均匀喷雾。同时对棉铃虫、棉红铃虫有一定兼治作用。

（5）防治牲畜体外蜱螨、其他害螨

① 牛、羊等牲畜蜱螨　处理药液 50～1000mg/kg。牛疥癣病用药液 250～500mg/kg 全身涂擦、刷洗。

② 环境害螨　用 20％双甲脒乳油 4000～5000 倍液均匀喷雾。环境害螨用 20％双甲脒乳油 1000 倍液均匀喷雾。

**注意事项**

（1）不要与碱性农药混合使用。

（2）在气温低于 25℃以下使用，药效发挥作用较慢，药效较低，高温天晴时使用药效高。

（3）在推荐使用浓度范围，对棉花、柑橘、茶树和苹果无药害，对天敌及蜜蜂较安全。

（4）应贮存于阴凉、通风的库房，远离火种、热源，防止阳光直射，保持容器密封。应与氧化剂、碱类分开存放，切忌混贮。配备相应品种和数量的消防器材，贮存区应备有泄漏应急处理设备和合适的收容材料。

## 苯丁锡（fenbutatin oxide）

$C_{60}H_{78}OSn_2$，1053，13356-08-6

**化学名称**　双［三（2-甲基-2-苯基丙基）锡］氧化物

**其他名称**　螨完锡、杀螨锡、克螨锡、托尔克、螨烷锡、芬布锡、Torque、Vendex、Osadan、Neostanox

**理化性质**　工业品苯丁锡为白色或淡黄色结晶，熔点 138～139℃，纯品熔点 145℃。溶解性（23℃，g/L）：水 0.000005，丙酮 6，二氯甲烷 380，苯 140。水能使其分解成三（2-甲基-2-苯基丙基）锡氢氧化物，经加热或失水又返回为氧化物。

**毒性**　苯丁锡原药急性 $LD_{50}$（mg/kg）：大白鼠经口 2630，小鼠经口 1450；大白鼠经皮＞2000。

**作用特点**　苯丁锡属感温型抑制神经组织的有机锡杀螨剂，是一种非内吸性杀螨剂。苯丁锡对害螨具有触杀作用，对成螨、若螨杀伤力较强，杀卵作用小。施药后 3d 开始见效，第 14 天时达到高峰，气温在 22℃以上时，药效提高，低于 15℃时，药效差。对人、畜低毒，对眼、皮肤、呼吸道刺激性较大。对鸟类、蜜蜂低毒，对天敌影响小，对鱼类高毒。

**适宜作物**　果树、茶树、花卉等。

**防除对象**　柑橘叶螨、柑橘锈螨、苹果叶螨、茶橙瘿螨、茶短须螨、菊花叶螨、玫瑰叶螨等。

**应用技术**　以 20％苯丁锡可湿性粉剂、50％苯丁锡可湿性粉剂、10％苯丁锡乳油为例，防治果树害螨。

① 柑橘树红蜘蛛　用 20％苯丁锡可湿性粉剂 133.3～200mg/kg 兑水均匀喷雾，或用 10％苯丁锡乳油 167～200mg/kg 兑水均匀喷雾。

② 柑橘树锈壁虱　用 50％苯丁锡可湿性粉剂 200～333.3mg/kg 兑水均匀喷雾。

**注意事项**

（1）在使用前，务请仔细阅读该产品标签。在番茄收获前 10d 停用本剂。

（2）已对有机磷类和有机氯类农药产生耐药性的害螨，对本剂无交互耐药性。

（3）应贮存于阴凉、通风的库房，远离火种、热源，防止阳光直射，保持容器密封。应与氧化剂、碱类分开存放，切忌混贮。配备相应品种和数量的消防器材，贮存区应备有泄漏应急处理设备和合适的收容材料。

# 克螨特（propargite）

$C_{19}H_{26}O_4S$，350.5，2312-35-8

**化学名称**　2-(4-叔丁基苯氧基)环己基丙-2-炔基亚硫酸酯

**其他名称**　丙炔螨特、炔螨特、螨除净、Comite、Omite、BPPS、progi、ENT 27226

**理化性质**　工业品克螨特为深琥珀色黏稠液体，易燃，易溶于有机溶剂，不能与强碱、强酸混合。

**毒性**　克螨特原药急性$LD_{50}$（mg/kg）：大白鼠经口2200，兔经皮＞3000。

**作用特点**　克螨特具有触杀和胃毒作用、无内吸和渗透传导作用。对成螨、若螨有效，杀卵效果差。

**适宜作物**　棉花、蔬菜、苹果、柑橘、茶树、花卉等。

**防除对象**　棉花、蔬菜、苹果、柑橘、茶树、花卉等多种作物上的害螨。

**应用技术**　以73％克螨特乳油为例。

（1）防治棉花害螨　棉红蜘蛛，每亩用73％克螨特乳油40～80mL兑水75～100kg均匀喷雾。

（2）防治果树害螨　柑橘红蜘蛛、柑橘锈壁虱、苹果红蜘蛛、山楂红蜘蛛，用73％克螨特乳油2000～3000倍液均匀喷雾。

（3）防治茶树害螨　茶叶瘿螨、茶橙瘿螨，用73％克螨特乳油1500～2000倍液均匀喷雾。

（4）防治蔬菜害螨　茄子、豇豆红蜘蛛，每亩用73％克螨特乳油30～50mL兑水75～100kg均匀喷雾。

**注意事项**

（1）在高温、高湿条件下喷雾洒高浓度的克螨特对某些作物的幼苗和新梢嫩叶有药害，为了作物安全，对 25cm 以下的瓜、豆、棉苗等，73％乳油的稀释倍数不宜低于 3000 倍，对柑橘新梢不宜低于 2000 倍。

（2）施用时必须戴安全防护用具，若不慎接触眼睛或皮肤时，应立即用清水冲洗；若误服，应立即饮下大量牛奶、蛋白或清水，送医院治疗。

（3）本产品除不能与波尔多液及强碱农药混合使用外，可与一般农药混用。

（4）克螨特为触杀性杀螨剂，无组织渗透作用，故需均匀喷洒作物叶片的两面及果实表面。

（5）应贮存于阴凉、通风的库房，远离火种、热源，防止阳光直射，保持容器密封。应与氧化剂、碱类分开存放，切忌混贮。配备相应品种和数量的消防器材，贮存区应备有泄漏应急处理设备和合适的收容材料。

## 哒螨酮 （pyridaben）

$C_{19}H_{25}ClN_2OS$，364.9，96489-71-3

**化学名称**　2-叔丁基-5-叔丁基苄硫基-4-氯哒嗪-3-($2H$) 酮

**其他名称**　哒螨净、螨必死、螨净、灭螨灵、速慢酮、哒螨灵、牵牛星、扫螨净、Nexter、Sanmite、Prodosed、NCI 129、NC 129

**理化性质**　纯品哒螨酮为白色结晶，熔点 111～112℃。溶解性（20℃，g/L）：丙酮 460，氯仿 1480，苯 110，二甲苯 390，乙醇 57，己烷 10，环己烷 320，正辛醇 63，水 0.012mg/L。对光不稳定，在强酸、强碱介质中不稳定。工业品为淡黄色或灰白色粉末，有特殊气味。

**毒性**　哒螨酮原药急性 $LD_{50}$ （mg/kg）：小鼠经口 435 （雄）、358 （雌），大鼠和兔经皮＞2000。对兔眼睛和皮肤无刺激性。对动物无致畸、致突变、致癌作用。

**作用特点** 哒螨酮属哒嗪酮类杀虫、杀螨剂，无内吸性，具有触杀和胃毒作用。哒螨酮为广谱、触杀性杀螨剂，持效期长达30～60d，对螨的不同发育阶段均有效。本品不受温度变化的影响。

**适宜作物** 棉花、果树等。

**防除对象** 果树害螨如苹果红蜘蛛、柑橘红蜘蛛等；棉花害螨如棉花红蜘蛛等。

**应用技术** 以15%哒螨酮乳油、20%哒螨酮可湿性粉剂为例。

（1）防治果树害螨 苹果、柑橘红蜘蛛，用15%哒螨酮乳油50～67mg/kg兑水均匀喷雾，或用20%哒螨酮可湿性粉剂50～67mg/kg兑水均匀喷雾。

（2）防治棉花害螨 棉红蜘蛛，用20%哒螨酮可湿性粉剂90～135g/hm$^2$兑水均匀喷雾。

**注意事项**

（1）不能与碱性物质混合使用。

（2）对光不稳定，需避光，阴凉处保存。

（3）应贮存于阴凉、通风的库房，远离火种、热源，防止阳光直射，保持容器密封。应与氧化剂、碱类分开存放，切忌混贮。配备相应品种和数量的消防器材，贮存区应备有泄漏应急处理设备和合适的收容材料。

**相关复配制剂及应用**

（1）哒螨·灭幼脲。

**主要活性成分** 哒螨酮，灭幼脲。

**作用特点** 具有触杀和胃毒作用。兼具哒螨灵和灭幼脲的特性。

**剂型** 30%可湿性粉剂

**应用技术** 金纹细蛾、山楂红蜘蛛，用30%可湿性粉剂150～200mg/kg兑水均匀喷雾。

**注意事项**

① 苹果树上使用安全间隔期为21d，每季最多用2次。

② 对水生生物、家蚕、蜜蜂有毒，使用时应注意。

③ 不能与碱性物质混用。

（2）阿维·哒螨灵

**主要活性成分** 阿维菌素，哒螨灵。

**作用特点** 具有触杀和胃毒作用。药效高，杀灭性强，对叶螨、全爪螨、瘿螨和附线螨均具有很好的防效，对螨的各个阶段也均具有很好的防效。

**剂型** 3.2%、5%、6%、6.5%、8%、10%、10.6%乳油，5.6%、6%、10%、10.5%微乳剂，10%水分散粒剂，10.5%水乳剂，10.5%、15%、19.8%、20%、22%可湿性粉剂。

**应用技术**

① 柑橘树红蜘蛛 用8%乳油40～53mg/kg兑水均匀喷雾。

② 苹果树二斑叶螨 用10%乳油33.3～50mg/kg兑水均匀喷雾。

**注意事项**

① 不能与碱性物质混用。

② 安全间隔期为14d，每季作物最多使用1次。

③ 本品对水生动物、蜜蜂、家蚕有毒。

## 噻螨酮 （hexythiazox）

$C_{17}H_{21}ClN_2O_2S$，352.9，78587-05-0

**化学名称** （4$RS$,5$RS$）-5-（4-氯苯基）-$N$-环己基-4-甲基-2-氧代-1,3-噻唑烷-3-羧酰胺

**其他名称** 尼索朗、除螨威、己噻唑、合赛多、Nissoorum、Savey、Cobbre、Acarflor、Cesar、Zeldox、NA 73

**理化性质** 纯品噻螨酮为白色晶体，熔点108～108.5℃。溶解性（20℃，g/L）：丙酮160，甲醇20.6，乙腈28，二甲苯362，正己烷3.9，水0.0005。在酸碱性介质中水解。

**毒性** 噻螨酮原药急性 $LD_{50}$ （mg/kg）：大、小鼠经口＞5000，大鼠经皮＞2000。对兔眼睛有轻微刺激性，对兔皮肤无刺激性。以23.1mg/kg剂量饲喂大鼠两年，未发现异常现象。对动物无致畸、致突变、致癌作用。

**作用特点**　噻螨酮为噻唑烷酮类杀螨剂，以触杀作用为主，对植物组织有良好的渗透性，无内吸作用。对多种植物害螨具有强烈的杀卵、杀幼螨、杀若螨的特性，对成螨无效，对接触到药液的雌成虫所产的卵具有抑制孵化的作用。对叶螨防效好，对锈螨、瘿螨防效较差。

**适宜作物**　棉花、果树等。

**防除对象**　果树害螨如苹果红蜘蛛、柑橘红蜘蛛等。

**应用技术**　以5%噻螨酮乳油、5%噻螨酮可湿性粉剂为例。

（1）防治果树害螨。

① 苹果红蜘蛛　在幼、若螨盛发期用药，平均每叶有3～4只螨时，用5%噻螨酮乳油1500～2000倍液均匀喷雾，或用5%噻螨酮乳油25～33.3mg/kg兑水均匀喷雾。在收获前7d停止使用。

② 柑橘红蜘蛛　用5%噻螨酮可湿性粉剂25～30mg/kg兑水均匀喷雾。

（2）防治棉花害螨　棉红蜘蛛，用5%噻螨酮乳油37.5～49.5g/hm² 兑水均匀喷雾。

**混用**　本剂可与波尔多液、石硫合剂等多种农药混用，但波尔多液的浓度不能过高。本剂宜在成螨数量较少时（初发生时）使用，若是螨害发生严重时，不宜单独使用本剂，最好与其他具有杀成螨作用的药剂混用。

**注意事项**

（1）在蔬菜收获前30d停用。

（2）在1年内，只使用1次。

（3）应贮存于阴凉、通风的库房，远离火种、热源，防止阳光直射，保持容器密封。应与氧化剂、碱类分开存放，切忌混贮。配备相应品种和数量的消防器材，贮存区应备有泄漏应急处理设备和合适的收容材料。

**相关复配制剂及应用**　噻螨·哒螨灵。

**主要活性成分**　噻螨酮，哒螨灵。

**作用特点**　具有触杀、胃毒作用，渗透性强。兼具噻螨酮和哒螨灵特性。

**剂型** 12.5%、20%乳油。

**应用技术**

① 柑橘红蜘蛛 用 12.5%乳油 62.5～125mg/kg 兑水均匀喷雾。

② 苹果红蜘蛛 用 20%乳油 100～133.3mg/kg 兑水均匀喷雾。

**注意事项** 不推荐在枣树上使用。

## 唑螨酯（fenpyroximate）

$C_{24}H_{27}N_3O_4$，421.5，134098-61-6

**化学名称** (E)-α-(1,3-二甲基-5-苯氧基吡唑-4-亚甲基氨基氧)对甲苯甲酸特丁酯

**其他名称** 杀螨王、霸螨灵、Trophloabul、Danitrophloabul、Danitron、Phenproximate、NNI 850

**理化性质** 纯品唑螨酯为白色晶体，熔点 101.7℃。溶解性（20℃，g/L）：甲苯 0.61，丙酮 154，甲醇 15.1，己烷 4.0，难溶于水。

**毒性** 唑螨酯原药急性 $LD_{50}$（mg/kg）：大、小鼠经口 245～480，大鼠经皮＞2000。对兔眼睛和皮肤有轻度刺激性。以 25mg/kg 剂量饲喂大鼠两年，未发现异常现象。对动物无致畸、致突变、致癌作用。

**作用特点** 唑螨酯为肟类杀螨剂，以触杀作用为主。唑螨酯杀螨谱广，杀螨速度快，并兼有杀虫治病作用。

**适宜作物** 果树等。

**防除对象** 红叶螨、全爪叶螨。

**应用技术** 以 5%唑螨酯悬浮剂、8%唑螨酯微乳剂为例，防治果树害螨。

① 柑橘树红蜘蛛 5%唑螨酯悬浮剂 33.3～50mg/kg 兑水均匀喷雾，或用 8%唑螨酯微乳剂 33.3～50mg/kg 兑水均匀喷雾。

② 苹果树红蜘蛛　5％唑螨酯悬浮剂 20～25mg/kg 兑水均匀喷雾。

**注意事项**

（1）不能与碱性物质混合使用。

（2）对鱼有毒，使用时注意安全。

（3）应贮存于阴凉、通风的库房，远离火种、热源，防止阳光直射，保持容器密封。应与氧化剂、碱类分开存放，切忌混贮。配备相应品种和数量的消防器材，贮存区应备有泄漏应急处理设备和合适的收容材料。

## 螺螨酯（spirodiclofen）

$C_{21}H_{24}Cl_2O_4$，411.32，148477-71-8

**化学名称**　3-(2,4-二氯苯基)-2-氧代-1-氧杂螺[4.5]-葵-3-烯-4-基-2,2-二甲基丁酯

**其他名称**　螨威多、季酮螨酯、alrinathrin

**理化性质**　外观白色粉末，无特殊气味，熔点 94.8℃。溶解性（g/L）：正己烷 20，二氯甲烷＞250，异丙醇 47，二甲苯＞250，水 0.05。

**毒性**　大鼠急性 $LD_{50}$（mg/kg）：＞2500（经口），＞4000（经皮）。经兔试验表明，对皮肤有轻度刺激性，对眼睛无刺激性。豚鼠试验表明，无皮肤致敏性。鲤鱼 $LC_{50}$＞1000mg/L（72h）。对蜜蜂无影响，喷洒次日即可放饲。对蚕以 200mg/L 喷洒，安全日为 1d。

**作用特点**　螺螨酯主要抑制螨的脂肪合成，阻断螨的能量代谢，对螨的各个发育阶段都有效。具触杀作用，没有内吸性。

**适宜作物**　棉花、果树等。

**防除对象**　各类螨，对梨木虱、榆蛎盾蚧以及叶蝉等害虫有很好的兼治效果。

**应用技术** 以 240g/L 螺螨酯悬浮剂为例。

（1）防治果树害螨　柑橘树、苹果树红蜘蛛，用 240g/L 螺螨酯悬浮剂 40～60mg/kg 兑水均匀喷雾。

（2）防治棉花害螨　棉花红蜘蛛，用 240g/L 螺螨酯悬浮剂 36～72g/hm² 兑水均匀喷雾。

**混用** 如果在柑橘全爪螨为害的中后期使用，为害成螨数量已经相当大，由于螺螨酯杀卵及幼螨的特性，建议与速效性好、残效短的杀螨剂，如阿维菌素等混合使用，既能快速杀死成螨，又能长时间控制害螨虫口数量的恢复。

**注意事项**

（1）考虑到抗性治理，建议在一个生长季（春季、秋季），使用次数最多不超过 2 次。

（2）本品的主要作用方式为触杀和胃毒，无内吸性，因此喷药要全株均匀喷雾，特别是叶背。

（3）建议避开果树开花期用药。

（4）应贮存于阴凉、通风的库房，远离火种、热源，防止阳光直射，保持容器密封。应与氧化剂、碱类分开存放，切忌混贮。配备相应品种和数量的消防器材，贮存区应备有泄漏应急处理设备和合适的收容材料。

## 溴螨酯 （bromopropylate）

$C_{17}H_{16}Br_2O_3$，428.1，18181-80-1

**化学名称** 4,4′-二溴代二苯乙醇酸异丙酯

**其他名称** 螨代治、新灵、溴杀螨醇、溴杀螨、新杀螨、溴丙螨醇、溴螨特、Phenisobromolate、Neoron、Acarol

**理化性质** 白色结晶，熔点 77℃，相对密度 1.59，蒸气压 $1.066×10^{-6}$Pa（20℃），0.7Pa（100℃）。溶解于丙酮、苯、异丙醇、甲醇、二甲苯等多种有机溶剂中；20℃ 时在水中溶解度

<0.5mg/kg。常温下贮存稳定，在中性介质中稳定，在酸性或碱性条件下不稳定。

**毒性** 急性经口 $LD_{50}$ （mg/kg）：5000（大鼠），8000（小鼠）。兔急性经皮 $LD_{50}$ >4000mg/kg。大鼠急性经口无作用剂量为每天 25mg/kg，小鼠每天 143mg/kg。对兔皮肤有轻度刺激性，对眼睛无刺激作用。动物试验未见致癌、致畸、致突变作用。虹鳟鱼 $LC_{50}$ 0.3mg/L，北京鸭 $LD_{50}$ >601mg/kg（8d）。对蜜蜂低毒。

**作用特点** 溴螨酯杀螨谱广，残效期长，毒性低，是对天敌、蜜蜂及作物比较安全的杀螨剂。触杀性较强，无内吸性，对成、若螨和卵均有一定杀伤作用。温度变化对药效影响不大。

**适宜作物** 蔬菜、棉花、果树、茶树等。

**防除对象** 叶螨、瘿螨、线螨等多种害螨。

**应用方法** 以 50%溴螨酯乳油为例。

（1）防治果树害螨

① 山楂红蜘蛛、苹果红蜘蛛 用 50%溴螨酯乳油 1000～1250 倍液均匀喷雾。

② 柑橘红蜘蛛、柑橘锈壁虱 用 50%溴螨酯乳油 1250～2500 倍液均匀喷雾。

（2）防治棉花害螨 棉红蜘蛛，每亩用 50%溴螨酯乳油 25～40mL 兑水 50～75kg 均匀喷雾。

（3）防治蔬菜害螨 叶螨，每亩用 50%溴螨酯乳油 20～30mL 兑水 50～75kg 均匀喷雾。

**注意事项**

（1）在蔬菜和茶叶采摘期不可用药。

（2）本品无专用解毒剂，应对症治疗。

（3）贮于通风阴凉干燥处，温度不要超过 35℃。

## 喹螨醚 （fenazaquin）

$C_{20}H_{22}N_2O$，306.4，120928-09-8

**化学名称** 4-叔丁基苯乙基-喹唑啉-4-基醚

**其他名称** 螨即死

**理化性质** 纯品为晶体，熔点 $70\sim71℃$，蒸气压 $0.013mPa$ ($25℃$)。溶解性（g/L）：丙酮 400、乙腈 33、氯仿 $>500$、己烷 33、甲醇 50、异丙醇 50、甲苯 50，水 $0.22mg/L$。

**毒性** 急性经口 $LD_{50}$（mg/kg）：雄大鼠 $50\sim500$，小鼠 $>500$，鹌鹑 $>2000$（用管饲法）。

**作用特点** 喹螨醚是一种新型硫脲杀虫、杀螨剂，属喹啉类杀螨剂，通过触杀作用于昆虫细胞的线粒体和染色体组 I，占据辅酶 Q 的结合点。对柑橘树、苹果树红蜘蛛有较好的防治效果，持效期长，对天敌安全。

**适宜作物** 蔬菜、棉花、果树、茶树、观赏植物等。

**防除对象** 螨类。

**应用技术** 以 95g/L 喹螨醚乳油、18％喹螨醚悬浮剂为例。

（1）防治果树害螨 苹果树红蜘蛛，以 95g/L 喹螨醚乳油 $20\sim25mg/kg$ 兑水均匀喷雾。

（2）防治茶树害螨 红蜘蛛，用 18％喹螨醚悬浮剂 $75\sim105g/hm^2$ 兑水均匀喷雾。

**注意事项**

（1）对蜜蜂及水生生物有毒，避免直接施用于花期植物上和蜜蜂活动场所，避免污染鱼池、灌溉和饮用水源。

（2）对皮肤和眼睛有刺激性，用药时应注意安全防护。

## 乙螨唑 （etoxazole）

$C_{21}H_{23}F_2NO_2$，359.4，153233-91-1

**化学名称** （RS）-5-叔丁基-2-[2-(2,6-二氟苯基)-4,5-二氢-1,3-噁唑-4-基] 苯乙醚

**其他名称** 乙螨唑

**理化性质**　纯品乙螨唑为白色粉末，熔点 101～102℃。溶解性（20℃，g/L）：甲醇 90，乙醇 90，丙酮 300，环己酮 500，乙酸乙酯 250，二甲苯 250，正己烷 13，乙腈 80，四氢呋喃 750。

**毒性**　乙螨唑原药急性 $LD_{50}$（mg/kg）：大、小鼠经口＞5000，大鼠经皮＞2000。对兔眼睛和皮肤无刺激性。对动物无致畸、致突变、致癌作用。

**作用特点**　乙螨唑属于 2,4-二苯基噁唑衍生类化合物，是一种选择性杀螨剂，主要是抑制螨类的蜕皮过程，从而对螨卵、幼虫到蛹不同阶段都有优异的触杀性。但对成虫的防治效果不是很好。对噻螨酮已产生抗性的螨类有很好的防治效果。

**适宜作物**　蔬菜、棉花、果树、花卉等作物。

**防除对象**　叶螨、始叶螨、全爪螨、二斑叶螨、朱砂叶螨等螨类。

**应用技术**　以 110g/L 悬浮剂为例。防治果树害螨——柑橘红蜘蛛，于幼螨发生始盛期施药，用 110g/L 悬浮剂 14.7～22mg/kg 兑水均匀喷雾。

## 三唑锡（azocyclotin）

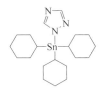

$C_{20}H_{35}N_3Sn$，436.2，41083-11-6

**化学名称**　1-（三环己基锡基）-1-氢-1，2，4-三唑

**其他名称**　灭螨锡、亚环锡、倍乐霸、三唑环锡、Peropal、tricolotin、Clermait

**理化性质**　纯品三唑锡为白色无定形结晶，熔点 218.8℃。溶解性（25℃）：水 0.25mg/L，易溶于己烷，可溶于丙酮、乙醚、氯仿，在环己酮、异丙醇、甲苯、二氯甲烷中≤10g/L。在碱性介质中以及受热易分解成三环锡和三唑。

**毒性**　三唑锡原药急性 $LD_{50}$（mg/kg）：大白鼠经口 100～

150、经皮（雄）＞1000、小鼠经口 410～450、经皮 1900～2450。对兔眼睛和皮肤有刺激性。

**作用特点**　三唑锡属剧烈神经毒物，为触杀作用较强的光谱性杀螨剂。可杀灭若螨、成螨和夏卵，对冬卵无效。对光和雨水有较好的稳定性，残效期较长。

**适宜作物**　果树、蔬菜等。

**防除对象**　螨类。

**应用技术**　以 25％三唑锡可湿性粉剂为例。

（1）防治果树害螨

① 葡萄叶螨　于发生始期、盛期用药，用 25％三唑锡可湿性粉剂 1000～1500 倍液均匀喷雾。

② 柑橘红蜘蛛　在柑橘春梢大量抽发期或成橘园采果后，平均每叶有螨 2～3 头时，用 25％三唑锡可湿性粉剂 1000～2000 倍液均匀喷雾。

③ 苹果全爪螨、山楂叶螨　在苹果开花前后或叶螨发生初期，用 25％三唑锡可湿性粉剂 1500～2000 倍液在树冠均匀喷雾。

（2）防治蔬菜害螨　茄子红蜘蛛，在发生期用药，用 25％三唑锡可湿性粉剂 1000～1500 倍液均匀喷雾（正反叶面均匀喷施），效果较好。

**注意事项**

（1）该药可与有机磷杀虫剂和代森锌、克菌丹等杀虫剂混用，但不能与波尔多液、石硫合剂等碱性农药混用。

（2）收获前 21d 停用。

（3）该药对人的皮肤刺激性大，施药时要保护好皮肤和眼睛，避免接触药液。

## 四螨嗪 （clofentezine）

$C_{14}H_8Cl_2N_4$，303.1，74115-24-5

**化学名称**　3,6-双(邻氯苯基)-1,2,4,5-四嗪

**其他名称** 螨死净、阿波罗、克螨芬、Apollo、Acaritop、NC 144、brsclofantazin、NC 21344

**理化性质** 纯品四螨嗪为红色晶体，熔点179～182℃。溶解性（20℃）：在一般极性和非极性溶剂中溶解度都很小，在卤代烃中稍大。工业品为红色无定形粉末。

**毒性** 四螨嗪原药急性$LD_{50}$（mg/kg）：大、小鼠经口＞10000，大鼠和兔经皮＞5000。对兔眼睛有极轻度刺激性，对兔皮肤无刺激性。以200mg/kg剂量饲喂大鼠90d，未发现异常现象。对动物无致畸、致突变、致癌作用。

**作用特点** 四螨嗪为有机氮杂环类广谱性杀螨剂，以触杀作用为主，无内吸、传导作用。四螨嗪为特效杀螨剂，药效持久。对发生在果树、棉花、观赏植物上的苹果爪螨、茶红蜘蛛的卵和若螨有效，对捕食螨、天敌无害。对温室玫瑰花、石竹有轻微影响。但该药作用慢，一般用药后2周才能达到最高防效，因此使用该药时应做好预测预报。

**适宜作物** 棉花、果树等。

**防除对象** 螨类。

**应用技术** 以50％四螨嗪悬浮剂、20％四螨嗪悬浮剂、10％四螨嗪可湿性粉剂为例，防治果树害螨。

① 橘全爪螨 于早春柑橘发芽后，春梢抽至2～3cm，越冬卵孵化初期用药，用20％四螨嗪悬浮剂1500～2000倍液均匀喷雾，持效期30d以上。

② 柑桔锈壁虱 a.在发生初期，用50％四螨嗪悬浮剂4000～5000倍液均匀喷雾，持效期30d以上；b.10％四螨嗪可湿性粉剂800～1000倍液均匀喷雾，持效期30d以上。

③ 柑橘红蜘蛛 a.在早春开花前气温较低时，每叶有螨1～2只，用50％四螨嗪悬浮剂4000～5000倍液均匀喷雾，持效期30～50d；b.10％四螨嗪可湿性粉剂1000～1500倍液均匀喷雾，开花后气温较高，螨虫口密度较大时，最好与其他杀成螨药剂混用。

④ 苹果红蜘蛛 a.在苹果开花前，越冬卵初孵期施药，用20％四螨嗪悬浮剂2000～2500倍液均匀喷雾；b.在苹果开花前，

越冬卵初孵期施药，用10％四螨嗪可湿性粉剂1000～1500倍液均匀喷雾。

⑤ 山楂红蜘蛛　a. 卵盛期施药，用20％四螨嗪悬浮剂2000～2500倍液均匀喷雾，持效期30～50d；b. 卵盛期施药，用10％四螨嗪可湿性粉剂1000～1500倍液均匀喷雾。

**注意事项**

（1）本剂主要作用杀螨卵，对幼螨也有一定效果，对成螨无效，所以在螨卵初孵用药效果最佳。

（2）在螨的密度大或温度较高时施用最好与其他杀成螨药剂混用，在气温低（15℃左右）和虫口密度小时施用效果好，持效期长。

（3）与尼索朗有交互抗性，不能交替使用。

**相关复配制剂及应用**　四螨·哒螨灵。

**主要活性成分**　四螨嗪，哒螨灵。

**剂型**　10％、16％、20％悬浮剂，5％、12％、15％、16％可湿性粉剂。

**应用技术**

① 苹果树红蜘蛛　用16％悬浮剂64～106.7mg/kg兑水均匀喷雾，或用16％可湿性粉剂80～100mg/kg兑水均匀喷雾。

② 柑橘树红蜘蛛　用20％悬浮剂66.7～100mg/kg兑水均匀喷雾，或用10％悬浮剂40～67mg/kg兑水均匀喷雾。

**注意事项**

① 在苹果上使用的安全间隔期为30d，作物每季最多施药2次。

② 本品对鱼、蜜蜂、家蚕有毒，使用时需注意。

## 丁氟螨酯 （cyflumetofen）

$C_{24}H_{24}F_3NO_4$，447，400882-07-7

**化学名称**　$(RS)$-2-(4-叔丁基苯基)-2-氰基-3-氧代-3-$(\alpha,\alpha,\alpha$-三

氟-邻甲苯基）丙酸-2-甲氧乙基酯

**理化性质**　熔点 77.9～81.7℃。

**毒性**　低毒杀螨剂。

**作用特点**　丁氟螨酯为新型酰基乙腈类杀螨剂，为非内吸性杀螨剂，主要作用方式为触杀。与现有杀虫剂无交互抗性。

**适宜作物**　蔬菜、果树、茶树、观赏植物等。

**防除对象**　螨类

**应用技术**　以 20％丁氟螨酯悬浮剂为例。防治果树害螨——柑橘树红蜘蛛，用 20％丁氟螨酯悬浮剂 80～133mg/kg 兑水均匀喷雾。

## 联苯肼酯（bifenazate）

$C_{17}H_{20}N_2O_3$，300.35，149877-41-8

**化学名称**　3-(4-甲氧基联苯基-3-基）肼基甲酸异丙酯

**其他名称**　NC-1111、Cramite、D2341、Flopamite

**理化性质**　联苯肼酯是联苯肼类杀螨剂，其纯品外观为白色固体结晶。溶解度（20℃）：水 2.1mg/L，甲苯 24.7g/L，乙酸乙酯 102g/L，甲醇 44.7g/L，乙腈 95.6g/L。

**毒性**　联苯肼酯原药对大鼠急性经口、经皮 $LD_{50}$ > 5000mg/kg。对兔眼睛、皮肤无刺激性。豚鼠皮肤致敏试验结果为无致敏性。4 项致突变试验：Ames 试验、微核试验、体外哺乳动物基因突变试验、体外哺乳动物染色体畸变试验均为阴性，未见致突变作用。联苯肼酯 480g/L 悬浮剂对大鼠急性经口 $LD_{50}$ > 5000mg/kg，急性经皮 $LD_{50}$ > 2000mg/kg。对兔皮肤无刺激性，对兔眼睛有刺激性，但无腐蚀作用。对豚鼠皮肤无致敏性。对鱼类高毒，高风险性；对鸟中等毒，低风险性；对蜜蜂、家蚕低毒，低风险性。

**作用特点**　联苯肼酯对螨类的中枢神经传导系统的 $\gamma$-氨基丁酸（GABA）受体有独特作用。是一种新型选择性叶面喷雾杀螨剂，对螨的各个生活阶段有效。具有杀卵活性和对成螨的迅速击倒活性，对捕食性螨影响极小，非常适合于害虫的综合治理。对植物没有毒害。

**适宜作物**　果树等。

**防除对象**　果树害螨红蜘蛛等。

**应用技术**　以 43％联苯肼酯悬浮剂为例。防治果树害螨——苹果树红蜘蛛，用联苯肼酯 43％悬浮剂 160～240mg/kg 兑水均匀喷雾防治。

**注意事项**

（1）本品不宜连续使用，建议与其他类型药剂轮换使用。

（2）使用时应注意远离河塘等水体施药，禁止在河塘内清洗施药器具。

# 参 考 文 献

［1］北京农业大学，华南农业大学，福建农学院，河南农业大学．果树昆虫学（下册）．
　　北京：中国农业出版社，1999.
［2］成卓敏．简明农药使用手册．北京：化学工业出版社，2009.
［3］高立起，孙阁．生物农药集锦．北京：中国农业出版社，2009.
［4］高希武，郭艳春，王恒亮，艾国民，张保民．新编实用农药手册．郑州：中原农民
　　出版社，2006.
［5］纪明山．生物农药手册．北京：化学工业出版社，2012.
［6］李照会．农业昆虫学鉴定．北京：中国农业出版社，2002.
［7］梁帝允，邵振润．农药科学安全使用指南．北京：中国农业科学技术出版
　　社，2011.
［8］刘长令．世界农药大全：杀虫剂卷．北京：化学工业出版社，2012.
［9］刘绍友．农业昆虫学．杨陵：天则出版社，1990.
［10］时春喜．农药使用技术手册．北京：金盾出版社，2009.
［11］石明旺，高扬帆．新编常用农药安全使用指南．北京：化学工业出版社，2011.
［12］仵均祥．农业昆虫学．北京：中国农业出版社，2009.
［13］向子钧．常用新农药实用手册．武昌：武汉大学出版社，2011.
［14］袁峰．农业昆虫学．北京：中国农业出版社，2006.
［15］袁会珠．农药使用技术指南．北京：高等教育出版社，2011.

# 索　引

## 一、农药中文名称索引

# 二、农药英文名称索引

# 化工版农药、植保类科技图书

| 书　号 | 书　名 | 定价 |
|---|---|---|
| 122-18414 | 世界重要农药品种与专利分析 | 198.0 |
| 122-18588 | 世界农药新进展（三） | 118.0 |
| 122-17305 | 新农药创制与合成 | 128.0 |
| 122-18051 | 植物生长调节剂应用手册 | 128.0 |
| 122-15415 | 农药分析手册 | 298.0 |
| 122-16497 | 现代农药化学 | 198.0 |
| 122-15164 | 现代农药剂型加工技术 | 380.0 |
| 122-15528 | 农药品种手册精编 | 128.0 |
| 122-13248 | 世界农药大全——杀虫剂卷 | 380.0 |
| 122-11319 | 世界农药大全——植物生长调节剂卷 | 80.0 |
| 122-11206 | 现代农药合成技术 | 268.0 |
| 122-10705 | 农药残留分析原理与方法 | 88.0 |
| 122-17119 | 农药科学使用技术 | 19.8 |
| 122-17227 | 简明农药问答 | 39.0 |
| 122-18779 | 现代农药应用技术丛书——植物生长调节剂与杀鼠剂卷 | 28.0 |
| 122-18891 | 现代农药应用技术丛书——杀菌剂卷 | 29.0 |
| 122-19071 | 现代农药应用技术丛书——杀虫剂卷 | 28.0 |
| 122-11678 | 农药施用技术指南（二版） | 75.0 |
| 122-12698 | 生物农药手册 | 60.0 |
| 122-15797 | 稻田杂草原色图谱与全程防除技术 | 36.0 |
| 122-14661 | 南方果园农药应用技术 | 29.0 |
| 122-13875 | 冬季瓜菜安全用药技术 | 23.0 |
| 122-13695 | 城市绿化病虫害防治 | 35.0 |
| 122-09034 | 常用植物生长调节剂应用指南（二版） | 24.0 |
| 122-08873 | 植物生长调节剂在农作物上的应用（二版） | 29.0 |
| 122-08589 | 植物生长调节剂在蔬菜上的应用（二版） | 26.0 |
| 122-08496 | 植物生长调节剂在观赏植物上的应用（二版） | 29.0 |
| 122-08280 | 植物生长调节剂在植物组织培养中的应用（二版） | 29.0 |
| 122-12403 | 植物生长调节剂在果树上的应用（二版） | 29.0 |
| 122-09867 | 植物杀虫剂苦皮藤素研究与应用 | 80.0 |
| 122-09825 | 农药质量与残留实用检测技术 | 48.0 |

| 书　号 | 书　名 | 定价 |
|---|---|---|
| 122-09521 | 螨类控制剂 | 68.0 |
| 122-10127 | 麻田杂草识别与防除技术 | 22.0 |
| 122-09494 | 农药出口登记实用指南 | 80.0 |
| 122-10134 | 农药问答（第五版） | 68.0 |
| 122-10467 | 新杂环农药——除草剂 | 99.0 |
| 122-03824 | 新杂环农药——杀菌剂 | 88.0 |
| 122-06802 | 新杂环农药——杀虫剂 | 98.0 |
| 122-09568 | 生物农药及其使用技术 | 29.0 |
| 122-09348 | 除草剂使用技术 | 32.0 |
| 122-08195 | 世界农药新进展（二） | 68.0 |
| 122-08497 | 热带果树常见病虫害防治 | 24.0 |
| 122-10636 | 南方水稻黑条矮缩病防控技术 | 60.0 |
| 122-07898 | 无公害果园农药使用指南 | 19.0 |
| 122-07615 | 卫生害虫防治技术 | 28.0 |
| 122-07217 | 农民安全科学使用农药必读（二版） | 14.5 |
| 122-09671 | 堤坝白蚁防治技术 | 28.0 |
| 122-06695 | 农药活性天然产物及其分离技术 | 49.0 |
| 122-02470 | 简明农药使用手册 | 38.0 |
| 122-05945 | 无公害农药使用问答 | 29.0 |
| 122-18387 | 杂草化学防除实用技术（第二版） | 38.0 |
| 122-05509 | 农药学实验技术与指导 | 39.0 |
| 122-05506 | 农药施用技术问答 | 19.0 |
| 122-05000 | 中国农药出口分析与对策 | 48.0 |
| 122-04825 | 农药水分散粒剂 | 38.0 |
| 122-04812 | 生物农药问答 | 28.0 |
| 122-04796 | 农药生产节能减排技术 | 42.0 |
| 122-04785 | 农药残留检测与质量控制手册 | 60.0 |
| 122-04413 | 农药专业英语 | 32.0 |
| 122-04279 | 英汉农药名称对照手册（第三版） | 50.0 |
| 122-03737 | 农药制剂加工实验 | 28.0 |
| 122-03635 | 农药使用技术与残留危害风险评估 | 58.0 |
| 122-03474 | 城乡白蚁防治实用技术 | 42.0 |

| 书 号 | 书 名 | 定 价 |
|---|---|---|
| 122-03200 | 无公害农药手册 | 32.0 |
| 122-02585 | 常见作物病虫害防治 | 29.0 |
| 122-02416 | 农药化学合成基础 | 49.0 |
| 122-02178 | 农药毒理学 | 88.0 |
| 122-06690 | 无公害蔬菜科学使用农药问答 | 26.0 |
| 122-01987 | 新编植物医生手册 | 128.0 |
| 122-02286 | 现代农资经营丛书——农药销售技巧与实战 | 32.0 |
| 122-00818 | 中国农药大辞典 | 198.0 |
| 122-01360 | 城市绿化害虫防治 | 36.0 |
| 5025-9756 | 农药问答精编 | 30.0 |
| 122-00989 | 腐植酸应用丛书——腐植酸类绿色环保农药 | 32.0 |
| 122-00034 | 新农药的研发—方法·进展 | 60.0 |
| 122-09719 | 新编常用农药安全使用指南 | 38.0 |
| 122-02135 | 农药残留快速检测技术 | 65.0 |
| 122-07487 | 农药残留分析与环境毒理 | 28.0 |
| 122-11849 | 新农药科学使用问答 | 19.0 |
| 122-11396 | 抗菌防霉技术手册 | 80.0 |

　　如需以上图书的内容简介、详细目录以及更多的科技图书信息，请登录www.cip.com.cn。

　　邮购地址：（100011）北京市东城区青年湖南街13号，化学工业出版社

　　服务电话：010-64518888，64518800（销售中心）

　　如有农药、植保、化学化工类著作出版，请与编辑联系。联系方法010-64519457，jun8596@gmail.tom.